"十三五"国家重点出版物出版规划项目
面向可持续发展的土建类工程教育丛书
21世纪高等教育给排水科学与工程系列教材

给排水管道系统

第 2 版

主　编　冯萃敏　张　炯
副主编　王建龙　王俊岭　李　英
参　编（按汉语拼音排序）
　　　　蔡紫鹏　陈雪如　宫达伟　关　旭　郭宏策
　　　　郭子玉　黄学平　李　军　李　莹　梁建雄
　　　　刘　晶　罗　丁　钱宏亮　孙丽华　王晓燕
　　　　王　新　温晓莹　杨　举　杨童童　尹晓星
　　　　赵　旭
主　审　高乃云

U0255916

机械工业出版社

本书保持了第 1 版的特色，在第 1 版的基础上，依据相关现行规范、标准和学科新发展以及使用者反馈意见，对相关内容进行了修订。本书由高校与企业联合编写。

本书结合卓越工程技术人才培养需求，整合了给排水管道系统相关内容，按照给水与排水管道统一规划建设、统一协调管理的思路，突出给排水管道系统的工程特点。书中以《室外给水设计标准》《室外排水设计规范》等为依据，以系统设计、水力计算为重点，涵盖给排水管道系统规划、设计、维护、管理及综合管廊、管线综合设计等内容，并附有管线综合设计、综合管廊设计的工程案例，为读者提供给排水管道系统工程设计与维护管理的全方位指导。

本书可作为高等学校给排水科学与工程、环境工程等专业的教材，也可供市政工程技术人员参考。

本书配有 PPT 电子课件和主要习题解答指导，免费提供给选用本书作为教材的授课教师。需要者请登录机械工业出版社教育服务网（www.cmpedu.com）注册后下载。

图书在版编目（CIP）数据

给排水管道系统/冯萃敏，张炯主编. —2 版. —北京：机械工业出版社，2021.5（2025.1重印）

（面向可持续发展的土建类工程教育丛书）

"十三五"国家重点出版物出版规划项目 21 世纪高等教育给排水科学与工程系列教材

ISBN 978-7-111-67899-1

Ⅰ.①给… Ⅱ.①冯… ②张… Ⅲ.①给水管道—管道工程—高等学校—教材②排水管道—管道工程—高等学校—教材 Ⅳ.①TU991.36②TU992.23

中国版本图书馆 CIP 数据核字（2021）第 057968 号

机械工业出版社（北京市百万庄大街 22 号　邮政编码 100037）
策划编辑：刘　涛　责任编辑：刘　涛
责任校对：张　征　封面设计：陈　沛
责任印制：单爱军
北京虎彩文化传播有限公司印刷
2025 年 1 月第 2 版第 5 次印刷
184mm×260mm · 15.5 印张 · 6 插页 · 401 千字
标准书号：ISBN 978-7-111-67899-1
定价：49.00 元

电话服务　　　　　　　　　　网络服务
客服电话：010-88361066　　机 工 官 网：www.cmpbook.com
　　　　　010-88379833　　机 工 官 博：weibo.com/cmp1952
　　　　　010-68326294　　金 书 网：www.golden-book.com
封底无防伪标均为盗版　　机工教育服务网：www.cmpedu.com

前　言

“给排水管道系统”是高等学校给排水科学与工程专业的主干课程，是培养给排水科学与工程专业技术人员的必修课程。该课程主要讲授城市和工业企业给排水管道的规划、设计、管理及雨洪控制、地下空间利用等与城市可持续发展相关的理论和方法，培养学生具备初步的应用能力。

给排水科学与工程专业早在20年前就开始进行专业课程的整合，并不断探索教材的编写与更新。近年来，在高等教育大众化背景下，校企协同育人已成为提高教学质量的必要模式，工程实例编入教材成为教材建设的重要特征。本书结合卓越工程技术人才培养需求，整合了给水工程与排水工程中管道系统的相关内容，按照给水与排水管道统一规划建设、统一协调管理的思路，突出给排水管道系统的工程特点，并纳入综合管廊、管线综合设计等内容，使本书更加完整和系统。

本书由北京建筑大学牵头编写，2016年9月首次出版，之后《建筑设计防火规范》（GB 50016—2014）2018年版、《室外给水设计标准》（GB 50013—2018）等标准先后发布、实施。第2版根据现行标准、规范，结合高校教学应用过程师生的反馈意见，对管道设计流量等相关内容进行了修订，完善了水力计算原理和例题，更新了部分示意图，并做了局部文字修订。

本书编写单位有北京建筑大学、北京市市政工程设计研究总院、北京自来水集团、北京城市排水集团有限责任公司、中国城市规划设计研究院、同济大学、沈阳建筑大学、南昌工程学院、北京北咨工程管理有限公司、北方-汉沙杨建筑工程设计有限公司、北京房修一建筑工程有限公司等。

本书由北京建筑大学冯萃敏、北京市市政工程设计研究总院张炯主编。编写人员分工如下：第1章由冯萃敏、王建龙、王俊岭编写；第2章由李英、王建龙、冯萃敏编写；第3章由黄学平、张炯、王晓燕、温晓莹、刘晶编写；第4章由冯萃敏、李英、孙丽华、黄学平、李军、尹晓星编写；第5章由王建龙、杨举、李莹、冯萃敏、蔡紫鹏编写；第6章由张炯、宫达伟、钱宏亮、陈雪如、罗丁、冯萃敏编写；第7章由王俊岭、赵旭、关旭、王新、郭宏策编写；第8章由王俊岭、黄学平、王新、赵旭、关旭、梁建雄、杨童童、郭子玉编写。

同济大学高乃云教授任主审。高乃云教授对本书进行了全面审核，并提出了宝贵的意见和建议，在此表示衷心的感谢！

感谢北京建筑大学相关专业师生在教材编写与修订过程中给予的帮助与支持。

本书得到教育部新工科研究与实践项目“基于新工科创新人才培养的给排水科学与工程专业改革与实践”（项目编号：E-TMJZSLHY20202115）的支持。

本书在编写过程中参考了相关教材与资料，在此对参考文献作者表示衷心的感谢！

限于编者的经验，书中难免存在疏漏与不妥之处，恳请广大读者批评指正，编者邮箱feng-cuimin@sohu.com。

目　录

第1章

绪 论

1.1 给排水系统概述

给排水系统是为人类生活、生产和消防提供用水和排除废水的设施总称。它是人类文明进步和城市化聚集居住的产物，是现代化城市最重要的基础设施之一，是城市社会经济发展水平的重要标志。给排水系统的功能是向各种不同类别的用户供应满足需求的水，同时承担用户排出的废水的收集、输送和处理工作，达到消除废水中污染物质对人体健康的危害和保护环境的目的。给排水系统可分为给水系统和排水系统。

1. 给水系统

保证用水能满足用户使用要求（水量、水质和水压）的工程设施，其用途通常分为生活用水、工业生产用水和市政消防用水三大类。生活用水是人们在各类生活活动中直接使用的水，主要包括居民生活用水、公共设施用水和工业企业职工生活用水。居民生活用水是指居民家庭生活中饮用、烹调、洗浴、洗涤等用水，是保障居民日常生活、身体健康、清洁卫生和生活舒适的重要条件。公共设施用水是指机关、学校、医院、宾馆、车站、公共浴场等公共建筑和场所的用水，其特点是用水量大、用水地点集中，该类用水的水质要求与居民生活用水相同。工业企业生活用水是工业企业区域内从事生产和管理工作的人员在工作时间内的饮用、烹调、洗浴、洗涤等生活用水及下班后的淋浴用水，该类水的水质与居民生活用水水质相同，用水量则根据工业企业的生产工艺、生产条件、工作人员数量、工作时间安排等因素而变化。工业生产用水是指工业生产过程中为满足生产工艺和产品质量要求的用水，工业企业门类多、系统庞大复杂，对水量、水质、水压的要求差异很大。市政消防用水是指城镇或工业企业区域内的道路浇洒、绿化浇灌、公共清洁和消防用水。为了满足城市和工业企业的各类用水需求，城市给水系统需要建设适当的取水设施、水质处理设施和输配水管道系统等。

2. 排水系统

生活用水、工业生产用水在被用户使用以后，水质受到了不同程度的污染，变成废水。这些废水携带着不同来源和不同种类的污染物质，会对人体健康、生活环境和自然生态环境带来危害，应及时进行收集、处理，而后才可以排放到天然水体或者重复利用。为此而建设的废水收集、处理和排放的工程设施，称为排水系统，即保证废水能安全可靠排放的工程设施。将废水或达到排放标准的污水进一步处理，使其满足不同使用要求而回用的工程设施则称为回用水（再生水）处理系统。另外，城镇化地区的降水会造成地面积水，甚至造成洪涝灾害，需建设雨水排水系统及时排除。因此，根据排水系统所接纳的废水的来源，可将废水分为生活污水、工业废水和降水三种类型。生活污水主要是指居民生活用水所造成的废水和工业企业中的生活废水，其中含有大量的有机污染物，受污染程度比较严重，是废水处理的重点对象。大量的工业用水在工业生产过程中被用作冷却或洗涤等用途，仅受到轻微的水质污染或水温变化，这类废水往往经过简单处理后即可重复使用；另一类工业废水在生产过程中受到严重污染，例如许多化工行业生产废水中含有高浓度污染物质，甚至含有大量有毒有害物质，必须予以严格处理。降水是指雨水和冰雪融化水，雨水排水系统的主要目标是排除降水，防止地面积水和洪涝灾害。在水资源缺乏的地区，降水应尽可能收集和利用。只有建设合理、经济和可靠的排水系统，才能达到保护环境、保护水资源、促进生产和保障人们生活和生产活动安全的目的。

给排水系统应满足以下三项主要要求：

（1）水量要求 向人们指定的用水地点及时可靠地提供满足用户需求的用水量，将用户排出的废水（包括生活污水和生产废水）和雨水及时可靠地收集并输送到指定地点。

（2）水质要求 向指定用水地点和用户供给符合水质要求的水，并按有关水质标准将废水排入受纳水体。水质保障的措施主要包括三个方面：①采用合理的给水处理措施，使供水水质达到用水要求；②设计和运行管理过程中，通过物理和化学手段控制贮水和输配水过程中的水质变化；③采用废水处理措施使废水水质达到排放标准要求，保护环境不受污染。

（3）水压要求 为用户提供一定的用水压力，使用户在任何时间都能取得充足的水量；同时，排水系统需具有足够的高程和压力，保证能够顺利将排水排入受纳体。在地形高差较大的地方，给水应充分利用地形高差，采用重力输送；在地形平坦的地区，给水压力一般采用水泵加压，必要时还需要通过阀门或减压设施降低水压，以保证用水设施安全和用水舒适。排水一般采用重力流输送，必要时用水泵提升，有时也通过跌水消能设施降低高程，以保证排水系统的通畅和稳定。

3. 给排水系统的组成

给排水系统可划分为六个子系统，如图1-1所示。

（1）原水取水系统 原水取水系统包括水源地（如江河、湖泊、水库、海洋等地表水资源，潜水、承压水和泉水等地下水资源）、取水头部、取水泵站和原水输水管（渠）等。

（2）给水处理系统 给水处理系统包括各种采用物理、化学、生物等方法的水质处理设备和构筑物。生活饮用水一般采用絮凝、沉淀、过滤和消毒等处理工艺和设施进行处理；工业用水一般由冷却、软化、除盐等工艺和设施进行处理。

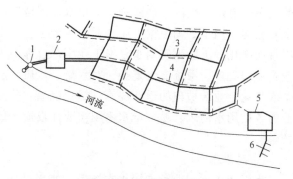

图1-1 城镇给排水系统
1—原水取水系统 2—给水处理系统 3—给水管网系统
4—排水管网系统 5—废水处理系统
6—排放和重复利用系统

（3）给水管网系统 给水管网系统包括输水管（渠）、配水管网、水压调节设施（泵站、减压阀）及水量调节设施（清水池、水塔等）等，又称为输水与配水系统，简称输配水系统。

（4）排水管网系统 排水管网系统包括污水和废水收集与输送管渠、水量调节池、提升泵站及附属构筑物（如检查井、跌水井、水封井、雨水口等）等。

（5）废水处理系统 废水处理系统包括各种采用物理、化学、生物等方法的水质净化设备和构筑物。由于废水的水质差异大，采用的废水处理工艺各不相同。常用的物理处理工艺有格栅、沉淀、过滤等；常用的化学处理工艺有中和、氧化等；常用的生物处理工艺有活性污泥处理、生物滤池、氧化沟等。

（6）排放和重复利用系统 排放和重复利用系统包括废水受纳体（如水体、土壤等）和最终处置设施，如排放口、稀释扩散设施、隔离设施和废水回用设施。

1.2 给水系统组成与分类

1.2.1 给水系统的组成

给水系统由相互联系的一系列构筑物和输配水管网组成。它的任务是从水源取水，按照用户对水质的要求进行处理，然后将水输送到用水区，并向用户配水。

为了完成上述任务，给水系统常由下列工程设施组成：

（1）取水构筑物 取水构筑物用以从选定的水源（包括地表水和地下水）取水。

（2）水处理构筑物 水处理构筑物是将取水构筑物的来水进行处理，以期符合用户对水质的要求。这些构筑物常集中布置在水厂内。

（3）泵站 泵站用以将所需水量提升到要求的高度，可分为抽取原水的一级泵站、输送清水的二级泵站和设于管网中的增压泵站等。

（4）输水管（渠）和管网 输水管（渠）是将原水送到水厂或将清水送到给水区的管（渠），管网则是将给水区的水送到各个用户的全部管道。

（5）调节构筑物 它包括各种类型的贮水构筑物，如高地水池、水塔、清水池等，用以贮存和调节水量。高地水池和水塔兼有保证水压的作用，大城市通常不用水塔，中小城市或企业为了贮备水量和保证水压，常设置水塔。根据城市地形特点，水塔可设在管网的起端、中间或末端。

图 1-2 所示是一个典型的以地表水为水源的给水系统。

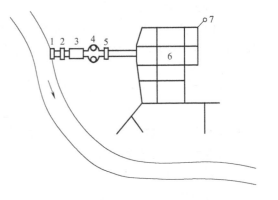

图 1-2 以地表水为水源的给水系统

1—取水构筑物 2——级泵站 3—水处理构筑物
4—清水池 5—二级泵站 6—管网 7—调节构筑物

1. 输水管（渠）

输水管（渠）是指在较长距离内输送水量的管道或渠道（图 1-3），一般不沿线向外供水。如从水源输水到水厂的管道（渠道）、从水厂将清水输送至供水区域的管道、从供水管网向某大用户供水的专线管道、区域给水系统中连接各区域管网的管道等。输水管按材料有铸铁管、钢管、钢筋混凝土管、U-PVC 管等，输水渠道一般由砖、石、混凝土等材料砌筑。

由于输水管发生事故将对供水产生较大影响，所以较长距离输水管一般敷设成两条并行的管线，并在中间的一些适当地点分段连通和安装切换阀门，以便其中一条管道局部发生故障时，可由另一条并行管线供水。采用重力输水方案时，许多地方采用渡槽输水，可以就地取材，降低造价，如图1-4所示。

图1-3　输水管

图1-4　全封闭输水渡槽

输水管中水的流量一般都比较大，输送距离远，施工条件差，工程量巨大，甚至要穿越山岭或河流。输水管的安全可靠性要求严格，特别是在现代化城市建设中，远距离输水工程越来越普遍，对输水管道工程的规划和设计必须给予高度重视。

2. 配水管网

配水管网是指分布在供水区域内的配水管道。其功能是将来自于较集中点（如输水管的末端或调节构筑物等）的水量分配到整个供水区域，使用户能够从近处接管用水。

配水管网由主干管、干管、支管、连接管、分配管等构成。配水管网中还需要安装消火栓、阀门（闸阀、排气阀、泄水阀等）和检测仪表（压力、流量、水质检测等）等附属设施，以保证消防供水和满足生产调度、故障处理、维护保养等管理需求。

3. 泵站

泵站是输配水系统中的加压设施，一般由多台水泵并联组成。当不能靠重力输水时，需要通过水泵加压，使水具有足够的能量。在输配水系统中还要求水被输送到用户接水点后仍具有符合用水要求的压力，以满足用水点的位置高度和克服管道系统水流阻力。

给水系统中的泵站有取水泵站（又称一级泵站）、供水泵站（又称二级泵站、配水泵站或送水泵站）和加压泵站（又称三级泵站）三种形式。取水泵站一般靠近水源建设，将原水提升后送至水厂。供水泵站一般位于水厂内部，将清水池中的水加压后送入输水管和配水管网。加压泵站则对远离水厂的供水区域或地形较高的区域进行加压，即实现多级加压。泵站一般从调节设施中吸水，也有部分加压泵站直接从管道中吸水，前一类属于间接加压泵站（又称水库泵站），后一类属于直接加压泵站。

4. 水量调节构筑物

水量调节构筑物有清水池（又称清水库，如图1-5所示）、水塔（图1-6）和高地水池（图1-7）等。其主

图1-5　清水池

要作用是调节流量差，又称调节构筑物。水量调节构筑物也可用于贮存备用水，以保证消防、检修、事故等情况下的用水，提高系统的供水安全可靠性。

图1-6 水塔

图1-7 高地水池

设在水厂内的清水池（清水库）是水处理系统与管网系统的衔接点，既作为处理好的清水的贮存设施，又是管网系统中输配水的水源点。

1.2.2 给水系统分类

1. 按使用目的分类

（1）生活给水系统　生活给水系统是指供给居民生活中饮用、烹调、洗涤、清洁卫生等用水的系统。其水质须符合《生活饮用水卫生标准》（GB 5749—2006）的要求。

（2）生产给水系统　生产给水系统是指供给各类生产企业的产品生产过程中所需用水的系统，包括冷却用水、产品和原料洗涤等用水，其水质、水压、水量因产品种类、生产工艺不同而不同。

（3）消防给水系统　消防给水系统是指为满足消防需求而设的给水系统，对水质要求不高，但必须满足《建筑设计防火规范》（GB 50016—2014）（2018年版）对水量和水压的要求，一般不单独设置。

2. 按输水方式分类

（1）重力给水系统　重力给水系统无动力消耗，运行经济，如水源处地势较高，清水池（清水库）中的水依靠自身重力，经重力输水管进入管网并供用户使用，即为重力给水系统。

（2）压力输水管网系统　压力输水管网系统是指清水池（清水库）的水由泵站加压送出，经输水管进入管网供用户使用，甚至要通过多级加压将水送至更远或更高处用户使用。

3. 按水源分类

（1）地表水给水系统　图1-2所示以地表水为水源的给水系统。其相应的工程设施和工艺流程为：取水构筑物1从江河取水，经一级泵站2送往水处理构筑物3，处理后的清水贮存在清水池4中；二级泵站5从清水池取水，经管网6供应用户。有时，为了调节水量和保持管网的水压，可根据需要建造水库泵站、高地水池或水塔。

（2）地下水给水系统　地下水给水系统是指以地下水为水源的给水系统，常以凿井方式提取地下水。因地下水水质良好，一般可省去水处理构筑物，只需加氯消毒，使给水系统大为简化，如图1-8所示。图中水塔并非必需，视城市规模大小而定。

此外，给水系统也可根据水源数量分为单水源给水系统与多水源给水系统。所有用户的用水来源于一个水厂的清水池（清水库），即为单水源给水系统。企事业单位或小城镇给水管网系统一般为单水源给水系统。有多个水厂的清水池（清水库）作为水源的给水系统，清水从不同的水源经输水管进入管网，用户的用水可以来源于不同的水厂，即为多水源给水系统。大城市甚至跨城镇的给水系统，一般为多水源给水系统，如图1-9所示。

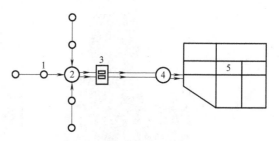

图1-8　以地下水为水源的给水系统
1—管井群　2—集水池　3—泵站　4—水塔　5—管网

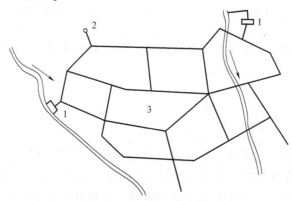

图1-9　多水源给水系统
1—水厂　2—水塔　3—管网

4. 给水系统布置形式

按照城市规划、水源条件、地形，用户对水量、水质、水压的要求等方面的具体情况，给水系统可选择多种布置方式。

（1）统一给水系统　根据生活饮用水卫生标准，以统一的水质和水压，用统一的管道系统供给居民生活用水、工业生产和消防用水的系统，称为统一给水系统。该系统的水源可以是一个，也可以是多个。统一给水系统多用在新建中小城市、工业区、开发区，以及各类用户较为集中，各用户对水质、水压要求相差不大，地形比较平坦，建筑物层数差异不大的地区。该系统结构简单，便于管理，一般的城市给水系统均属于统一给水系统。

（2）分质给水系统　取水构筑物从同一水源或不同水源取水，经过不同程度的净化处理，以不同的压力，用不同的管道，分别将不同水质的水供给用户的系统，称为分质给水系统。在城市中工业较集中的区域，对工业用水和生活用水可采用分质给水系统。另外，也有将城市自来水经过进一步深度净化后制成直接饮用水，然后用直接饮用水管道系统供给用户，从而形成一般自来水和直接饮用水两套管道的分质供水系统，上海和深圳少数住宅小区即采用这种分质供水方式。

（3）分压给水系统　因水压要求不同而分系统（分压）给水时，由同一泵站内的不同水泵分别供水到水压要求高的高压管网和水压要求低的低压管网，以节约能量消耗。分压供水的不同系统，其水质可以相同。

（4）分区给水系统　将给水管道系统划分为多个区域，每区管网具有独立的供水泵，供水具有不同的水压，各区之间有适当的联系以保证供水可靠和调度灵活。分区给水可以使管网水压不超过水管所能承受的压力，减少漏水量和减少能量的浪费，但将增加管网造价且管理比较分散。

供水管道系统的分区方式有两种：一种是采用并联分区（图 1-10），由同一泵站内的高压泵和低压泵分别向高区和低区供水，其特点是供水安全可靠，管理方便，给水系统的工作情况简单；但增加了高压输水管的长度和造价。另一种是采用串联分区（图 1-11），其高、低两区用水均由低区泵站供给，加压泵站只提升高区用水。另外，大中型城市的管网为了减少因管线太长引起的压力损失过大，在管网中间设加压泵站或由水库泵站加压，这种方法也是串联分区的一种形式。串联分区的输水管长度较短，可用扬程较低的水泵和低压管道，但将增加泵站的造价和管理费用。

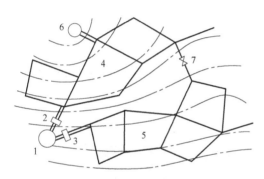

图 1-10　并联分区给水系统

1—清水池　2—高压泵站　3—低压泵站　4—高压管网
5—低压管网　6—水塔　7—连通阀

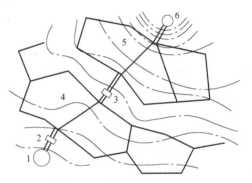

图 1-11　串联分区给水系统

1—清水池　2—供水泵站　3—加压泵站
4—低压管网　5—高压管网　6—水塔

（5）区域供水系统　随着经济的发展和农村城市化进程的加快，许多小城镇相继形成并不断扩大，或者以某一城市为中心，带动了周围城市的发展。这样，城市之间距离缩短，两个以上城市采用统一给水系统，或者若干原先独立的管道系统连成一片，或者以中心城市管道系统为核心向周边城市扩展的供水系统称为区域供水系统。区域供水系统不是按一个城市进行规划的，而是按一个区域进行规划的。其特点是：可以统一规划、合理利用水资源；另外，分散的、小规模的独立供水系统联成一体后，通过统一管理、统一调度，可以提高供水系统技术管理水平、经济效益和供水安全可靠性。区域供水对水资源缺乏的地区，尤其是城市化密集地区的城镇较为适用，并能发挥规模效应，降低成本。

1.3　排水体制及系统组成

1.3.1　排水管道系统组成

排水管道系统承担污废水收集、输送或压力调节和水量调节任务，起到防治环境污染和防治洪涝灾害的作用。排水管道系统一般由废水收集设施、排水管道、水量调节池、提升泵站、废水输水管（渠）等构成，图 1-12 所示为一个典型的排水管道系统。

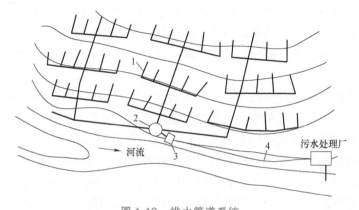

图 1-12 排水管道系统

1—排水管道 2—水量调节池 3—提升泵站 4—废水输水管（渠）

1. 废水收集设施

废水收集设施是排水系统的起始点。废水一般直接排到用户的室外窨井，并通过连接窨井的排水支管收集到排水管道系统中。雨水的收集是通过设在地面的雨水口（图 1-13）将雨水收集到雨水排水支管。

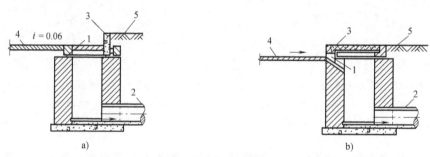

图 1-13 道路雨水口

a）边沟雨水口 b）侧石雨水口

1—雨水进口 2—连接管 3—侧石 4—平石 5—人行道

2. 排水管网

排水管网是指分布于排水区域内的排水管道（渠道），其功能是将收集到的污水、废水和雨水等输送到处理地点或排放口，以便集中处理或排放。

排水管网由支管、干管、主干管等构成，一般沿地面高程由高向低布置成树状网络。排水管网中设置检查井、跌水井、溢流井、水封井、换气井等附属构筑物，便于系统的运行与维护管理。由于污水中含有大量的漂浮物和气体，所以污水管网的管道一般采用非满流，以保留漂浮物和气体的流动空间。雨水管网的管道一般采用满流。工业废水的输送管道采用满流或者非满流，则应根据水质的特性决定。

3. 排水调节池

排水调节池是指具有一定容积的污水、废水或雨水调蓄设施，用以调节排水管网流量与水体输水量或与处理厂处理水量的差值。通过排水调节池可以降低其下游高峰排水流量，从而减小输水管渠或排水处理设施的设计规模，降低工程造价。

排水调节池还可在系统事故时贮存短时间排水量，以降低造成环境污染的风险。同时，排水调节池也能起到均和水质的作用，特别是对于工业废水，不同工厂、不同车间、不同时段排水的水质会有变化，这种变化不利于水质处理工艺运行，而调节池可以中和酸碱、优化水质。

4. 提升泵站

提升泵站可提升排水的高程或实现排水的加压输送。排水在重力输送过程中，高程不断降低，当地面较平坦时，输送一定距离后，管道的埋深会很大（如达到 5m 以上），建设费用很高，通过水泵提升可以降低管道埋深以降低工程费用。另外，为了使排水能够进入处理构筑物或达到排放高程，也需要进行提升或加压。

提升泵站的设置依需要确定，较大规模的管网或需要长距离输送的排水，可能需要设置多座泵站。

5. 出水口（排放口）

排水管道的末端是废水出水口，其与接纳废水的水体连接。为了保证排放口的稳定，或者使废水能够均匀地与接纳水体混合，需要合理设置出水口。出水口有多种形式，如岸边式出水口、分散式出水口等。

1.3.2 排水体制

废水分为生活污水、工业废水和雨水三种类型，它们可以采用同一个排水管网系统来排除，也可以采用各自独立的排水管网系统来排除。不同排除方式所形成的排水系统，称为排水体制。

排水体制主要有合流制和分流制两种。

1. 合流制排水系统

将生活污水、工业废水和雨水混合在同一管（渠）系统内排放的排水系统称为合流制排水系统。根据污水汇集后的处理方式不同，又可将合流制分为以下三种情况。

（1）直排式合流制 直排式合流制是指管道系统的布置就近坡向水体，将收集的混合污水不经处理直接排入水体（图 1-14）。我国许多老城市的旧城区大多采用这种排水体制。这是因为以往工业尚不发达，城市人口不多，生活污水和工业废水量不大，直接排入水体，环境卫生和水体污染问题还不是很明显。但是，随着现代化城镇和工业企业的建设和发展，人们的生活水平不断提高，污水量不断增多，水质日趋复杂，由于污水未经处理就排放，受纳水体遭受到的污染越来越严重。因此，这种直排式合流制排水系统目前不宜使用。

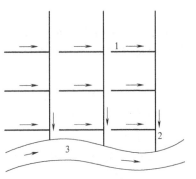

图 1-14 直排式合流制排水系统
1—合流支管 2—合流干管 3—河流

（2）截流式合流制 为了改善老城市或旧城区直排式合流制排水系统污染水体的状况，需对旧城区的排水系统进行改造，目前常采用的是截流式合流制排水系统（图 1-15）。这种系统是沿河岸边敷设一条截流干管，同时在合流干管与截流干管相交前或相交处设置溢流井，并在截流干管下游设置污水处理厂，晴天和降雨初期时，所有的污水都输送至污水处理厂进行处理，经处理达标后排入水体或再利用。随着降雨量的增加，雨水径流量增大，当混合污水的流量超过截流干管的输水能力后，以雨水占主要比例的混合污水经溢流井溢出，直接排入水体。截流式合流制排水系统虽比直排式有了较大改进，但在雨天时，仍有部分混合污水未经处理直接排放，使水体遭受污染。然而，由于截流式合流制排水系统在城市的排水系统改造中比较简单易行，节省投资，并能大量降低污染物质的排放，因此，在国内外旧排水系统改造时经常采用。

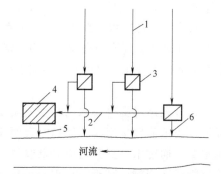

图 1-15　截流式合流制排水系统

1—合流干管　2—截流主干管　3—溢流井
4—污水处理厂　5—出水口　6—溢流出水口

（3）完全合流制　完全合流制是指将生活污水、工业废水和雨水集中于一套管渠排出，并全部送往污水处理厂进行处理。显然，这种排水体制卫生条件好，对保护城市水环境非常有利，但工程量较大，初期投资大，污水处理厂的运行管理不方便，因此，目前国内采用不多。

2. 分流制排水系统

将生活污水、工业废水和雨水分别在两套或两套以上管（渠）系统内排放的排水系统称为分流制排水系统。

排除生活污水、城市污水（主要包括生活污水和工业废水）或工业废水的管网系统称为污水管网系统；排除雨水的管网系统称为雨水管网系统。

根据排除雨水方式的不同，分流制排水系统又分为完全分流制和不完全分流制两种排水系统。

（1）完全分流制　完全分流制是指在同一排水区域内，既有污水管道系统，又有雨水管道系统，（图 1-16），生活污水和工业废水通过污水管道系统输送至污水处理厂，经过处理后再排入水体，雨水通过雨水管道系统直接排入水体。这种排水系统比较符合环境保护的要求，但城市排水管渠的一次性投资大。

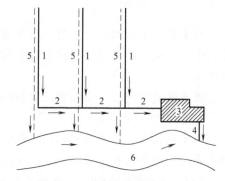

图 1-16　完全分流制排水系统

1—污水干管　2—污水主干管　3—污水处理厂
4—排水口　5—雨水干管　6—河流

（2）不完全分流制　在城市中，完全分流制排水系统包括污水排水系统和雨水排水系统。而不完全分流制排水系统（图 1-17）只有污水排水系统，未建雨水排水系统，雨水沿天然地面、街道边沟、水渠或小河等排入水体，或者为了补充原有渠道系统输水能力的不足而修建部分雨水管道，待城市进一步发展后再修建雨水排水系统，使之成为完全分流制排水系统。这样可以节省投资，有利于城镇的逐步发展。

还有一种情况称为半分流制排水系统，这种排

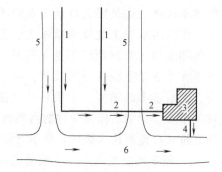

图 1-17　不完全分流制排水系统

1—污水干管　2—污水主干管　3—污水处理厂
4—排水口　5—明渠或小河　6—河流

水体制既有污水排水系统，又有雨水排水系统。由于初期雨水污染较严重，需进行处理后才能排放，因此在雨水截流干管上设置雨水截流井，将初期雨水引入污水管道送至污水处理厂处理。这种排水系统可以更好地保护水环境，但其工程费用较高。

在工业企业中，一般采用分流制排水系统。由于工业废水的成分和性质很复杂，不但不宜与生活污水混合，而且不同工业废水之间也不宜混合，否则将造成污水和污泥处理复杂化，以及给废水重复利用和回收有用物质造成很大困难。所以，在多数情况下，采用分质分流管道系统分别排除，即生活污水、生产废水、雨水分别设置独立的管道系统。如果产生废水的成分和性质同生活污水类似，可将生活污水和生产废水用同一管道系统来排放。水质较清洁的生产废水可直接排入雨水管道，或重复利用。含有特殊污染物质的有害生产污水，不允许与生活或生产废水直接混合排放，应在车间附近设置局部处理设施。冷却废水宜经冷却后在生产中循环使用。在条件许可的情况下，工业企业的生活污水和生产废水应直接排入城市污水管道。

在一座城市中，有时既有分流制又有合流制，这种排水系统可称为混合制。该体制一般是在具有合流制的城镇需要扩建排水系统时出现的。在大城市中，因各区域的自然条件以及城市发展可能相差较大，因地制宜地在各区域采用不同的排水体制也是合理的。如美国纽约及我国的上海等城市就是这样的混合排水体制。

合理地选择排水体制，是城市和工业企业排水系统规划和设计的重要问题。它不仅从根本上影响排水系统的设计、施工、维护管理，而且对城市和工业企业的规划和环境保护影响深远，同时也影响排水系统的建设投资费用和运行管理费用。通常，排水体制的选择必须符合城镇建设规划，在满足环境保护的前提下，根据当地具体条件，通过技术经济比较确定。

从城镇规划方面看，合流制仅有一套管渠系统，地下设施相互间的矛盾小，占地面积少，施工方便，但不利于城镇的分期发展。分流制管线多，地下设施的竖向规划矛盾较大，占地面积多，施工复杂，但便于城镇的分期发展。

从环境保护方面看，直排式合流制不符合卫生要求，在新建的城镇和小区中已不再采用。完全合流制排水系统卫生条件好，有利于环境保护，但工程量大，初期投资大，污水处理厂的运行管理复杂，暂不能广泛采用。在旧城区的改造中，常采用截流式合流制，充分利用原有的排水设施，与直排式相比，它减小了环境污染，但仍有部分混合污水通过溢流井直接排入水体，环境污染问题依然存在。分流制排水系统管线多，但卫生条件好，虽然初期雨水对水体污染较严重，但该体制比较灵活，容易适应社会发展需要，一般又能符合城镇卫生的要求，所以在国内外得到推广应用，而且也是城镇排水体制发展的方向。不完全分流制排水系统的初期投资少，有利于城镇建设的分期发展，在新建城镇和小区中可考虑采用这种体制。半分流制卫生条件较好，但管渠数量较多，建造费用高，一般用在面源污染较严重的区域（如某些工业区）。

从投资方面看，排水管道工程占整个排水工程总投资的比例大，一般占 60% ~ 80%，所以排水体制的选择对基建投资影响很大，必须慎重考虑。据国内外经验，合流制排水管道的造价比完全分流制一般要低 20% ~ 40%，但是合流制的泵站和污水处理厂却比分流制的造价高。如果是新建的城镇和小区，初期投资受到限制时，可考虑采用不完全分流制，先建污水管道系统，再建雨水管道系统，以节省初期投资，此外，又可缩短施工期，较快发挥工程效益。因为合流制和完全分流制的初期投资均比不完全分流制要大，所以我国过去很多新建的工业基地和居住区在建设初期经常采用不完全分流制排水系统。

在系统维护管理方面，晴天时污水在合流制管道中只占一小部分过水断面，流速较低，易产生沉淀，雨天时才接近满管流。根据经验，管中的沉淀物易被暴雨水流冲走，这样，合流管道的维护管理费用可以降低。但是，晴天和雨天时流入污水处理厂的水量和水质变化较大，增加了污水处理厂运行管理的复杂性。而分流制系统可以保持管内的流速，不致发生沉淀；同时，流入污水处理厂的水量和水质比合流制稳定，污水处理厂的运行易于控制。

《室外排水设计标准》规定，排水体制（分流制或合流制）的选择应根据城镇的总体规划，结合当地的地形特点、水文条件、水体状况、气候特征、原有排水设施、污水处理程度和处理后出水利用等综合考虑后确定。同一城镇的不同地区可采用不同的排水体制。新建地区的排水系统宜采用分流制。合流制排水系统应设置污水截流设施。对水体保护要求高的地区，可对初期雨水进行截流、调蓄和处理。在缺水地区，宜对雨水进行收集、处理和综合利用。

思 考 题

1. 给排水系统的功能有哪些？
2. 给排水系统由哪些子系统组成？各子系统包含哪些设施？
3. 排水体制有哪些分类？请分别说明。
4. 由高地水库给城镇供水，如按水源和供水方式考虑，应属于哪类给水系统？
5. 给水系统是否必须包括取水构筑物、水处理构筑物、泵站、输水管（渠）和管网、调节构筑物等？哪种情况下可省去其中一部分设施？
6. 什么是统一给水、分质给水和分压给水系统？哪种系统目前用得最多？
7. 水源对给水系统布置有哪些影响？
8. 合流制与分流制排水系统的优点和缺点各是什么？目前哪种方式应用得最广泛？

第 2 章

城镇给排水系统水量

2.1 给水系统设计流量

城镇给水系统各组分的设计流量须以城镇用水量为依据。

城镇用水量的设计计算是城镇给水管网设计的第一步。城镇用水量决定了给水系统中各部分（如取水构筑物、水处理构筑物、泵站和管网等）设施的设计规模，直接影响整个工程建设的投资规模。根据《室外给水设计标准》（GB 50013—2018）的规定，城镇给水工程应按远期规划、近远期结合、以近期为主的原则进行设计。近期设计年限宜采用 5~10 年，远期规划设计年限宜采用 10~20 年。设计年限的确定应在满足城镇供水需要的前提下，根据建设资金投入的可能做适当调整。

设计用水量的确定需考虑下列各项用水：

1）综合生活用水（包括居民生活用水和公共建筑用水，前者指城市中居民的饮用、烹调、洗涤、冲厕、洗澡等日常生活用水，后者则包括娱乐场所、宾馆、浴室、商业、学校和机关办公楼等用水）。

2）工业企业用水。

3）浇洒道路和绿地用水。

4）管网漏损水量。

5）未预见用水。

6）消防用水。

2.1.1 用水量定额

用水量定额是指设计年限内达到的用水水平，是确定设计用水量的主要依据。它直接影响给水系统相应设施的规模、工程投资、工程扩建期限等。

用水量在一定程度上是有规律的，在资料充足的情况下，可以进行预测，即根据当地的用水资料，结合当地设计年限内的城市规划、水资源状况、城镇性质和规模、工业企业生产类型和规模、国民经济发展增长状况、居民生活水准等因素，对近、远期用水量进行预测。在用水资料不足时，应参照《室外给水设计标准》确定用水量定额，并考虑节水政策、节水措施等因素。

1. 居民生活用水

居民生活用水定额为每人每日的用水量标准，单位为 L/（人·d）。影响生活用水定额的因素很多，水资源、气候条件、经济状况、生活习惯、水价标准、管理水平、水质和水压等都可直接或间接影响居民生活用水定额。一般说来，我国东南地区、沿海经济开发特区和旅游城市，因水源丰富，气候较好，经济比较发达，用水量普遍高于水源短缺、气候寒冷的西北地区。

生活用水定额有居民生活用水定额及综合生活用水定额两个概念。居民生活用水定额（表 2-1a 和表 2-1b）是指城市居民日常生活用水的定额；综合生活用水定额（表 2-2a 和表 2-2b）是指城市居民日常生活用水和公共建筑用水的定额。

居民生活用水定额和综合生活用水定额应根据当地国民经济和社会发展、水资源充沛程度、用水习惯，在现有用水定额基础上，结合城市总体规划和给水专项规划，本着节约用水的原则，综合分析确定。

当缺乏实际用水资料时，可根据现行《室外给水设计标准》的规定，按照设计对象所在分区和城市规模大小确定定额幅度范围。然后再综合考虑影响生活用水量的因素，选定设计采用定额的具体数值。公共建筑用水定额可参照《建筑给水排水设计标准》（GB 50015—2019）确定。

表 2-1a　最高日居民生活用水定额　　　　　[单位:L/(人·d)]

城市类型	超大城市	特大城市	I 型大城市	II 型大城市	中等城市	I 型小城市	II 型小城市
一区	180～320	160～300	140～280	130～260	120～240	110～220	100～200
二区	110～190	100～180	90～170	80～160	70～150	60～140	50～130
三区	—	—	—	80～150	70～140	60～130	50～120

表 2-1b　平均日居民生活用水定额　　　　　[单位:L/(人·d)]

城市类型	超大城市	特大城市	I 型大城市	II 型大城市	中等城市	I 型小城市	II 型小城市
一区	140～280	130～250	120～220	110～200	100～180	90～170	80～160
二区	100～150	90～140	80～130	70～120	60～110	50～100	40～90
三区	—	—	—	70～110	60～100	50～90	40～80

表 2-2a　最高日综合生活用水定额　　　　　[单位:L/(人·d)]

城市类型	超大城市	特大城市	I 型大城市	II 型大城市	中等城市	I 型小城市	II 型小城市
一区	250～480	240～450	230～420	220～400	200～380	190～350	180～320
二区	200～300	170～280	160～270	150～260	130～240	120～230	110～220
三区	—	—	—	150～250	130～230	120～220	110～210

表 2-2b　平均日综合生活用水定额　　　　　[单位:L/(人·d)]

城市类型	超大城市	特大城市	I 型大城市	II 型大城市	中等城市	I 型小城市	II 型小城市
一区	210～400	180～360	150～330	140～300	130～280	120～260	110～240
二区	150～230	130～210	110～190	90～170	80～160	70～150	60～140
三区	—	—	—	90～160	80～150	70～140	60～130

注：详见附录表 A-1。

2. 工业企业工作人员生活用水

工业企业工作人员生活及淋浴用水定额是指工业企业工作人员在从事生产活动时所消耗

的生活用水量标准及淋浴用水量标准，以 L/(人·班) 计，设计时可按《工业企业设计卫生标准》(GBZ 1—2010) 的规定确定。

工作人员工作期间生活用水量定额应根据车间性质决定，一般车间采用 30L/(人·班)，高温车间采用 50L/(人·班)。工作人员淋浴用水定额与车间类型有关，可根据附录表 A-2 确定，淋浴在下班后 1 小时内进行。

3. 工业企业生产用水

在城市给水中，工业生产用水占很大比例。工业生产用水一般是指工业企业在生产过程中的用水，包括间接冷却水、工艺用水（产品用水、洗涤用水、直接冷却水、锅炉用水）、空调用水等。水资源紧缺的状况使人们的节水意识提高，有些企业开始使用空气冷却代替水冷却。

工业生产用水量应根据生产工艺要求确定。工业用水大户或经济开发区宜单独进行用水量计算；一般工业企业的用水量可根据国民经济发展规划，结合现有工业企业用水资料分析确定。

工业企业用水指标一般有以下三种：

1) 以万元产值用水量表示。不同类型的工业，万元产值用水量不同。如果城市中用水单耗指标较大的工业多，则万元产值用水量也高；即使同类工业部门，由于管理水平提高、工艺条件改革和产品结构的变化，尤其是工业产值的增长，单耗指标会逐年降低。提高工业用水重复利用率（重复用水量在总用水量中所占的百分数），重视节约用水等可以降低工业用水单耗。随着工业的发展，工业用水量也随之增长，但用水量增长速度比不上产值的增长速度。工业用水的单耗指标由于水的重复利用率提高而有逐年下降的趋势。由于高产值、低单耗的工业发展迅速，因此万元产值用水量指标在很多大城市有较大幅度的下降。

2) 按单位产品计算用水量。如每生产 1t 钢要用多少水，每生产 1t 纸要用多少水等，这时，应按生产工艺过程的要求确定。

3) 按每台设备每天用水量计算。可参照有关工业用水量定额。

生产用水量通常由企业的工艺部门提供。在缺乏资料时，可参照同类型企业用水指标。在估计工业企业生产用水量时，应按当地水源条件、工业发展情况、工业生产水平，预估将来可能达到的重复利用率。近年来，在一些城市用水量预测中往往出现对工业用水的预测偏高。其主要原因是对产业结构的调整、产品质量的提高、节水技术的发展以及产品用水单耗的降低估计不足。因此，在工业用水量的预测中，必须考虑上述因素，结合现状对工业用水量的分析加以确定。

4. 浇洒道路和绿地用水

浇洒道路和绿地用水量应根据路面、绿化、气候和土壤等条件确定。参照《建筑给水排水设计标准》，浇洒道路用水可按浇洒面积以 2.0~3.0L/(m²·d) 计算；浇洒绿地用水可按浇洒面积以 1.0~3.0L/(m²·d) 计算。

5. 漏损水量

城镇配水管网的漏损水量宜按综合生活用水、工业企业用水、浇洒道路和绿地用水水量之和的 10%~12% 计算，当单位管长供水量小或供水压力高时可适量增加。

6. 未预见用水量

未预见用水量应根据水量预测时难以预见因素及程度确定，宜采用综合生活用水、工业企业用水、浇洒道路和绿地用水、漏损水量之和的 8%~12% 计算。

7. 消防用水

消防用水只在火灾时使用（只在校核计算时计入），平时储存在水厂清水池中，火灾时由二级泵站送至着火点，历时短，量值大。消防用水量、水压和火灾延续时间等应按照《消防给水及消火栓系统技术规范》（GB 50974—2014）等执行。城市或居住区的室外消防用水量应按同时发生的火灾次数和一次灭火的用水量确定；工厂、仓库和民用建筑的室外消防用水量可按同时发生火灾的次数和一次灭火的用水量确定，详见附录表 A-3~附录表 A-4。

2.1.2　用水量变化

无论是生活用水还是生产用水，其用水量都是经常变化的。

生活用水量随着生活习惯和气候而变化，如假期比平日多，夏季比冬季多。从我国大中城市的用水情况来看，在一天内又以早晨起床后和晚饭前后用水最多。

工业企业用水量中包括冷却用水、生产工艺用水、空调用水以及清洗用水等，在一年中用水量也是有变化的。冷却用水主要是用来冷却设备，带走多余热量，所以用水量受水温和气温的影响，夏季多于冬季。例如，火力发电厂、钢厂和化工厂等 6~8 月份高温季节的用水量约为月平均用水量的 1.3 倍；空调用水用以调节室温和湿度，一般在 5~9 月使用，在高温季节用水量大；又如食品工业用水，生产量随季节变化明显，在高温季节生产量大，用水量骤增。其他工业行业，一年中用水量较均衡，很少随气温和水温变化，如化工厂和造纸厂，每月用水量变化较小。

前文所述的用水量定额只是一个平均值，在设计时还须考虑每日、每时的用水量变化。因此，在给水系统设计时，除了正确地选定用水定额外，还必须了解供水区域的逐日逐时用水量变化情况，以合理确定给水系统及各单项设施的设计流量，使给水系统能经济合理地适应供水对象在各种用水情况下对供水的要求。

用水量变化规律可以用水量变化系数或水量变化曲线表示，为了计算给水系统各组成部分的设计流量，必须给出最高日用水量的变化规律。

1. 用水量变化曲线

用水量定额只是一个平均值，不能表现实际用水特点，在实际用水过程中，设计年限内每日每时的用水量都不同，这种用水量的变化通常用用水量变化曲线表示，每个城市的用水量变化曲线都可能不同，与其所处地理位置、气候、居民生活习惯等多方面因素有关。

为了确定各种给水构筑物的规模，使设计更贴近实际，应调查在设计年限内最高日用水量和最高日的最高一小时用水量，还应知道 24h 的用水量变化。

图 2-1a 所示为某城镇最高日的用水量变化曲线，图中每小时用水量按最高日用水量的百分数计，图形面积 $\sum\limits_{i=1}^{24} Q_i = 100\%$，$Q_i$ 是以最高日用水量的百分数计的每小时用水量。

图 2-1b 所示为某城镇最高日用水量的变化规律，此用水规律与图 2-1a 所示有显著差异。

由图 2-1a、b 可明显看出，在最高日一天用水中，有用水高峰和用水低谷，其规律性明显。

根据用水量变化曲线，一般常用以下特征参数描述用水量特征：

1）最高日用水量：设计年限内，用水量最高一日的总用水量，常用单位为 m³/d。

2）平均日用水量：设计年限内的平均每日用水量，常用单位为 m³/d。

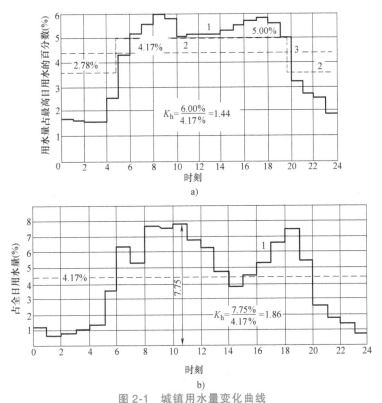

图 2-1　城镇用水量变化曲线

1—用水量变化曲线　2—二级泵站供水曲线　3—一级泵站供水曲线

3）最高日最高时用水量：设计年限内，用水量最高一日中用水量最大的一小时的总用水量，常用单位为 m³/h 或 L/s。

4）最高日平均时用水量：设计年限内，用水量最高一日的小时平均用水量，常用单位为 m³/h 或 L/s。

2. 用水量变化系数

由于城镇给水工程服务区域较大，卫生设备数量和用水人数较多，且一般是多目标供水（如城镇包括居民、工业、公用事业、市政等方面供水），各种用水参差错落，其用水高峰可能相互错开，使用水量能在以小时为计量单位的区段内基本保持不变。因此，为降低给水工程造价，城镇给水系统只需要考虑用水量日与日、时与时之间的差别，即逐日逐时用水量变化情况。实践证明，这样既安全可靠，又经济合理。

为了反映用水量逐日逐时的变化幅度，在给水工程设计中，引入了两个重要的用水量变化特征系数，即日变化系数和时变化系数。

（1）日变化系数　日变化系数是指在设计年限内最高日用水量（Q_d）与平均日用水量（$Q_{平均}$）的比值，记作 K_d，即

$$K_d = \frac{Q_d}{Q_{平均}} \tag{2-1}$$

（2）时变化系数　设计时一般指最高日用水量的时变化系数，它是在用水最高日中，最高一小时用水量（Q_h）与平均时用水量（$Q_{平均}$）的比值，记作 K_h，即

$$K_h = \frac{Q_h}{Q_{平均}} \tag{2-2}$$

一定程度上，日变化系数和时变化系数能反映一定时段内用水量的变化幅度，反映用水量的不均匀程度。设计时，日变化系数和时变化系数可以通过对给水地区的城镇性质和规模、国民经济和社会发展、供水系统布局，结合现状供水曲线和日用水变化分析确定。在缺乏实际用水资料的情况下，最高日城市综合用水的时变化系数宜采用 1.2~1.6，日变化系数宜采用 1.1~1.5。

2.1.3 设计用水量计算

1. 最高日设计用水量

城镇总用水量设计计算时，应包括设计年限内该给水系统所供应的全部用水：居住区综合生活用水，工业企业生产用水和职工生活用水，浇洒道路和绿地用水以及未预见水量和管网漏失水量，但不包括工业自备水源所需的水量。需要注意的是，在设计用水量时，由于消防用水是偶然的，因此，不将消防用水加入设计用水量中，在后期校核时再计入。

城镇设计用水量计算时需包括：居民生活用水、工业企业用水、浇洒道路用水、浇洒绿地用水、管网漏失水量、未预见水量。

（1）居民生活用水量 Q_1

$$Q_1 = \sum (q_i N_i f_i) \tag{2-3}$$

式中　q_i——最高日生活用水量定额 [m^3/（人·d）]；

　　　N_i——设计年限内计划人口数（人）；

　　　f_i——自来水普及率（%）。

参照有关规范规定，结合当地情况合理确定用水量定额，然后根据计划用水人数计算生活用水量（此处需注意计划用水人数与计划人口数的区别）。如规划区内各居民区卫生设备、生活标准不同，则需分区计算，然后求和计算总用水量。

（2）公共建筑用水量 Q_2

$$Q_2 = \sum (q_j N_j) \tag{2-4}$$

式中　q_j——各公共建筑的最高日用水量定额 [m^3/（人·d）]；

　　　N_j——各公共建筑的用水单位数（人或床位等）。

（3）工业企业用水量 Q_3

$$Q_3 = Q_{31} + Q_{32} + Q_{33} \tag{2-5}$$

式中　Q_{31}——工业企业的生产用水量，如 $Q_{31} = qB(1-n)$（m^3/d）；

　　　q——万元产值用水量（m^3/元）；

　　　B——工业产值（元/d）；

　　　n——重复利用率（%）；

　　　Q_{32}——工业企业的职工生活用水量（m^3/d）；

　　　Q_{33}——工业企业的职工淋浴用水量（m^3/d）。

（4）浇洒道路用水和绿地用水量 Q_4

$$Q_4 = \sum (q_L N_L) \tag{2-6}$$

式中　q_L——用水量定额 $[L/(m^2 \cdot d)]$；

　　　　N_L——每日浇洒道路和绿地的面积（m^2）。

（5）管网漏失水量 Q_5

$$Q_5 = (0.10 \sim 0.12) \times (Q_1 + Q_2 + Q_3 + Q_4) \tag{2-7}$$

（6）未预见水量 Q_6

$$Q_6 = (0.08 \sim 0.12) \times (Q_1 + Q_2 + Q_3 + Q_4 + Q_5) \tag{2-8}$$

（7）最高日设计用水量 $Q_d(m^3/d)$

$$Q_d = Q_1 + Q_2 + Q_3 + Q_4 + Q_5 + Q_6$$

（8）最高日平均时设计用水量 $Q'_h(m^3/s)$

$$Q'_h = \frac{Q_d}{86400} \tag{2-9}$$

2. 最高时设计用水量

最高时设计用水量即最高日最高时设计用水量，可以根据最高日内城镇的用水量变化规律来确定，当资料不足时，可按照式（2-10）计算 $Q_h(m^3/s)$。

$$Q_h = K_h \frac{Q_d}{86400} \tag{2-10}$$

式中　K_h——时变化系数。

3. 平均日平均时用水量

平均日平均时用水量在分析系统常年运行经济性时是重要参考依据，可根据最高日平均时设计用水量与日变化系数计算。

$$Q''_h = \frac{Q_d}{K_d \times 86400} \tag{2-11}$$

式中　Q''_h——平均日平均时用水量（m^3/s）。

2.1.4　给水系统的工作情况

1. 给水系统的流量关系

给水系统中所有构筑物均以最高日用水量 Q_d 为基础进行设计。

（1）取水构筑物、一级泵站　城市的最高日设计用水量确定后，取水构筑物和水厂的设计流量将随一级泵站的工作情况而定，如果一天中一级泵站的工作时间越长，则每小时的流量将越小。大中城市水厂的一级泵站一般按三班制即 24h 均匀工作来考虑，以缩小构筑物规模和降低造价。小型水厂的一级泵站可考虑一班或二班制运转。取水构筑物、一级泵站和水厂等按最高日平均时流量计算，即

$$Q_1 = \frac{\alpha Q_d}{T} \tag{2-12}$$

式中　Q_1——取水构筑物、一级泵站的设计流量（m^3/h）；

　　　　α——考虑水厂本身用水量的系数，以供沉淀池排泥、滤池冲洗等用水，其值取决于水处理工艺、构筑物类型及原水水质等因素，一般在 1.05 ~ 1.10；

　　　　T——一级泵站每天工作小时数（h）。

取用地下水若仅需在进入管网前消毒而无须其他处理时，为提高水泵的效率和延长井的使用年限，一般先将水输送到地面水池，再经二级泵站将水池水输入管网。因此，取用地下水的一级泵站计算流量 $Q_1(\mathrm{m^3/h})$ 为

$$Q_1 = \frac{Q_d}{T} \tag{2-13}$$

与式（2-12）不同的是，水厂本身用水量系数 α 为1。

（2）二级泵站、水塔（高地水池）、管网　从二级泵站到管网管段的计算流量，应按照有无水塔或高地水池、用水量变化曲线和二级泵站工作曲线确定。二级泵站的计算流量与管网中是否设置水塔或高地水池有关。当管网内不设水塔时，任何时刻的二级泵站供水量应等于用水量。这时，二级泵站应能满足最高日最高时的水量要求，否则就会存在不同程度的供水不足现象。因为用水量每日每小时都在变化，所以二级泵站内应有多台水泵并且大小搭配，以便供给每小时变化的水量，同时保持水泵在高效率范围内运转。

管网内不设水塔或高地水池时，为了保证所需的水量和水压，水厂的输水管应按二级泵站最大供水量，即最高日最高时用水量计算。以图 2-1a 所示的用水量变化曲线为例，泵站最高时供水量等于 6.00% 的最高日用水量。

管网内设有水塔或高地水池时，二级泵站的设计供水线应根据用水量变化曲线拟定。拟定时应遵循下述原则：

1）泵站各级供水线尽量接近用水线，以减小水塔的调节容积；分级数一般不应多于三级，以便于水泵机组的运行管理。

2）分级供水时，应注意每级能否选到合适的水泵，以及水泵机组的合理搭配，并尽可能满足设计年限内及其后一段时间内用水量增长的需要。

管网内设有水塔或高地水池时，由于它们能调节水泵供水和用水之间的流量差，因此，二级泵站每小时的供水量可以不等于用水量。从图 2-1a 所示的二级泵站设计供水线看出，水泵工作情况分成两级：从 5 时到 20 时，一组水泵运转，流量为最高日用水量的 5.00%；其余时间的水泵流量为最高日用水量的 2.78%。虽然每小时泵站供水量不等于用水量，但一天的泵站总供水量等于最高日用水量，即

$$2.78\% \times 9 + 5.00\% \times 15 = 100\%$$

从图 2-1a 的用水量曲线和设计水泵供水线可以看出水塔或高地水池的流量调节作用：供水量高于用水量时，多余的水可进入水塔或高地水池内贮存；相反，当供水量低于用水量时，则从水塔流出以补水泵供水量的不足。由此可见，如供水线和用水线越接近，则为了适应流量的变化，泵站工作的分级数或水泵机组数可能增加，但是水塔或高地水池的调节容积可以减小。尽管各城市的具体条件有差别，水塔或高地水池在管网内的位置可能不同，例如可放在管网的起端、中间或末端，但水塔或高地水池的调节流量作用并不因此而有变化。

输水管的计算流量视有无水塔（或高地水池）和它们在管网中的位置而定。无水塔的管网，按最高日的最高时用水量确定管径。管网起端设水塔时（网前水塔），泵站到水塔的输水管直径按泵站分级工作线的最大一级供水量计算。管网末端设水塔时（对置水塔或网后水塔），因最高时用水量必须从二级泵站和水塔同时向管网供水，因此，应根据最高时从泵站和水塔输入管网的流量进行计算。

管网的计算流量为最高时设计用水量，这与管网中是否设水塔（或高地水池）无关。

（3）清水池　一级泵站通常均匀供水，而二级泵站一般为分级供水，所以一、二级泵站的每小时供水量并不相等。为了调节两泵站供水量的差额，必须在一、二级泵站之间建造清水池。图 2-2 中，实线 2 表示二级泵站供水线，虚线 1 表示一级泵站供水线。一级泵站供水量大于二级泵站供水量的时段内，图 2-2 中为 20 时到次日 5 时，多余水量在清水池中贮存；而在 5~20 时，因一级泵站供水量小于二级泵站，这段时间内需取用清水池中的存水，以满足用水量的需要。但在一天内，贮存的水量应刚好等于取用的水量，即清水池所需调节容积或

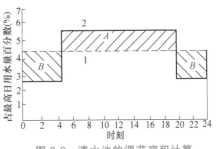

图 2-2　清水池的调节容积计算
1——一级泵站供水线　2——二级泵站供水线

等于图 2-2 中二级调节水位从最高降到最低累计的 A 面积，或等于调节水位从最低涨到最高累计的 B 面积。换言之，清水池的调节容积等于累计贮存的水量或累计取用的水量。

水塔（或高地水池）和清水池都是给水系统中调节流量的构筑物，两者有着密切的联系。如二级泵站供水线接近用水线，则水塔容积减小，清水池容积会适当增大。

2. 给水系统水压关系

给水系统应保证一定的水压，以供给足够的生活用水或生产用水。

给水系统水压的最不利点称为控制点。控制点是指管网中控制水压的点，往往位于离二级泵站最远或地形最高的点，设计时认为只要该点压力在最高用水量时达到最小服务水头，整个管网就不会存在低水压区。

服务水头指的是给水管道提供给用户的压力，是测压管水头的地上部分，即从地面算起到测压管液面的高差。

当按直接供水的建筑层数确定给水管网水压时，其用户接管处的最小服务水头：一层为 10m，二层为 12m，二层以上每增加一层增加 4m。设计时，应以供水区内大多数建筑的层数来确定服务水头。城镇内个别高层建筑或建筑群，或建在城镇高地上的建筑物等需要的水压，不应作为控制管网水压的条件。为满足这类建筑物的用水，可单独设置局部加压装置，这样比较经济。

分析给水系统的水压关系，可确定水泵（泵站）的设计扬程。水泵（泵站）的扬程主要由以下几部分组成：

1）静扬程。静扬程是指水泵的吸水池最低水位到出水池或用水点处的测压管液面的高程差值，其中包括用水点处的服务水头（自由水压）。

2）水头损失。水头损失包括从水泵吸水管路、压水管路到用水点处所有管道和管件的水头损失之和。

一级泵站水泵按设计流量确定扬程，即按最高日平均时供水流量加水厂自用水量计算确定扬程，如图 2-3 所示。

$$H_p = H_0 + h_s + h_d \tag{2-14}$$

式中　H_0——静扬程，即吸水井最低水位和水处理构筑物起端最高水位的高程差（m）；

　　　h_s——设计流量下水泵吸水管、压水管和泵房内的水头损失（m）；

　　　h_d——设计流量下输水管水头损失（m）。

二级泵站从清水池取水直接送向用户，或先送入水塔（或高地水池），而后流进用户。

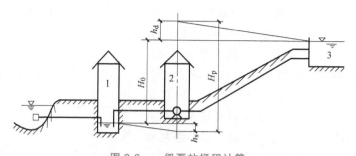

图 2-3　一级泵站扬程计算

1—吸水井　2——级泵站　3—水处理构筑物

二级泵站水泵按其设计流量确定扬程。

无水塔的管网由泵站直接输水到用户，其静扬程等于清水池最低水位与管网控制点所需水压标高的高程差，水头损失等于吸水管、压水管、输水管和管网等水头损失之和，如图 2-4 所示。管网中无水塔时，二级泵站扬程为

$$H_p = Z_c + H_c + h_s + h_c + h_n \tag{2-15}$$

式中　Z_c——管网控制点 c 的地面标高和清水池最低水位的高程差（m）；

$\quad\quad$ H_c——控制点所需最小服务水头（m）；

$\quad\quad$ h_s——吸水管中的水头损失（m）；

h_c、h_n——输水管和管网中水头损失（m）。

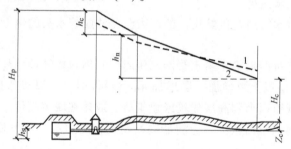

图 2-4　无水塔管网的水压线

1—最小用水时　2—最高用水时

当管网中设有网前水塔时，二级泵站先供水到水塔，再经水塔供水至管网。满足管网最高用水时，二级泵站送水到水塔最高水位与送水到管网控制点相比更不利，因而为二级泵站的设计工况，此时，静扬程等于从吸水池最低水位到水塔最高水位的高程差，水头损失为吸水管、泵站到水塔的输水管水头损失之和，如图 2-5 所示。

$$H_p = Z_t + H_t + H_0 + h_s + h_c \tag{2-16}$$

式中　Z_t——水塔所在地面标高和清水池最低水位的高程差（m）；

$\quad\quad$ H_t——水塔高度，即水塔水柜底高出地面的高度（m）；

$\quad\quad$ H_0——水柜内水深（m）；

$\quad\quad$ h_s——吸水管中的水头损失（m）；

$\quad\quad$ h_c——从泵站到水塔的输水管的水头损失（m）。

其中，水塔高度为

$$H_t = H_c + h_n - (Z_t - Z_c) \qquad (2\text{-}17)$$

式中 H_c——控制点要求的最小服务水头（m）；

     h_n——按最高时用水量计算的从水塔到控制点的管网水头损失（m）；

     Z_t——设置水塔处的地面标高（m）；

     Z_c——控制点的地面标高（m）。

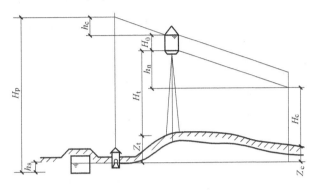

图 2-5 设有网前水塔管网的水压线

二级泵站除了满足最高用水时的水压外，还应满足消防流量时的水压要求。在消防时，管网中增加了消防流量，因而增加了水头损失。水泵扬程可参照式（2-15）计算，但控制点应为火灾点，服务水头应不低于 10m，如图 2-6 所示。消防校核时计算出的水泵扬程 H_p' 若高出所选水泵的扬程较多，则可通过调整管网中个别管段管径、相应改变管网水头损失，使所选水泵能满足消防用水时的需求，从而避免单设专用消防泵。

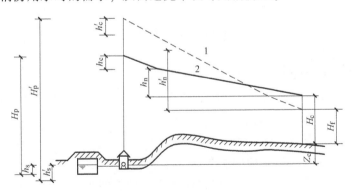

图 2-6 无水塔管网消防时的水压线

1—消防时　2—最高用水时

若管网中设有网后水塔（也称对置水塔），其水压线如图 2-7 所示。此类管网最高用水时的用水量由二级泵站和水塔共同提供，二级泵站扬程根据管网中的控制点确定，与无水塔管网类似，其差异在于此时的泵站供水量为高日高时用水量扣除水塔供水量。此类管网需进行最大转输流量下的校核，即转输流量到水塔，此时二级泵站扬程 H_p' 的确定可参照式（2-16）计算，但需注意，此时公式中的 H_c 应包括最大转输流量下从泵站到水塔管路的水头损失。

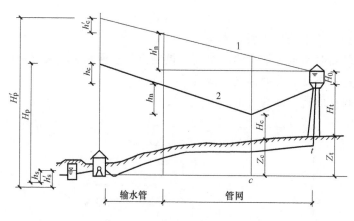

图 2-7　设有对置水塔管网的水压线

1—最大转输时　2—最高用水时

3. 调节构筑物

给水系统的调节构筑物主要是清水池、水塔。清水池的流量调节一、二级泵站供水量的差额，还兼有贮存水量和保证氯消毒接触时间的作用；水塔用于调节二级泵站供水流量和用户用水流量的差额，还兼有贮存水量和保证管网水压的作用。

（1）清水池容积　清水池的作用就是调节一、二级泵站之间的流量差值，并存储消防用水和水厂生产用水，同时为消毒剂与水的充分接触提供保障。水厂清水池的有效容积应根据产水曲线、送水曲线、自用水量及消防储备等确定，并满足消毒接触时间的要求。其有效容积为

$$W = W_1 + W_2 + W_3 + W_4 \tag{2-18}$$

式中　W——清水池的有效容积（m^3）；

W_1——调节容积（m^3）；

W_2——消防储水量，按火灾延续时间计算，一般按 2h 室外消防用水量计算（m^3）；

W_3——水厂生产用水（m^3）；

W_4——安全储量（m^3）。

当管网中设有水塔时，清水池的调节容积可参照图 2-2 由一级泵站、二级泵站的供水曲线确定，即由表 2-3 中第（3）、（4）列数据计算，结果如第（6）列所示。若管网中无水塔，则清水池的调节容积可参照图 2-1a，根据一级泵站供水曲线和用户用水曲线确定，即由表 2-3 中第（2）、（4）列数据计算，结果如第（5）列所示。

当水厂外无调节构筑物时，在缺乏资料的情况下，清水池的有效容积可按水厂最高日设计水量的 10%～20% 计算。对于小水厂，可采用上限值。清水池的个数或分格数量不得少于 2 个，并能单独工作和分别泄空，当有特殊措施能保证事故供水要求时，也可修建 1 个。

（2）清水池构造　给水工程中，常用钢筋混凝土水池、预应力钢筋混凝土水池和砖石水池，一般做成圆形或矩形。清水池应有单独的进水管、出水管、放空管及溢水管。溢水管管径和进水管相同，管端有喇叭口，管上不设阀门。清水池的放空管接在集水坑内，管径一般按 2h 将池水放空计算。为避免池内水短流，池内应设导流墙，墙底部隔一定距离设过水

孔，使洗池时排水方便。容积在 $1000m^3$ 以上的水池，至少应设两个检修孔。为使池内自然通风，应设若干通风孔，高出池顶覆土 0.7m 以上，并加设通风帽。池顶覆土厚度视当地平均气温而定，一般在 0.5~1.0 之间。如图 2-8 所示。

表 2-3　清水池和水塔调节容积计算

时间	用水量（%）	二级泵站供水量（%）	一级泵站供水量（%）	清水池调节容积（%）		水塔调节容积（%）
				无水塔时	有水塔时	
(1)	(2)	(3)	(4)	(5)	(6)	(7)
0~1	1.70	2.78	4.17	-2.47	-1.39	-1.08
1~2	1.67	2.78	4.17	-2.50	-1.39	-1.11
2~3	1.63	2.78	4.16	-2.53	-1.38	-1.15
3~4	1.63	2.78	4.17	-2.54	-1.39	-1.15
4~5	2.56	2.77	4.17	-1.61	-1.40	-0.21
5~6	4.35	5.00	4.16	0.19	0.84	-0.65
6~7	5.14	5.00	4.17	0.97	0.83	0.14
7~8	5.64	5.00	4.17	1.47	0.83	0.64
8~9	6.00	5.00	4.16	1.84	0.84	1.00
9~10	5.84	5.00	4.17	1.67	0.83	0.84
10~11	5.07	5.00	4.17	0.90	0.83	0.07
11~12	5.15	5.00	4.16	0.99	0.84	0.15
12~13	5.15	5.00	4.17	0.98	0.83	0.15
13~14	5.15	5.00	4.17	0.98	0.83	0.15
14~15	5.27	5.00	4.16	1.11	0.84	0.27
15~16	5.52	5.00	4.17	1.35	0.83	0.52
16~17	5.75	5.00	4.17	1.58	0.83	0.75
17~18	5.83	5.00	4.16	1.67	0.84	0.83
18~19	5.62	5.00	4.17	1.45	0.83	0.62
19~20	5.00	5.00	4.17	0.83	0.83	0.00
20~21	3.19	2.77	4.16	-0.97	-1.39	0.42
21~22	2.69	2.78	4.17	-1.48	-1.39	-0.09
22~23	2.58	2.78	4.17	-1.59	-1.39	-0.20
23~24	1.87	2.78	4.16	-2.29	-1.38	-0.91
累计	100.00	100.00	100.00	17.98	12.50	6.55

（3）水塔高度　水塔可靠近水厂、位于管网中间或靠近管网末端等。不管哪类水塔，其水塔底高于地面的高度均可按式（2-17）计算。从公式中可以看出，建造水塔处的地面标高 Z_t 越高，则所需水塔高度 H_t 越小，这就是水塔建在高地的原因。若城市地形情况是离二级泵站越远处地形越高，则水塔可能建在管网末端形成设有对置水塔的管网系统。若城市地形情况是城市中某处地形较高，则水塔可以建在管网内形成设有网中水塔的管网系统。

（4）水塔容积　水塔的主要作用是调节二级泵站供水和用户用水之间的流量差异，并储存 10min 的室内消防水量，其有效容积应为

$$W = W_1 + W_2 \tag{2-19}$$

式中　W——水塔的有效容积（m^3）；

　　　W_1——调节容积，由二级泵站供水线和用户用水量曲线确定（m^3）；

　　　W_2——消防储水量，按 10min 室内消防用水量计算（m^3）。

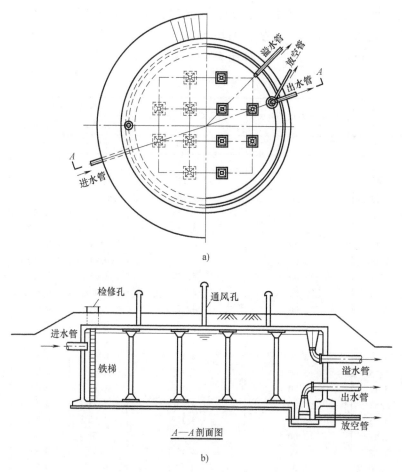

图 2-8 清水池构造示意图

a) 圆形清水池平面图 　b) 圆形清水池剖面图

当管网中设有水塔时，二级泵站分级工作，水塔的调节容积可参照图 2-1a 二级泵站的分级供水曲线和用户用水曲线确定，即由表 2-3 中第（2）、（3）列数据计算，结果如表 2-3 中第（7）列所示。

当缺乏用户用水量变化规律资料时，水塔的有效容积也可根据运转经验确定；也可按最高日用水量的 2.5%~3% 或 5%~6% 确定，城市用水量大时取低值。工业用水可按生产上的要求（调度、事故及消防）确定水塔调节容积。

大中城市供水区域较大，供水距离远，为降低水厂送水泵房扬程，节省能耗，当供水区域有合适的位置和地形时，可考虑在水厂外建高地水池、水池泵站或水塔。其调节容积应根据用水区域供需情况及消防储备水量等确定。当缺乏资料时，也可参照相似条件下的经验数据确定。

（5）水塔构造　水塔一般采用钢筋混凝土或砖石等建造，主要由水柜、塔架、管道和基础组成。进、出水管可以合用，也可分别设置。为防止水柜溢水和将柜内存水放空，需要设置溢水管和排水管，管径可和进、出水管相同，溢水管上不设阀门。排水管（即放空管）从水柜底接出，管上设阀门，并接到溢水管上，如图 2-9 所示。

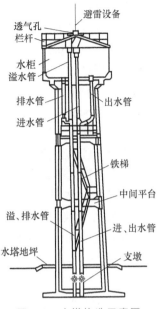

图 2-9　水塔构造示意图

2.2　污水设计流量

污水系统的设计流量是污水管道及附属构筑物通过的最大流量，通常以最高日最高时流量作为污水管道系统的设计流量，单位为 L/s。污水管道系统设计的首要任务是正确、合理地确定设计流量。它主要包括生活污水设计流量和工业废水设计流量两大部分，特殊情况下还需包括地下水渗入量。生活污水又可分为居民生活污水、公共设施排水、工业企业内生活和沐浴污水三部分。如果工业废水的水质满足（或经处理后满足）《污水综合排放标准》（GB 8978—1996）和《污水排入城镇下水道水质标准》（GB/T 31962—2015）的要求，则可直接就近排入城市污水管道系统，与生活污水一起输送到污水处理厂进行处理后排放或再利用。因此，可按以下方法进行污水管道系统的设计流量计算。

2.2.1　居民生活污水设计流量

1. 居住区居民生活污水

居住区居民生活污水是指居民日常生活中洗涤、冲厕、洗澡等产生的污水。居住区居民生活污水设计流量 Q_1（L/s）的计算公式为

$$Q_1 = \frac{nNK_z}{24 \times 3600} \qquad (2\text{-}20)$$

式中　K_z——生活污水量总变化系数；

$\qquad n$——居住区居民生活污水定额 [L/(人·d)]；

$\qquad N$——设计人口数。

（1）居住区居民生活污水定额　居住区居民生活污水定额是指污水管道系统设计时所采用的每人每天所排出的平均污水量，包括日常生活中洗涤、冲厕、洗澡等产生的污水量，

单位为 L/(人·d)。它与居民生活用水定额、居住区给排水系统的完善程度、气候、居住条件、生活习惯、生活水平及其他地方条件等许多因素有关。

城市污水主要来源于城市用水，因此，污水量定额与城市用水量定额之间有一定的比例关系，该比例称为排放系数。由于水在使用过程中蒸发、形成供应产品等原因，部分生活用水或工业用水不再被收集到排水管道。在一般情况下，生活污水和工业废水的排出量小于用水量。但有的情况下也可能使污水量超过用水量，如当地下水水位较高时，地下水有可能经污水管道接口处渗入，或雨水经污水检查井流入。所以，在确定污水量标准时，应具体情况具体分析。居住区居民生活污水定额可参考居民生活用水定额或综合生活用水定额确定。

在按用水定额确定污水定额时，对于建筑内部给排水设施水平较高的地区，可按用水定额的90%计算，一般水平的可按用水定额的80%计算。设计中可根据当地用水情况确定污水定额。若当地缺少实际用水资料，可根据《城市居民生活用水量标准》（GB/T 50331—2002）和《室外给水设计标准》规定的居民生活用水定额（平均日），结合当地的实际情况确定，然后根据当地建筑内部给排水设施水平和排水系统完善程度确定居民生活污水定额。

为便于计算，居住区的污水量通常按比流量计算。污水比流量是指从单位面积上排出的平均日污水量，以 L/(s·hm²) 表示，它是根据人口密度和居民生活污水定额等情况定出的一个单位居住面积排出的污水量的综合性标准。

（2）设计人口数　设计人口是指计算污水排水系统设计期限终期的规划人口数，是计算污水设计流量的基本数据，根据城镇（地区）的总体规划确定。由于城镇性质或规划不同，城市工业、仓储、交通运输、生活居住用地分别占城镇总用地的比例和指标不同，因此，在数值上等于人口密度与居住区面积的乘积。即

$$N = PF \tag{2-21}$$

式中　N——设计人口数，污水管道服务的人口数（设计期限终期时）；

P——人口密度，单位面积上的人口数（人/hm²），可以有总人口密度和街区人口密度两种表达形式：总人口密度按整个城市面积（包括街道、公园、运动场、水体等非居住区）平均计算，常用于方案设计；街区人口密度按街区内建筑面积（不包括非居住区）计算，常用于技术设计或施工图设计；

F——服务面积，污水管道定线完成后，根据地形划分服务面积（按分水线），且要与人口密度计算方法相匹配。

（3）生活污水量总变化系数　居住区居民生活污水定额通常以平均日流量表示，因此根据设计人口和生活污水定额计算所得的是污水平均日平均时流量。而实际上流入污水管道系统的污水量时刻都在变化，夏季与冬季污水量不同，一日中日间和晚间的污水量不同，日间各小时的污水量也有很大差异。居住区的污水量一般在凌晨最小，上午 6~8 时和下午17~20 时的流量较大。即使在 1h 内，污水量也是有变化的，但这个变化比较小，故通常假定 1h 内流入污水管道系统的污水是均匀的。污水管道断面较大，且常为不满流，这种假定一般不影响污水管道系统设计和运转的合理性。

污水量的变化程度通常用变化系数表示。变化系数分为日变化系数、时变化系数及总变化系数。设计年限内最高日污水量和平均日污水量的比值称为日变化系数 K_d；最高日中最高时污水量和该日平均时污水量的比值称为时变化系数 K_h；最高日最高时污水量和平均日平均时污水量的比值称为总变化系数 K_z。其关系为

$$K_z = K_d K_h \qquad (2-22)$$

通常，污水管道的设计断面根据最高日最高时污水流量确定，因此需要求出总变化系数。然而一般城市缺乏日变化系数和时变化系数的数据，按上述公式计算总变化系数有一定困难。实际上，污水流量是随人口数和污水定额的变化而变化的。若污水定额一定，流量变化幅度随人口数增加而减少；若人口数一定，则流量变化幅度随污水定额增加而减少。因此，在采用同一污水定额的地区，上游管道由于服务人口少，管道中出现的最大流量与平均流量的比值较大；而在下游管道中，服务人口多，来自各排水地区的污水由于流行时间不同，高峰流量得到削减，最大流量与平均流量的比值较小，流量变化幅度小于上游管道。也就是说，总变化系数与平均流量之间有一定的关系，平均流量越大，总变化系数越小，两者的关系可总结为

$$K_z = \frac{2.7}{q^{0.11}} \qquad (2-23)$$

式中　q——平均日平均时污水流量（L/s），当 $q < 5\text{L/s}$ 时，$K_z = 2.3$；$q > 1000\text{L/s}$ 时，$K_z = 1.3$。

我国《室外排水设计标准》（GB 50014—2021）采用的生活污水量总变化系数值见表 2-4。

表 2-4　生活污水量总变化系数

污水平均日流量 q/（L/s）	5	15	40	70	100	200	500	≥1000
总变化系数 K_z	2.3	2.0	1.8	1.7	1.6	1.5	1.4	1.3

注：1. 当污水平均日流量为中间数值时，总变化系数用内插法求得。
　　2. 当居民区有实际生活污水变化资料时，可按实际数据采用。

采用式（2-20）实际计算时，由于 K_z 基于平均日污水量，所以生活污水定额应采用平均日污水定额。同一城市中，可能存在着多个排水服务区域，其居住区的生活设施条件等可能不同，计算时要对每个区域按照其规划目标，分别取用适当的污水定额，按各区域实际服务人口计算该区域的生活污水设计流量。

2. 公共建筑生活污水

公共建筑包括娱乐场所、宾馆、饭店、浴室、商业、学校和机关等，其排放的污水量比较大，比较集中。在设计时，若能获得充分的调查资料，则可以分别计算这些公共建筑各自排出的生活污水量，并将这些建筑污水量作为集中污水量单独计算。公共建筑污水量定额和污水量时变化系数可参照《建筑给水排水设计标准》（GB 50015—2019）中有关公共建筑的用水量标准采用。

缺乏资料时，公共建筑的污水量可与居住区居民生活污水量合并计算。此时，应选用综合生活污水定额。综合生活污水定额是指居民生活污水和公共建筑生活污水两部分的总和。综合生活污水定额可以根据《室外给水设计标准》规定的综合生活用水定额（平均日），结合当地的实际情况选用。

3. 工业企业生活污水及淋浴污水

工业企业的生活污水和淋浴污水主要来自生产企业的食堂、卫生间、浴室等。其设计流量的大小与工业企业的性质、污染程度、卫生要求有关。一般按下式进行计算：

$$Q_2 = \frac{A_1 B_1 K_1 + A_2 B_2 K_2}{3600T} + \frac{C_1 D_1 + C_2 D_2}{3600} \tag{2-24}$$

式中　Q_2——工业企业生活污水及淋浴污水设计流量（L/s）；

A_1——一般车间最大班职工人数（人）；

A_2——热车间最大班职工人数（人）；

B_1——一般车间职工生活污水定额，以 30L/（人·班）计；

B_2——热车间职工生活污水定额，以 50L/（人·班）计；

C_1——一般车间最大班使用淋浴的职工人数（人）；

C_2——热车间最大班使用淋浴的职工人数（人）；

D_1——一般车间的淋浴污水定额，以 40L/（人·次）计；

D_2——热车间的淋浴污水定额，以 60L/（人·次）计；

K_1——一般车间生活污水量时变化系数，以 3.0 计；

K_2——热车间生活污水量时变化系数，以 2.5 计；

T——每班工作小时数（h）。

职工淋浴集中在下班后一小时，即淋浴时间以 60min 计。

2.2.2　工业废水设计流量

工业废水设计流量根据工业废水量定额确定，可按下式计算：

$$Q_3 = \frac{mM}{3600T} K_z \tag{2-25}$$

式中　Q_3——工业废水设计流量（L/s）；

m——生产过程中单位产品的废水量（L/产品）；

M——产品的平均日产量（产品/d）；

T——每日生产时数（h/d）；

K_z——工业废水总变化系数。

工业废水量定额是指生产单位产品或加工单位数量原料所排出的平均废水量，通过实测现有车间的废水量而求得，在设计新建工业企业的排水系统时，可参考其他生产工艺相似的已有工业企业的排水资料来确定。若工业废水量定额不易取得，则可以工业用水量定额（如生产单位产品的平均用水量）为依据确定废水量定额。各工业企业的废水量标准差别较大，即使生产同一产品，若生产设备或工艺不同，其废水量定额也可能不同。若生产中采用循环或复用给水系统，其废水量比采用直流给水系统时会明显降低。因此，工业废水量定额取决于产品种类、生产工艺、单位产品用水量以及给水方式等。

在不同的工业企业中，工业废水的排水情况很不一致。某些工厂的工业废水是均匀排出的，但很多工厂废水排出情况变化很大，甚至个别车间的废水可能在短时间内一次排放。因此，工业废水量的变化取决于企业的性质和生产工艺过程。工业废水量的日间变化一般较小，其日变化系数为 1，而时变化系数则可通过实测废水量最大一天的各小时流量来确定，因此，一般而言，工业废水总变化系数与时变化系数数值相等。

某些工业废水量的时变化系数大致为：冶金工业 1.0~1.1，化工工业 1.3~1.5，纺织工业 1.5~2.0，食品工业 1.5~2.0，皮革工业 1.5~2.0，造纸工业 1.3~1.8，设计时可参考使用。

2.2.3　地下水渗入量

在地下水位较高的地区，因当地土质、管道及接口材料、施工质量等因素的影响，一般均存在地下水渗入现象，设计污水管道系统时宜适当考虑地下水渗入量。地下水渗入量 Q_4 一般以单位管道延长米或单位服务面积计算；也可参照国外经验数据，按设计污水量的 10%～20% 计算。

2.2.4　城市污水设计总流量

城市污水设计总流量通常是居住区居民生活污水（含公共建筑污水）、工业企业生活污水和工业废水三部分设计流量之和，在地下水位较高的地区还应加入地下水渗入量。因此，城市污水设计总流量一般为

$$Q = Q_1 + Q_2 + Q_3 + Q_4 \qquad (2\text{-}26)$$

上述计算污水设计总流量的方法，其基础是假定排出的各种污水都在同一时间内出现最大流量。污水管道设计采用这种简单累加法来计算总设计流量，是偏于安全的。

污水泵站和污水处理构筑物的设计流量一般也采用式（2-26）计算污水设计总流量。因为各种污水最大时流量同时发生的可能性较少，各种污水量汇合时，可能互相调节，而使流量峰值降低。因此，为了正确、合理地确定污水泵站和污水处理构筑物的最大污水设计流量，就必须考虑各种污水流量的逐时变化，知道一天中各类污水每小时的流量，然后将相同小时的各流量相加，求出一日中流量的逐时变化，取最大时流量作为设计总流量，这样的设计才是相对经济合理的。

2.3　雨量分析要素

1. 降雨量

降雨量是指降水的绝对量，即降雨深度（单位为 mm）。另外，降雨量也可以用单位面积上的降雨体积表示。常用的降雨量统计数据主要有年平均降雨量、月平均降雨量和最大日降雨量。

1）年平均降雨量：指多年观测的各年降雨量的平均值。

2）月平均降雨量：指多年观测的各月降雨量的平均值。

3）最大日降雨量：指多年观测的各年中降雨量最大的一日的降雨量。

2. 降雨历时

降雨历时（单位为 min）是指降雨过程中的某一连续降雨时段，可以是全部降雨时间，也可以是其中某个连续时段。

3. 暴雨强度

暴雨强度是指某一降雨历时内的平均降雨量，即降雨历时内的单位时间降雨深度。通过下式计算：

$$i = \frac{H}{t} \qquad (2\text{-}27)$$

式中　i——暴雨强度（mm/min）；

H——降雨深度（mm）；

t——降雨历时（min）。

在工程中，暴雨强度常用单位时间的降雨体积 $q[\text{L}/(\text{s}\cdot\text{ha})]$ 表示。q 与 i 之间的换算关系是将每分钟的降雨深度换算成每公顷（$1\text{ha}=1\text{hm}^2=10^4\text{m}^2$）面积每秒钟的降雨体积，即

$$q=\frac{10000\times1000i}{1000\times60}=167i \tag{2-28}$$

由式（2-27）和式（2-28）可知，暴雨强度的数值与所取的连续时间段 t 的跨度和位置有关。在城市暴雨强度公式推求中，经常采用的降雨历时为 5min、10min、15min、20min、30min、45min、60min、90min、120min 等 9 个历时数值，特大城市可以用到 180min，见表 2-5。

表 2-5 某市不同降雨历时的暴雨强度

序号	5min	10min	15min	20min	30min	45min	60min	90min	120min	经验频率 F_m（%）	重现期 P/a
1	3.82	2.82	2.28	2.18	1.71	1.48	1.38	1.08	0.97	0.83	122.0
2	2.92	2.19	1.93	1.65	1.45	1.25	1.18	0.92	0.78	4.93	20.3
3	2.56	1.96	1.73	1.53	1.31	1.08	0.98	0.74	0.60	10.74	9.3
4	2.34	1.92	1.58	1.44	1.23	0.99	0.91	0.67	0.57	14.88	6.7
5	2.02	1.79	1.50	1.36	1.15	0.93	0.83	0.63	0.53	20.66	4.8
6	2.00	1.60	1.38	1.26	1.10	0.90	0.77	0.59	0.50	25.62	3.9
7	1.60	1.30	1.13	0.99	0.85	0.68	0.60	0.47	0.40	49.59	2.0
8	1.24	1.05	0.90	0.83	0.69	0.58	0.50	0.40	0.34	75.21	1.3
9	1.10	0.95	0.77	0.71	0.61	0.50	0.44	0.33	0.28	97.52	1.0
10	1.08	0.94	0.76	0.70	0.60	0.50	0.44	0.33	0.27	99.17	1.0

注：不同降雨历时的暴雨强度 i 的单位是 mm/min。

暴雨强度是描绘暴雨特征的重要指标，是在各地气象资料分析整理的基础上，利用水文学方法推求出来的，是决定雨水设计流量的主要因素。暴雨强度公式是暴雨强度 i（或 q）、降雨历时 t、重现期 P 三者间关系的数学表达式，是设计雨水管渠的依据。我国常用的暴雨强度公式的形式为

$$q=\frac{167A_1(1+c\lg P)}{(t+b)^n} \tag{2-29}$$

式中　　　q——设计暴雨强度 $[\text{L}/(\text{s}\cdot\text{hm}^2)]$；

　　　　　P——设计重现期（a）；

　　　　　t——降雨历时（min），因为实际降雨历时不好确定，在设计计算时，常通过设计管段所服务的汇水面积的集水时间来代替降雨历时，即雨水从设计管段服务面积最远点达到设计管段起点断面的集流时间；

A_1、c、b、n——地方参数，根据统计方法计算确定。

当 $b=0$ 时

$$q = \frac{167A_1(1+clgP)}{t^n} \tag{2-30}$$

当 $n = 1$ 时

$$q = \frac{167A_1(1+clgP)}{t+b} \tag{2-31}$$

4. 暴雨强度的频率

某一特定值暴雨强度出现的可能性一般是不可预知的。因此，需要对以往大量观测资料进行统计分析，计算出该暴雨强度的发生频率，由此去预测该暴雨强度未来发生的可能性。

某特定值暴雨强度的频率是指等于或大于该值的暴雨强度出现次数与观测资料总项数之比。该定义的基础是假定降雨观测资料年限非常长，可代表降雨的整个历史过程。但实际上只能取得一定年限内有限的暴雨强度值。因此，在水文统计中，计算得到的暴雨强度频率又称为经验频率。一般观测资料的年限越长，则经验频率出现的误差就越小。

假定等于或大于某特定值暴雨强度的次数为 m，观测资料总项数为 n（为降雨观测资料的年数 N 与每年入选的平均雨样数 M 的乘积），则该特定值暴雨强度的频率如下：

$$P_n = \frac{m}{n} \times 100\% \tag{2-32}$$

当每年只选取一个代表性数据组成统计序列时（年最大值法），则 $n = N$ 为资料年数求出的频率值，称为"年频率"，用公式 $P_n = \frac{m}{N+1} \times 100\%$ 计算；而当每年取多个数据组成统计序列时（年多个样法），则 $n = NM$ 为数据总个数，求出的频率值为"次（数）频率"，用公式 $P_n = \frac{m}{NM+1} \times 100\%$ 计算。

年多个样法是将 N 年全部降雨资料，每年选取 6~8 场（次）最大的降雨，分不同降雨历时按大小顺序排列，选出排在最前面的 m 组雨样，平均每年选取 3~4 组作为统计基础资料。此法既能选取较多的雨样，又能体现一定独立性，但年多个样法的工作量较大。年多个样法一般需要 20a 以上的降雨资料。

年最大值法是在水文变量资料中每年仅选取一个最大值的方法。用年最大值法选择，在 N 年观测资料中，能选出 N 个最大值。对于一年中发生多次大暴雨的情况，次大的暴雨将不在选样范围内。年最大值法一般需要 20a 以上的降雨资料。

5. 暴雨强度重现期

暴雨强度重现期是指在一定长的统计时间内，等于或大于某暴雨强度的降雨出现一次的平均间隔时间，单位以年（a）表示。某暴雨强度的重现期可应用年最大值法或年多个样法确定。

重现期 P 与频率 P_n 的关系可直接按定义由下式表示：

$$P = \frac{1}{P_n} \tag{2-33}$$

需要注意的是，某暴雨强度的重现期等于 P，并不是说大于等于某暴雨强度的降雨 P 年就会发生一次。P 年重现期是指在相当长的一个时间序列（远远大于 P 年）中，大于等于该指标的数据平均出现的可能性为 $1/P$。对于一个具体的 P 年时间段而言，大于等于该强度的暴雨可能出现一次，也可能出现数次或根本不出现。

6. 设计降雨量确定方法

雨水设计流量的确定可采用推理公式法，根据设计暴雨强度、设计径流系数和汇水面积确定，是雨水排水管道系统设计的基础，详见5.3节。

当汇水面积超过$2km^2$时，宜考虑降雨在时空分布的不均匀性和管网汇流过程，采用数学模型法计算雨水设计流量。常用的数学模型一般由降雨模型、产流模型、汇流模型、管网水动力模型等。数学模型可以考虑同一降雨事件中降雨强度在不同时间和空间的分布情况，因而可以更加准确地反映地表径流的产生过程和径流流量，也便于与后续的管网水动力学模型衔接。数学模型中用到的设计暴雨资料包括设计暴雨量和设计暴雨过程，即雨型。设计暴雨量可按城市暴雨强度公式计算，设计暴雨过程可采用统计分析方法或根据当地水利部门推荐的降雨模型确定。

思 考 题

1. 设计城市给水系统时应考虑哪些用水量？
2. 居住区生活用水量定额是按哪些条件制定的？
3. 影响生活用水量的主要因素有哪些？
4. 城市消防用水量如何确定？
5. 试说明用水量的日变化系数K_d和时变化系数K_h的意义。它们的大小对设计流量有何影响？
6. 如何确定管网中设有水塔和无水塔时的清水池调节容积？
7. 对于拟设水塔的给水系统，当已知用水量的曲线时，怎样定出二级泵站的供水线？
8. 清水池和水塔各起什么作用？什么情况下应设置水塔？
9. 无水塔和有水塔的管网，二级泵站的计算流量分别如何确定？
10. 管网中无水塔和设有网前水塔时，二级泵站的扬程如何计算？
11. 什么叫居住区居民生活污水定额？其值应如何确定？
12. 什么叫污水量的日变化系数、时变化系数、总变化系数？居住区生活污水量总变化系数与污水平均日流量的关系如何？
13. 通常用什么方法计算城市污水设计总流量？这种方法有何优缺点？
14. 什么是暴雨强度？
15. 如何理解暴雨强度的重现期？百年一遇的暴雨是否在一百年内必然出现一次？

习 题

1. 某城市最高日用水量为15万m^3/d，每小时用水量变化见表2-6，求：
（1）最高日最高时和最高日平均时流量。
（2）绘制最高日用水量变化曲线。
（3）拟定二级泵站供水线，确定泵站的设计流量。

表2-6 某城市最高日每小时用水量变化

时 刻	0~1	1~2	2~3	3~4	4~5	5~6	6~7	7~8	8~9	9~10	10~11	11~12
用水量（%）	2.53	2.45	2.50	2.53	2.57	3.09	5.31	4.92	5.17	5.10	5.21	5.21
时 刻	12~13	13~14	14~15	15~16	16~17	17~18	18~19	19~20	20~21	21~22	22~23	23~24
用水量（%）	5.09	4.81	4.99	4.70	4.62	4.97	5.18	4.89	4.39	4.17	3.12	2.48

2. 某城市最高日24h用水量见表2-7，求一级泵站24h均匀抽水时所需的清水池调节容积。

表 2-7　某城市最高日 24h 用水量变化

时　　刻	0~1	1~2	2~3	3~4	4~5	5~6	6~7	7~8	8~9	9~10	10~11	11~12
水量/(m³/h)	1900	1800	1700	1700	1800	1900	3200	5100	6000	6500	6500	6800
时　　刻	12~13	13~14	14~15	15~16	16~17	17~18	18~19	19~20	20~21	21~22	22~23	23~24
水量/(m³/h)	8000	7800	7100	7500	7700	8000	8800	8700	5200	2200	2100	2000

3. 某肉类联合加工厂每天宰杀牲畜 258t，废水量定额为 8.2m³/t（按宰杀活畜量计），总变化系数为 1.8，三班制生产，每班 8h。最大班职工人数为 560 人，其中在高温及污染严重车间工作的职工占总数的 50%，使用淋浴人数按 85% 计，其余 50% 的职工在一般车间工作，使用淋浴人数按 40% 计。工厂居住区面积为 9.5hm²，人口密度为 580 人/hm²，生活污水定额为 160L/(人·d)，各种污水由管道汇集送至污水处理站，试计算该厂的最大时污水设计流量。

4. 从某市自记雨量计中求得某场降雨 5min、10min、15min、20min、30min、45min、60min、90min、120min 的最大降雨量分别为 13mm、20.7mm、27.2mm、33.5mm、43.9mm、45.8mm、46.7mm、47.3mm、47.7mm。试计算上述各历时的最大平均暴雨强度值。

5. 某地有 20 年自记雨量计资料，每年取 20min 暴雨强度值（i_{20}）4~8 个，不论年次而按从大到小顺序排列，取前 100 项为统计资料。其中 $i_{20} = 2.12$mm/min 排在第二项，试问该暴雨强度的重现期为多少年？如果雨水管渠设计中采用的统计重现期分别为 10a、5a、2a 的暴雨强度，那么这些值分别应排列在第几项？

第3章

城镇给排水系统规划

3.1 给水系统规划

3.1.1 给水系统规划原则

城市给水系统规划应遵循以下原则:

1) 城市给水系统规划应保证社会效益、经济效益、环境效益的统一。城市规划事业在近十几年来有了很大的发展,但是在城市规划各项法规、标准制定上明显落后于发展的需要。给水系统是城市基础设施的重要组成部分,是城市发展的重要保证。随着《城市规划法》《水法》《环境保护法》《水污染防治法》等一系列法规的颁布和《地表水环境质量标准》(GB 3838—2002)、《生活饮用水卫生标准》(GB 5749—2006)、《污水综合排放标准》(GB 8978—1996)等一系列标准的实施,人们的法制观念日渐加强,住房和城乡建设部也联合发布了《城市给水工程规划规范》(GB 50282—2016),以便在编制城市给水系统规划时有法可依,有章可循。

2) 城市给水规划的主要内容应包括预测城市用水量,并进行水资源与城市用水量之间的供需平衡分析;选择城市给水水源并提出相应的给水系统布局框架;确定给水枢纽工程的位置和用地;提出水资源保护以及开源节流的要求和措施。

城市给水规划的内容是根据建设部颁发的《城市规划编制办法实施细则》的有关要求确定的,同时又强调了水资源保护及开源节流的措施。

水是不可替代资源,对国计民生有着十分重要的作用。根据国家环保局等颁发的《饮用水水源保护区污染防治管理规定》和《生活饮用水水源水质标准》(CJ/T 3020—1993)的规定,饮用水水源保护区的设置和污染防治应纳入当地的社会经济发展规划和水污染防治规划。水源的水质和给水系统紧密相关,因此对水源的卫生保护必须在给水系统规划中予以体现。

我国是一个水资源匮乏国家,城市水资源不足已成为全国性问题,在一些水资源严重不足的城市已影响到社会的安定。针对水资源不足的城市,应从两方面采取措施解决,一方面是"开源",积极寻找可供利用的水源(包括城市污水的再生利用),以满足城市发展的需要;另一方面是"节流",贯彻节约用水的原则,采取各种行政、技术和经济的手段来节约用水,避免水的浪费。

3) 城市给水规划应和城市总体规划相一致。城市总体规划的规划期限一般为20年。本条明确城市给水规划期限应与城市总体规划的期限一致。作为城市基础设施重要组成部分的给水系统关系着城市的可持续发展，城市的文明、安全和居民的生活质量，是创造良好投资环境的基石。因此，城市给水规划应有长期的时效以符合城市发展的要求。

4）城市给水系统规划应重视近期建设规划，且应适应城市远景发展的需要。编制城市总体规划的给水系统规划是和总体规划一致的，但近期建设规划往往是马上要实施的。因此，近期建设规划应受到足够的重视，且应具有可行性和可操作性。由于给水系统是一个系统工程，为此应处理好城市给水系统规划和近期建设规划的关系及两者的衔接，否则将会影响给水系统在系统技术上的优化决策，并会造成城市给水系统不断建设，重复建设的被动局面。

在城市给水规划中，宜对城市远景的给水规模及城市远景采用的给水水源进行分析。一是可对城市远景的给水水源尽早地进行控制和保护，二是对工业的产业结构起到导向作用。所以城市给水系统规划应适应城市远景发展的给水系统的要求。

5）在规划水源地、地表水水厂或地下水水厂、加压泵站等工程设施用地时，应节约用地，保护耕地。由于城市不断发展，城市用水量也会大幅度增加，随之各类给水系统设施的用地面积也必然增加。但基于我国人口多，可耕地面积少等国情，节约用地是我国的基本国策。在规划中节约用地是十分必要的。强调应做到节约用地，可以利用荒地的不占用耕地，可以利用劣地的不占用好地。

6）城市给水系统规划应与城市污废水系统规划协调。城市给水系统规划除应符合总体规划的要求外，尚应与其他各项规划相协调。由于与城市污废水系统规划之间联系紧密，因此和城市污废水系统规划的协调尤为重要。协调的内容包括城市用水量和城市排水量、水源地和城市排水受纳体、水厂和污水处理厂厂址、给水管道和排水管道的管位等方面。

3.1.2　给水系统布局

城市给水系统应满足城市的水量、水质、水压及城市消防、安全给水的要求，并应按城市地形、规划布局、技术经济等因素经综合评价后确定。为满足城市供水的要求，在水质、水量、水压三方面满足城市的需求。给水系统应结合城市具体情况合理布局。

城市给水系统一般由水源地、输配水管网、净（配）水厂及增压泵站等几部分组成，在满足城市用水各项要求的前提下，合理的给水系统布局对降低基建造价、减少运行费用、提高供水安全性、提高城市抗灾能力等方面是极为重要的。规划中应十分重视结合城市的实际情况，充分利用有利的条件进行给水系统合理的布局。

规划城市给水系统时，应合理利用城市已建给水系统设施，并进行统一规划。城市总体规划往往是在城市现状基础上进行的，给水系统规划必须对城市现有水源的状况、给水设施能力、工艺流程、管网布置以及现有给水设施有否扩建可能等情况有充分了解。给水系统规划应充分发挥现有给水系统的能力，注意使新老给水系统形成一个整体，做到既安全供水，又节约投资。

城市地形起伏大或规划给水范围广时，可采用分区或分压给水系统。一般情况下，供水区地形高差大且界线明确宜于分区时，可采用并联分压系统；供水区呈狭长带形，宜采用串联分压系统；大中城市宜采用分区加压系统；在高层建筑密集区，有条件时宜采用集中局部加压系统。

城市在下列情况下可采用分质给水系统：将原水分别经过不同处理后供给对水质要求不

同的用户；分设城市生活饮用水和再生水回用系统，将处理后达到水质要求的再生水供给相应的用户；将不同的水源分别处理后供给相应的用户。

大中城市有多个水源可供利用时，宜采用多水源给水系统。由于大中城市地域范围较广，其输配水管网投资所占的比重较大，当有多个水源可供利用时，多点向城市供水可减少配水管网投资，降低水厂水压，同时能提高供水安全性，因此宜采用多水源给水系统。

城市有地形可供利用时，宜采用重力输配水系统。水厂的取、送水泵房的耗电量较大，要节约给水系统的能耗，往往首先从取、送水泵房着手。当城市有可供利用的地形时，可考虑重力输配水系统，以便充分利用水源势能，达到节约输配水能耗、减少管网投资、降低水厂运行成本的目的。

3.1.3　给水系统安全性

给水系统中的工程设施不应设置在易发生滑坡、泥石流、塌陷等不良地质地区及洪水淹没和内涝低洼地区。地表水取水构筑物应设置在河岸及河床稳定的地段。工程设施的防洪及排涝等级不应低于所在城市设防的相应等级。

给水系统的工程设施所在地的地质要求良好，如设置在地质条件不良地区（滑坡、泥石流、塌陷等），既影响设施的安全性，直接关系到整个城市的生产活动和生活秩序，又增加建设时的地基处理费用和基建投资。在选择地表水取水构筑物的设置地点时，应将取水构筑物设在河岸、河床稳定的地段，不宜设在冲刷地段，尤其是淤积严重的地段，还应避开漂浮物多、冰凌多的地段，以保证取水构筑物的安全。

给水系统为城市中的重要基础设施，在城市发生洪涝灾害时为减少损失，为避免疫情发生以及为救灾的需要，首先应恢复城市给水系统和供电系统，以保障人民生活，恢复生产。给水系统主要工程设施的防洪排涝等级应不低于城市设防的相应等级。

规划长距离输水管线时，输水管不宜少于两根。当其中一根发生故障时，另一根管线的事故给水量不应小于正常给水量的70%。当城市为多水源给水或具备应急水源、安全水池等条件时，亦可采用单管输水。

市区配水管网应布置成环状。为了配合城市和道路的逐步发展，管网工程可以分期实施，近期可先建成树枝状，城市边远区或新开发区的配水管近期也可为树枝状，但远期均应连接成环状管网。

给水系统主要工程设施供电等级应为一级负荷。给水系统的调蓄水量宜为给水规模的10%~20%。

3.1.4　给水范围和规模

城市给水系统规划范围应和城市总体规划范围一致。按《城市规划法》规定：城市规划区是在总体规划中划定的。城市给水系统规划将城市建设用地范围作为工作重点，规划的主要内容应符合相关要求。对城市规划区内的其他地区，可提出水源选择、给水规模预测等方面的意见。

当城市给水水源地在城市规划区以外时，水源地和输水管线应纳入城市给水系统规划范围。当输水管线途经的城镇需由同一水源供水时，应进行统一规划。城市给水水源地距离城市较远且不在城市规划区范围内时，应把水源地及输水管划入给水系统规划范围内；当超出本市辖区范围时，应和有关部门进行协调。输水管线沿线的城镇、工业区、开发区等需统一供水时，经与有关部门协调后可一并列入给水系统规划范围，但一般只考虑增加取水和输水工程的规模，不考虑沿线用户的水厂设置。

给水规模应根据城市给水系统统一供给的城市最高日用水量确定。根据给水规模可进行给水系统中各组成部分的规划设计。但给水规模中未包括水厂的自用水量和原输水管线的漏失水量，因此，取输水工程的规模应增加上述两部分水量，净水工程应增加水厂自用水量。

城市给水系统规划的给水规模按规划期末城市所需要的最高用水量确定，反映了规划期末城市供水设施应具备的生产能力。规划给水规模和给水系统建设规模含义不同。建设规模可根据规划给水规模的要求，在建设时间和建设周期上分期安排和实施。给水系统的建设规模应有一定的超前性。给水系统建成投产后，应能满足延续一个时段的城市发展的需求，避免刚建成投产又出现城市用水供不应求的情况发生。

城市中用水量大且水质要求低于现行国家标准《生活饮用水卫生标准》的工业和公共设施，应根据城市供水现状、发展趋势、水资源状况等因素进行综合研究，确定由城市给水系统统一供水或自备水源供水。一般情况下，工业用水和公共设施用水应由城市给水系统统一供给。绝大多数城市给水系统统一供给的水的水质符合现行国家标准《生活饮用水卫生标准》的要求。但对于城市中用水量特别大，同时水质要求低于现行国家标准《生活饮用水卫生标准》的工矿企业和公共设施用水，应根据城市水资源的供水系统等的具体条件明确这部分水是纳入城市统一供水的范畴还是要求这些企业自备水源供水。如由城市统一供水，则应明确是供给城市给水系统同一水质的水，还是根据企业的水质要求分支供水。一般来说，当这些企业自成格局且附近有水质水量均符合要求的水源时，可自建自备水源；当城市水资源并不丰富，而城市给水系统设施有能力时，宜统一供水。

当自备水源的水质低于现行国家标准《生活饮用水卫生标准》时，企业职工的生活饮用水应纳入城市给水系统统一供水的范围。

当企业位置虽在城市规划建设用地范围内，目前城区未扩展到该位置且距水厂较远，近期不可能为该单位单独铺设给水管时，也可建自备水源，但宜在规划中明确对该企业今后供水的安排。

3.2　污废水系统规划

3.2.1　污废水系统规划原则

1）城市污废水系统规划期限应与城市总体规划期限一致。在城市排水工程规划中应重视近期建设规划，且应考虑城市远景发展的需要。

城市污废水系统规划的规划期限与城市总体规划期限相一致，城市总体规划的规划期限一般为 20 年，排水系统规划一般为 5～10 年。城市排水设施是城市基础设施的重要组成部分，是维护城市正常活动和改善生态环境，促进社会、经济可持续发展的必备条件。规划目标的实现和提高城市排水设施普及率、污水处理达标排放率等都不是一个短时期能解决的问题，需几个规划期才能完成。因此，城市污废水系统规划应具有较长期的时效，以满足城市不同发展阶段的需要。城市污废水系统规划不仅要重视近期建设规划，而且还应考虑城市远景发展的需要。

2）城市污废水系统规划的主要内容应包括：划定城市排水范围、预测城市排水量、确定排水体制、进行排水系统布局；原则确定处理后污水污泥出路和处理程度；确定排水枢纽工程的位置、建设规模和用地。

城市污废水系统规划的内容是根据《城市规划编制办法实施细则》及《城市排水工程规划规范》的有关要求确定的。在确定排水体制、进行排水系统布局时，应拟定城市排水方案，确定雨水、污水排除方式，提出对旧城原排水设施的利用与改造方案和在规划期限内排水设施的建设要求。在确定污水排放标准时，应从污水受纳体的全局着眼，既要符合近期的要求，又要不影响远期的发展。采取有效措施，包括加大处理力度、控制或减少污染物数量、充分利用受纳体的环境容量，使污水排放污染物与受纳水体的环境容量相平衡，达到保护自然资源、改善环境的目的。

3）城市污废水系统规划应贯彻"全面规划、合理布局、综合利用、保护环境、造福人民"的方针。

在城市总体规划时，应根据规划城市的资源、经济和自然条件以及科技水平，优化产业结构和工业结构，并在用地规划时给予合理布局，尽可能减少污染源。在污废水系统规划中应对城市所有雨水、污水系统进行全面规划，对排水设施进行合理布局，对污水、污泥的处理、处置应执行"综合利用、化害为利、保护环境、造福人民"的原则。在城市污废水系统规划中，"水污染防治七字技术要点"也可作为参考，其内容如下：

保——保护城市集中饮用水源。

截——完善城市排水系统，达到清、污分流，为集中合理和科学排放打下基础。

治——点源治理与集中治理相结合，以集中治理优先，对特殊污染物和地理位置不便集中治理的企业实行分散点源治理。

管——强化环境管理，建立管理制度，采取有力措施以管促治。

用——污水资源化，综合利用，节省水资源，减少污水排放。

引——引水冲污、加大水体流（容）量、增大环境容量，改善水质。

排——污水科学排放，污水经处理科学排海、排江，利用环境容量，减少污水治理费用。

4）城市污废水系统设施用地应按规划期规模控制，节约用地，保护耕地。

城市污废水系统设施用地应按规划期规模一次规划，确定用地位置、用地面积，根据城市发展的需要分期建设。排水设施用地的位置选择应符合规划要求，并考虑今后发展的可能；用地面积要根据规模和工艺流程、卫生防护的要求全面考虑，一次划定控制使用。基于我国人口多，可耕地面积少的国情，排水设施用地从选址定点到确定用地面积都应贯彻"节约用地，保护耕地"的原则。

5）城市污废水系统规划应与给水系统、环境保护、道路交通、竖向、水系、防洪以及其他专业规划相协调。

城市污废水系统规划除应符合总体规划的要求外，还应与其他各项专业规划协调一致。城市污废水系统规划与城市给水系统规划之间关系紧密，污废水系统规划的污水量、污水处理程度和受纳水体及污水出口应与给水系统规划的用水量、回用再生水的水质、水量和水源地及其卫生防护区相协调。城市污废水系统规划的受纳水体与城市水系规划、城市防洪规划相关，应与规划水系的功能和防洪的设计水位相协调。城市污废水系统规划的管渠多沿城市道路敷设，应与城市规划道路的布局和宽度相协调。城市污废水系统规划受纳水体、出水口应与城市环境保护规划水体的水域功能分区及环境保护要求相协调。城市污废水系统规划中排水管渠的布置和泵站、污水处理厂位置的确定应与城市竖向规划相协调。城市污废水系统规划除应与以上提到的几项专业规划协调一致外，还应与其他各项专业规划协调好。

6）污废水系统的规划与设计要与邻近区域内的污水和污泥的处理和处置系统相协调。

一个区域的污水系统，可能影响邻近区域，特别是影响下游区域的环境质量，故在确定规划区的处置方案时，必须在较大区域范围内综合考虑。根据排水规划，有几个区域同时或几乎同时修建时，应考虑合并处理和处置的可能性，即实现区域排水系统。因为它的经济效益可能更好，但施工期较长，实现较困难。

7）排水工程规划与设计，应处理好污染源分散治理与集中处理的关系。

城市污水应以点源分散治理与集中处理相结合，以集中处理为主的原则加以实施。工业废水符合排入城市下水道标准的应直接排入城市污水排水系统，与城市污水一并处理。个别工厂或车间排放的含有有毒、有害物质的污水应进行局部处理，达到排入城市下水道标准后排入城市污水排水系统。生产废水达到排放水体标准的可就近排入水体或雨水管道。

3.2.2　污废水系统排水范围

城市污废水系统规划范围应与城市总体规划范围一致。城市总体规划包括的城市中心区及其各组团，凡需要建设排水设施的地区均应进行污废水系统规划。

当城市污水处理厂或污水排出口设在城市规划区范围以外时，应将污水处理厂或污水排出口及其连接的排水管渠纳入城市污废水系统规划范围。涉及邻近城市时，应进行协调，统一规划。位于城市规划区范围以外的城镇，其污水需要接入规划城市污水系统时，应进行统一规划。设在城市规划区以外规划城市的排水设施和城市规划区以外的城镇污水需接入规划城市污水系统时，应纳入城市排水范围进行统一规划。保护城市环境，防止污染水体应从全流域着手。城市水体上游的污水应就地处理达标排放，如无此条件，在可能的条件下可接入规划城市进行统一规划处理。规划城市产生的污水应处理达标后排入水体，但对水体下游的现有城市或远景规划城市也不应影响其建设和发展，要从全局着想，促进全社会的可持续发展。

3.2.3　废水受纳体

城市废水受纳体应是接纳城市雨水和达标排放污水的地域，包括水体和土地。受纳水体应是天然江、河、湖、海和人工水库、运河等地面水体。受纳土地应该是荒地、废地、劣质地、湿地以及坑、塘、淀洼等。

城市废水受纳体应符合下列条件：

1）污水受纳水体应符合经批准的水域功能类别的环境保护要求，现有水体或采取引水增容后水体应具有足够的环境容量。

2）受纳土地应具有足够的容量，同时不应污染环境、影响城市发展及农业生产。

现有受纳水体的环境容量不能满足时，可采取一定的工程措施如引水增容等，以达到应有的环境容量。

受纳土地应具有足够的容量，并应全面论证，不可盲目决定；在蒸发、渗漏达不到年水量平衡时，还应考虑汇入水体的出路。

城市废水受纳体宜在城市规划区范围内或跨区选择，应根据城市性质、规模和城市地理位置、当地的自然条件，结合城市具体情况，经综合分析比较确定。能在城市规划区范围内解决的就不要跨区解决；跨区选定城市废水受纳体要与当地有关部门协商解决。城市废水受纳体的最后选定应充分考虑两种方案的有利条件和不利因素，经综合分析比较确定，受纳水体能够满足污水排放的需求，尽量不要使用受纳土地，如受纳土地需要部分污水，在不影响环境要求和城市发展的前提下，也可解决部分污水的出路。达标排放的污水在城市环境允许的条件下也可排入平常水量不足的季节性河流，作为景观水体。

3.2.4 污废水分区域系统布局

排水分区应根据城市总体规划布局，结合城市废水受纳体位置进行划分。根据城市总体规划用地布局，结合城市废水受纳体位置将城市用地分为若干个分区（包括独立排水系统）进行排水系统布局，根据分区规模和废水受纳体分布，一个分区可以是一个排水系统，也可以是几个排水系统。

污水系统应根据城市规划布局，结合竖向规划和道路布局、坡向以及城市污水受纳体和污水处理厂位置进行流域划分和系统布局。城市污水处理厂的规划布局应根据城市规模、布局及城市污水系统分布，结合城市污水受纳体位置、环境容量和处理后污水、污泥出路，经综合评价后确定。

污水流域划分和系统布局必须按地形变化趋势进行；地形变化是确定污水汇集、输送、排放的条件。小范围地形变化是划分流域的依据，大的地形变化趋势是确定污水系统的条件。

城市污水处理厂是分散布置还是集中布置，或者采用区域污水系统，应根据城市地形和排水分区分布，结合污水污泥处理后的出路和污水受纳体的环境容量通过技术经济比较确定。一般大中城市用地布局分散，地形变化较大，宜分散布置；小城市布局集中，地形起伏不大，宜采用集中布置；沿一条河流布局的带状城市沿岸有多个组团（或小城镇），污水量都不大，宜集中在下游建一座污水处理厂，从经济、管理和环境保护等方面都是可取的。

截流式合流制排水系统应综合雨水、污水系统布局的要求进行流域划分和系统布局，并应重视截流干管（渠）和溢流井位置的合理布局。截流干管和溢流井位置布局的合理与否，关系到经济、实用和效果，应结合管渠系统布置和环境要求综合比较确定。

3.2.5 污废水系统的安全性

污废水系统中的厂、站不宜设置在不良地质地段和洪水淹没、内涝低洼地区。当必须在上述地段设置厂、站时，应采取可靠防护措施，其设防标准不应低于所在城市设防的相应等级。城市污废水系统是城市的重要基础设施之一，在选择用地时必须注意地质条件和洪水淹没或排水困难的问题，能避开的一定要避开，实在无法避开的应采用可靠的防护措施，保证排水设施在安全条件下正常使用。

污水处理厂和排水泵站供电应采用二级负荷，考虑到城市污水处理厂停电可能对该地区的政治、经济、生活和周围环境等造成不良影响而确定；排水泵站在中断供电后将会对局部地区、单位在政治、经济上造成较大的损失。

污水管渠系统应设置事故出口。城市长距离输送污水的管渠应在合适地段增设事故出口，以防下游管渠发生故障，造成污水漫溢，影响城市环境卫生。

在城市污废水系统规划中选定排水设施用地时，应考虑排水系统的抗震要求和设防标准，以保证其在城市发生地震灾害中的正常使用。

3.3 雨水管渠系统规划

城市雨水排水系统包括场地内部源头减排系统（也称低影响开发雨水系统）、管渠（泵站调蓄）排放系统和超标准雨水径流排放系统（图 3-1）。上述三套系统与防洪系统衔接，共同实现雨水径流的不同控制目标，应对不同重现期雨水。雨水管渠系统是连接源头减排系统和超标准雨水径流排放系统的纽带，主要承担 1~10 年一遇重现期降雨的转输功能，对于防治积水内涝具有重要作用。

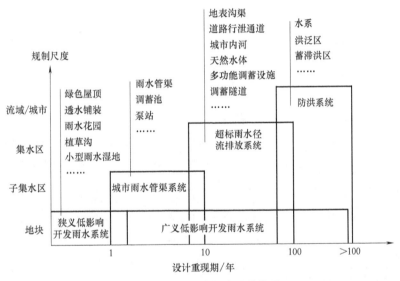

图 3-1 城市雨水排水系统构成

雨水管渠系统规划应在建设区域基础资料系统分析评估的基础上（表 3-1），统筹考虑城镇雨水径流控制标准、雨水系统（包括雨水管渠、泵站及附属设施）规划标准及城镇内涝防治标准，客观评估城镇现有内涝防治能力，制定合理的规划方案。确保当城镇发生城镇雨水管网设计标准以内的降雨时，地面不出现明显的积水现象；当城镇发生城镇内涝防治标准以内的降雨时，城镇不出现内涝灾害；当城镇发生超过城镇内涝防治标准的降雨时，城镇运转基本正常，不造成重大财产损失和人员伤亡。

表 3-1 雨水管渠系统规划基础资料和数据

资料类别	资料名称	资料描述	备 注
气象数据	区域气候条件概况	温度、降水、湿度、日照、风力、蒸发量与降水量、特殊气候现象等	必备资料

（续）

资料类别	资料名称	资料描述	备注
降雨数据	降雨站资料情况	规划流域范围内降雨站的分布、资料年限情况	必备资料
	暴雨强度公式	为近年来修编成果，若需重新修编，所需资料见"暴雨强度公式修编资料"	必备资料
	设计降雨雨型	时间步长为 5min 的短历时（一般 2~3h）和长历时（24h）的设计降雨雨型，若需重新构建，所需资料见"构建设计雨型资料"	必备资料
	暴雨强度公式修编资料	代表站点每年各历时选取 6~8 个最大值（5min、10min、15min、20min、30min、45min、60min、90min、120min、150min、180min 共 11 个历时），资料年限 ≥10 年；若采用年最大值法，降雨历时增加 240min、360min、540min、720min、1440min，资料年限 ≥20 年	可选资料
	构建设计雨型资料	代表站点近 10~30 年典型场次降雨过程	可选资料
	降雨历时灾情资料	发生洪涝灾害时相应的降雨时间序列、灾害位置、灾情严重程度（如积水深度、面积、时间等）	必备资料
下垫面资料	土地利用分布图	可做统计分析的房屋、道路、绿地、水体、广场等不同类型用地的 SHP 文件	必备资料
	地形图	比例尺 1:5000~1:100000	必备资料
	二维地面数据	地形高程模型，如 DEM	必备资料
管网资料	管网拓扑数据	ArcGIS、MapGIS 或 autoCAD 数据格式	必备资料
	生产运行数据	泵站调度规则，含开启/关闭水位、流量等	必备资料
		管网测流点现场监测数据	必备资料
河道湖泊资料	河道分布图	电子平面图	必备资料
	河道断面资料	每个断面的地理位置及其几何形状（如起点距、河底标高等）	必备资料
	湖泊水库数据	库容（水位库容曲线）、调度规则、设计参数（如正常高水位、死水位、防洪限制水位）	必备资料
	水工建筑物	桥梁、堤坝、闸、堰等水工建筑物的位置和几何信息	必备资料
外江资料	洪水/潮汐资料	洪水、潮汐概况；相应设计重现期的设计洪水位/潮水位资料	可选资料
相关规划	城镇防洪规划、城镇排水规划、城镇竖向规划、绿地系统规划、道路（交通）系统规划、城镇水系规划等		必备资料
其他资料	编制排水防涝规划需要的其他资料		

1. 城市雨水管渠系统规划原则

城市雨水管渠系统规划需遵循以下原则：

1）统一规划、分步实施。

2）系统治水、综合兴利。

3）因地制宜、体现效益。

4）雨水管道以重力流为主，不设或少设泵站。

5）具有超前意识，按高标准规划建设。

6）对于现况雨水管道尽量利用，统筹规划。

2. 城市雨水管渠系统规划目标

1）近期目标：通过对易涝区与低标雨水系统的改造和完善，使改造城区雨水管网覆盖面积增加。改善改造城区的雨水防灾抢险系统，建立现代化的雨水抢险应急系统。

2）远期目标：改造城区雨水管网覆盖面积得到增长。初步建立城市化地区初期雨水收集系统并实现雨水资源化综合利用，为改造城区的水资源可持续利用和发展提供有力保障。

3）建立与完善覆盖改造城区的现代化雨水防灾抢险系统，争取达到世界先进水平。

3. 城市雨水管渠系统排水范围

雨水汇水面积因受地形、分水线以及流域水系出流方向的影响，确定时需与城市防洪、水系规划相协调，也可超出城市规划范围。

4. 雨水分区域布局

雨水系统应根据城市规划布局、地形，结合竖向规划和城市废水受纳体位置，按照就近分散、自流排放的原则进行流域划分和系统布局。

应充分利用城市中的洼地、池塘和湖泊调节雨水径流，必要时可建人工调节池。在城市雨水系统中设雨水调节池，不仅可以缩小下游管渠断面，减小泵站规模，节约投资，还有利于改善城市环境。

城市排水自流排放困难地区的雨水，可采用雨水泵站或城市排涝系统相结合的方式排放。

5. 雨水系统的安全性

雨水管道、合流管道出水口，当受水体水位顶托时，应根据地区重要性和积水所造成的后果，设置潮门、闸门或排石泵站等设施。污水处理厂、排水泵站设超越管渠和事故出口，可在设计时考虑。

6. 雨水系统规划布置

雨水系统规划布置有以下几个特点：

1）合理布置雨水口位置，保证路面雨水顺畅排除。雨水口应根据地形以及汇水面积确定。一般来说，在道路交叉口的汇水点、低洼地段、道路直线段一定距离处均应设置雨水口。

2）充分利用地形，就近排入水体。雨水管渠应尽量利用自然地形坡度布置，要以最短的距离靠重力流将雨水排入附近的池塘、河流、湖泊等水体中。

一般情况下，当地形坡度较大时，雨水干管布置在地形低处或溪谷线上；当地形平坦时，雨水干管布置在排水流域的中间，以便于支管接入，尽量扩大重力流排除雨水的范围。

3）尽量避免设置雨水泵站及道路规划布置。当地形平坦，且地面平均标高低于河流的洪水位标高时，需将管道适当集中，在出水口前设雨水泵站，经抽升后排入水体。尽可能使通过雨水泵站的流量减到最小，以节省泵站的工程造价和经常运行费用。

4）雨水管渠采用明渠、暗涵及管道相结合的形式。在城市市区或厂区内，由于建筑密度高，交通量大，一般采用管道或暗涵排除雨水。在城市郊区，建筑密度较低，交通量较小的地方，一般考虑采用明渠。

5）雨水出口的设置、调蓄水体的利用、排洪沟的设置。雨水出水口内顶最好不低于城市防洪水位，一般应在常水位以上。雨水出水口周围有能利用的天然洼地，池塘、河流等可以蓄洪调节，或有条件建造人工调蓄池的地方，宜考虑对雨水高峰流量进行调节。靠近山体建设的区域，除在厂区和居住区设雨水管道外，还应考虑在设计区域周围设置排洪沟，以拦截周边山体从分水岭以内排泄的雨洪水。

思 考 题

1. 城市给水系统一般由哪几部分组成？
2. 给水系统中的工程设施应注意哪些问题？
3. 城市污废水系统规划的主要内容应包括哪些？
4. 城市污废水系统规划范围应包括哪些地区？
5. 城市污水处理厂的布置原则是什么？
6. 城市雨水排水系统包括哪几种类型？
7. 雨水系统规划布置有哪些特点？

第4章

城镇给水管道系统设计

4.1 给水管道系统及输水管（渠）布置

给水管道系统按其功能一般分为输水管（渠）和配水管网。

输水管（渠）是指从水源输送原水至净水厂或配水厂的管（渠）。当净水厂远离供水区时，从净水厂至配水管道间的干管也可作为输水管考虑。输水管（渠）按其输水方式可分为重力输水和压力输水。一般输水管（渠）在输水过程中沿程无流量变化。

配水管网是指由净水厂、配水厂或由水塔、高地水池等调节构筑物直接向用户配水的管道。配水管网按其布置形式分为树状网和环状网。配水管又可分为配水干管和配水支管，由于其一般分布面广且成网状，故称管网。配水管内流量随用户用水量的变化而变化。

4.1.1 给水管网布置原则及布置形式

1. 给水管网布置原则

给水管网（又称配水管网）的布置应考虑如下原则：

1）应选择经济合理的线路。尽量做到线路短、起伏小、土石方工程量少、减少跨（穿）越障碍次数、避免沿途重大拆迁、少占农田和不占农田。

2）走向和位置应符合城市和工业企业的规划要求，并尽可能沿现有道路或规划道路敷设，以利于施工和维护。城市配水干管宜尽量避开城市交通干道。

3）应尽量避免穿越河谷、山脊、沼泽、重要铁路和泄洪地区，并注意避开地震断裂带、沉陷、滑坡、坍方以及易发生泥石流和高侵蚀性土壤地区。

4）生活饮用水输配水管道应避免穿过毒物污染及腐蚀性等地区，必须穿过时应采取防护措施。

5）应充分利用水位高差，结合沿线条件优先考虑重力输水。如因地形或管线系统布置所限必须加压输水时，应根据设备和管材选用情况，结合运行费用分析，通过技术经济比较，确定增压级数、方式和增压站点。

6）路线的选择应考虑近远期结合和分期实施的可能。

7）城市供水应采用管道或暗渠输送原水。当采用明渠时，应采取保护水质和防止水量流失的措施。

8）走向与布置应考虑与城市现状及规划的地下铁道、地下通道、人防工程等地下隐蔽性工程的协调与配合。

9）当地形起伏较大时，采用压力输水的输水管线的竖向高程布置，一般要求在不同工况输水条件下，位于输水水力坡降线以下。

10）在输配水管渠线路选择时，应尽量利用现有管道，减少工程投资，充分发挥现有设施作用。

2. 给水管网布置形式

一般给水管网有两种基本布置形式，即树状管网和环状管网，如图4-1所示。

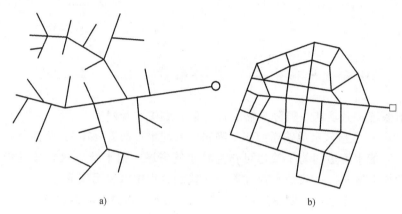

a)   b)

图4-1　管网布置形式

a）树状管网　b）环状管网

树状管网一般适用于小城市和小型工况企业，这类管网从水厂泵站或水塔到用户的管线布置成树枝状。树状管网布置简单，供水直接，管线长度短，节省投资。但供水可靠性较差，因为管网中任一段管线损坏时，该管段以后所有的管线就会断水。另外，在树状管网的末端，因用水量已经很小，管中的水流缓慢，甚至停滞不流动，因此水质容易变坏，有出现浑水和红水的可能。

环状管网中，管线连接成环状，当任一管段损坏时，可以关闭附近的阀门使其和其余管线隔开，然后进行检修，水还可从另外管线供应用户，断水的地区可以缩小，从而供水可靠性增加。环状管网还可以大大减轻因水锤作用产生的危害，而在树状管网中，则因此而使管线损坏。但是，环状管网的造价明显比树状管网高。

一般来说，城镇给水宜设计成环状管网，当需要供水可靠性低、允许间断供水时，可设计成树状管网，但要考虑后期连接成环状管网的可能性，保留发展余地。

4.1.2　给水管网定线

1. 城镇给水管网

城镇给水管网定线是指在城镇地形平面图上确定管线的走向和位置。定线时一般只限于管网的干网以及干管之间的连接管，不包括从干管到用户的分配管和接到用户的进水管。图4-2中，实线表示干管管径较大，用以输水到各地区；虚线表示分配管，它的作用是从干管取水供给用户和消火栓，管径较小，常由城市消防流量决定所需的最小管径。

由于给水管线一般敷设在街道下，就近供水给两侧用户，所以管网的形状常随城市总平面布置图确定。城市管网定线取决于城市平面布置，供水的地形，水源和调节水

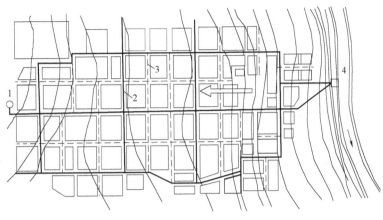

图 4-2　给水系统定线示意图

1—水塔　2—干管　3—分配管　4—水厂

池位置，街区和用户特别是大用户的分布，河流、铁路、桥梁等的位置等，考虑的要点如下：

1）定线时，干管延伸方向应和二级泵站输水到水池、水塔、大用户的水流方向一致，如图 4-2 中箭头所示。循水流方向，以最短的距离布置一条或数条干管，干管位置应从用水量较大的街区通过。干管的间距，可根据街区情况，采用 500～800m。从经济上来说，给水管网的布置采用一条干管接出许多支管，形成树状管网，费用最省，但从供水可靠性角度，以布置几条接近平行的干管并形成环状管网为宜。

2）干管和干管之间的连接管使管网形成了环状管网。连接管的作用在于局部管线损坏时，可以通过它重新分配流量，从而缩小断水范围，较可靠地保证用水。连接管的间距可根据街区的大小采用 800～1000m。

3）干管一般按城市规划道路定线，但尽量避免在高级路面或重要道路下通过，以减小今后检修时的困难。管线在道路下的平面位置和标高，应符合城市或厂区地下管线综合设计的要求，给水管线和建筑物、铁路以及其他管道的水平净距，均应参照有关规定。

4）考虑了上述要求，城市管网将是树状管网和若干环组成的环状管网相结合的形式，管线大致均匀地分布于整个给水区。

5）管网中还须安排其他一些管线和附属设备，例如，在供水范围内的道路下需敷设分配管，以便把干管的水送到用户和消火栓。分配管直径至少为 100mm，大城市采用 150～200mm，主要原因是考虑通过消防流量时分配管中的水头损失不致过大，火灾地区的水压不致过低。

6）城镇内的工厂、学校、医院等用水均从分配管接出，再通过房屋进水管接到用户。一般建筑物用一条进水管，用水要求较高的建筑物或建筑物群，有时在不同部位接入两条或数条进水管，以增加供水的可靠性。

2. 工业企业管道系统

工业企业内的管道系统布置有其自身的特点。根据企业内的生产用水和生活用水对水质和水压的要求，两者可以合用一个管道系统，或者可按水质或水压的不同要求分建两个管道系统。即使是生产用水，由于各车间对水质和水压要求不完全一样，因此在同一工业企业内，往往根据水质和水压要求，分别布置管网，形成分质、分压的管网系统。消防用水管网通常不单独设置，而是由生活或生产给水管网供给消防用水。

根据工业企业的特点，可采取各种管道布置形式。例如，生活用水管道系统不供给消防给水时，可为树状管网，分别供应生产车间、仓库、辅助设施等处的生活用水。生活和消防用水合并的管道系统，应为环状管网。

生产用水管网可按照生产工艺对给水可靠性的要求，采用树状管网、环状管网或两者相结合的形式。不能断水的企业，生产用水管道系统必须是环状管网，到个别距离较远的车间可用双管代替环状管网。大多数情况下，生产用水管道系统是环状管网、双管和树状管网的结合形式。

大型工业企业的各车间用水量一般较大，所以生产用水管网不像城市管网那样易于划分干管和分配管，定线和计算时全部管线都要加以考虑。

4.1.3 输水管（渠）定线

从水源到水厂或水厂到管道系统的管道（或渠道）称为输水管（渠）。当水源、水厂和给水区的位置接近时，输水管渠的定线问题并不突出。但是由于需水量的快速增长以及水源污染的日趋严重，为了从水量充沛、水质良好、便于防护的水源取水，就需有几十公里甚至几百公里外取水的远距离输水管渠，定线就比较复杂。

输水管（渠）的一般特点是断面大、距离长，因此与河流、高地、交通路线等的交叉较多。

输水管（渠）有多种形式，常用的有压力输水管（渠）和无压输水管（渠）。远距离输水时，可按具体情况，采用不同的管渠形式，用得较多的是压力输水管（渠）。

多数情况下，输水管（渠）定线时，缺乏可以参照的现成的地形平面图。当有地形图时，应先在图上初步选定几种可能的定线方案，然后到现场沿线踏勘了解，从投资、施工、管理等方面，对各种方案进行技术经济比较后再做决定。缺乏地形图时，则需在踏勘选线的基础上，进行地形测量，绘出地形图，然后在图上确定管线位置。

输水管（渠）定线时，必须与城镇建设规划相结合，尽量缩短线路长度，减少拆迁，少占农田，便于管渠施工和运行维护，保证供水安全；选线时，应选择最佳的地形和地质条件，尽量沿现有道路定线，以便施工和检修；减少与铁路、公路和河流的交叉；避免穿越滑坡、岩层、沼泽、高地下水位和河水淹没与冲刷地区，以降低造价和便于管理。这些是输水管（渠）定线的基本原则。

当输水管（渠）定线时，经常会遇到山嘴、山谷、山岳等障碍物以及穿越河流和干沟等。这时应考虑：在山嘴地段是绕过山嘴还是开凿山嘴；在山谷地段是延长路线绕过还是采用倒虹管；遇独山时是从远处绕过还是开凿隧洞通过；穿越河流或干沟时是用过河管还是倒虹管等。即使在平原地带，为了避开工程地质不良地段或其他障碍物，也须绕道而行或采取有效措施穿过。

输水管（渠）定线时，前述原则难以全部做到，但因输水管（渠）投资很大，特别是远距离输水时，必须重视这些原则，并根据具体情况灵活运用。

路线选定后，接下来要考虑采用单管（渠）输水还是双管（渠）输水，管线上应布置哪些附属构筑物，以及输水管的排气和检修放空等问题。

为保证安全供水，可以用一条输水管（渠）在用水区附近建造水池进行流量调节，或者采用两条输水管（渠）。输水管（渠）条数主要根据输水量、事故时需保证的用水量、输水管渠长度、当地有无其他水源和用水量增长情况而定。供水不许间断时，输水管（渠）一般不宜少于两条。当输水量小、输水管长，或有其他水源可以利用时，可考虑单管（渠）输水另加调节水池的方案。

输水管（渠）的输水方式可分为两类：第一类是水源低于给水区，如取用江河水时，需要采用泵站加压输水，根据地形高差、管线长度和水管承压能力等情况，有时需在输水途中再设置加压泵站；第二类是水源位置高于给水区，如取用蓄水库水时，有可能采用重力管（渠）输水。

根据水源和给水区的地形高差及地形变化，输水管（渠）可以是重力式或压力式。远距离输水时，地形往往有起伏，采用压力式的较多。重力管（渠）的定线比较简单，可敷设在水力坡线以下并且尽量按照最短的距离供水。

远距离输水时，一般情况下，采用的是加压和重力输水两者的结合形式。有时虽然水源低于给水区，但个别地段也可借重力自流输水；水源高于给水区时，个别地段也有可能采用加压输水，如图4-3所示。图中在1、3处设泵站加压，上坡部分（如1~2和3~4段）用压力管，下坡部分根据地形采用无压或有压管（渠），以节省投资。

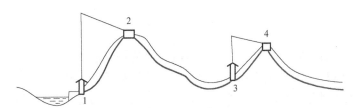

图4-3　重力管和压力管相结合的输水方式
1、3—泵站　2、4—高地水池

为避免输水管（渠）局部损坏时输水量降低过多，可在平行的2条或3条输水管（渠）之间设置连通管，并装置必要的阀门，以缩小事故检修时的断水范围。

输水管的最小坡度应大于 $1D : 5D$，D 为管径，以 mm 计。输水管线坡度小于 $1 : 1000$ 时，应每隔 0.5~1km 装置排气阀。即使在平坦地区，埋管时也应人为地做成上升和下降的坡度，以便在管坡顶点设排气阀，管坡低处设泄水阀。排气阀在管线起伏较多处应适当增设。

管线埋深（即埋设深度，指管道内壁底部到地面的距离）应按当地条件决定，在严寒地区敷设的管线应注意防止冰冻。合理地确定管道埋设深度对于降低工程造价十分重要，在土质较差、地下水位较高的地区，若能设法减小管道埋深，可以明显降低工程造价，但覆土厚度（指管道外壁顶部到地面的距离）应有一个最小的限值，否则技术上无法满足要求。

输水管的平面和纵断面布置如图4-4所示。

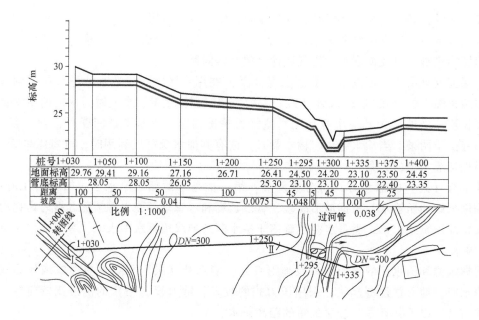

图 4-4 输水管平面和纵断面图

4.2 给水管网水力计算

4.2.1 管网图形的简化

在管网计算中，城市管网的现状核算以及现有管网的扩建计算最为常见。由于给水管线遍布在街道下，不但管线很多并且管径差别很大，将全部管线一律加以计算，实际上没有必要，甚至不太可能。因此，对改建和扩建的管网，一般先进行管网简化，简化后的管网基本能反映实际用水情况，使计算工作量可以减轻。通常管网越简化，计算工作量越小。但是过分简化的管网，计算结果难免和实际用水情况差别增大，所以管网图形简化需在保证计算结果接近实际情况的前提下进行。管网简化后的计算结果是偏于安全的。

管网简化方法主要有合并、省略、分解，如实际管网中管径相对较小、水力条件影响较小的管线可以省略，也可以合并入临近的干管；管径较小、相互平行且靠近的多条管线可合并为一条。只由一条管线连接的两部分管网，可以分解成为两个独立的管网；两部分管网间虽然不止一条管线连接，但连接管线的流向和流量可以确定时，也可进行分解，分解后各管网即可分别计算。

4.2.2 沿线流量及节点流量

管网水力计算是计算干管管网。管网中节点包括：①水源节点，如泵站、水塔或高地水池等；②不同管径或不同材质的管线连接点；③管段相交点或集中向大用户供水的点。节点通常以 1、2、3、…、n 等编号表示。

两节点之间的线段称为管段，例如图 4-5 中管段 3—6，表示节点 3 和节点 6 之间的管段。管段顺序连接形成管线，如管线 1~2~3~4~7~8 是指从泵站到水塔的一条管线。起点和终点重合的管线，如 2~3~6~5~2，称为管网的环。如环中不含其他环则称为基环，如图中的环Ⅰ。几个基环合成的环称为大环，如环Ⅰ、Ⅱ合成的大环 2~3~4~7~6~5~2，是由两个基环构成的。多水源的管网，为了计算方便，有时引入虚拟概念，设定虚节点（位置不限），将两个或多个水压已定的水源节点（泵站、水塔等）用虚线（虚管段）和虚节点（如图中 0）连接起来，也形成环，如图中的 1~0~8~7~4~3~2~1 称为虚环。

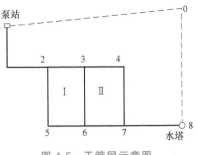

图 4-5　干管网示意图

沿线流量是指管段供给该管段两侧用户所需的流量，表示该管段的配水任务量。节点流量是假设用户用水量仅从节点流出时各节点的流量。在管网水力计算过程中，首先需求出沿线流量和节点流量，然后才能进行管段设计。

1. 沿线流量

工业企业的给水管网，大量用水集中在少数车间，配水情况比较简单。城市给水管网配水情况如图 4-6 所示，因干管上接出许多用户分配管，用水量沿管线配出，水管沿线既有集中用水量，即工厂、机关、旅馆等用水量大的单位用水 Q_1、Q_2 等，也有分散用水量，即数量很多但水量较小的居民用水 q_1、q_2 等，情况比较复杂。如果按照实际用水情况来计算管网，不但不太可能，并且因用户用水量经常变化也没有必要。因此，城市给水管线计算时往往加以简化，即假定居民的分散用水量均匀分布在全部干管上，流量沿线均匀地向分散的用户配送。

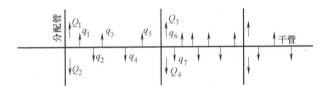

图 4-6　干管配水流量

假定居民的分散用水量均匀分布在全部干管上，由此算出干管线单位长度承担的配水流量，称为比流量，其计算公式为

$$q_s = \frac{Q - \sum Q_i}{\sum l} \tag{4-1}$$

式中　q_s——比流量 [L/(s·m)]；

　　　Q——管网总用水量（L/s）；

　　$\sum Q_i$——大用户集中用水量的总和（L/s）；

　　$\sum l$——干管总计算长度（m），穿越广场、公园等无建筑物地区的管线，计算长度为
　　　　　　零；只有一侧配水的管线，计算长度为实际长度的一半。

从式（4-1）看出，干管的总长度一定时，比流量随用水量增减而变化，最高用水时和最大转输时的比流量不同，所以在管网计算时须分别计算。城市内用水定额不同的地区，也应该根据各区的用水量和干管线长度，分别计算其比流量，以得出比较接近实际用水的结果。

在此基础上，各管段承担的沿线配水的流量用沿线流量表示，其计算公式为

$$q_1 = q_s l \qquad (4-2)$$

式中　q_1——管段的沿线流量（L/s）；

　　　l——该管段的计算长度（m）。

整个管网的沿线流量总和 $\sum q_1 = q_s \sum l$ 应为全部的分散用水量，由式（4-1）可知，$q_s \sum l$ 的值等于管网供给的总用水量减去大用户的集中用水量，即 $Q - \sum Q_i$。

当沿线供水人数和供水量的差异较大时，也可按管段的供水面积确定比流量、沿线流量，即将式（4-1）中的管段总长度 $\sum l$ 用供水区总面积 $\sum A$ 代替，得出的是以单位面积计算的比流量 $q_{s,A}$。这样，任一管段的沿线流量 q_1 等于其供水面积与比流量 $q_{s,A}$ 的乘积。供水面积可用等分角线法来划分街区，如图4-7所示，在街区长边上的管段，其两侧供水面积均为梯形，在街区短边上的管段，其两侧供水面积均为三角形。这种方法虽然相对准确，但计算略微复杂，对于干管分布较均匀、干管距离大致相同的管网，并无必要采用按供水面积计算比流量的方法。

2. 节点流量

按照假设计算出沿线流量后，管网中任一管段的流量可由两部分表示：一部分是沿该管段长度配出的沿线流量 q_1，另一部分是通过该管段输水到下游管段的转输流量 q_t。转输流量沿整个管段不变，而沿线流量则沿线配出，所以管段中的总流量沿水流方向逐渐减小，到管段末端只剩下转输流量。如图4-8所示，在管段1—2起端点1的流量等于转输流量 q_t 加沿线流量 q_1，到末端点2则只有转输流量 q_t，因此从管段起点到终点的流量是变化的。

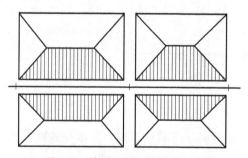

图 4-7　按供水面积法计算比流量

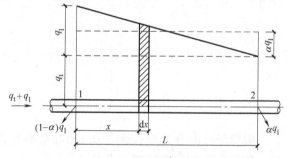

图 4-8　流量折算示意图

按照分散用水量在全部干管上均匀分配的假定计算沿线流量，这只是一种假设，目的是简化计算。如上所述，每一管段的沿线流量是沿管线向外分配的。对于流量变化的管段，难以确定管径和水头损失，所以有必要将沿线流量转化成从节点流出的流量。这样，沿管线不再有流量流出，即管段中的流量不再沿管线变化，就可根据流量确定管径，而关键是需将沿线配出的流量合理转化成节点流量。

将沿线流量转化成节点流量的原则是，转化后的管网与原来的管网具有相同的水力特性，具体而言，相同的流量下简化前后水头损失相同。

图4-8中管段1—2内任意断面 x 处的流量可表示为

$$q_x = q_t + q_1 \frac{L-x}{L} = q_1 \left(\gamma + \frac{L-x}{L} \right) \qquad (4-3)$$

式中　$\gamma = \dfrac{q_t}{q_1}$。

根据水力学基础，管段 $\mathrm{d}x$ 中的水头损失为

$$\mathrm{d}h = aq_1^n \left(\gamma + \frac{L-x}{L} \right)^n \mathrm{d}x \tag{4-4}$$

式中　a——管段的比阻。

流量变化的管段 L 中的水头损失可表示为

$$h = \int_0^L \mathrm{d}h = \int_0^L aq_1^n \left(\gamma + \frac{L-x}{L} \right)^n \mathrm{d}x \tag{4-5}$$

积分，得

$$h = \frac{1}{n+1} aq_1^n \left[(\gamma+1)^{n+1} - \gamma^{n+1} \right] L \tag{4-6}$$

图 4-8 中的虚线表示管段内沿线不变的流量 q，其值为

$$q = q_t + \alpha q_1 \tag{4-7}$$

式中　α——折算系数，是把沿线变化的流量折算成在管段两端节点流出的流量（即节点流量）的系数。

折算流量所产生的水头损失为

$$h = aLq^n = aLq_1^n (\gamma + \alpha)^n \tag{4-8}$$

按照折算前后流量产生的水头损失相等的条件，令式（4-6）等于式（4-8），就可得出折算系数：

$$\alpha = \sqrt[n]{\frac{(\gamma+1)^{n+1} - \gamma^{n+1}}{n+1}} - \gamma \tag{4-9}$$

取水头损失公式的指数 $n=2$，代入并简化，得

$$\alpha = \sqrt{\gamma^2 + \gamma + \frac{1}{3}} - \gamma$$

由上式可见，折算系数 α 只和 γ 值有关，在管网末端的管段，因转输流量 q_t 为零，则 $\gamma = 0$，得

$$\alpha = \sqrt{\frac{1}{3}} = 0.577$$

在靠近管网起端的管段，转输流量远大于沿线流量，即 γ 很大，如某管段 $\gamma = 100$，折算系数为 $\alpha = 0.50$。

由此可见，因管段在管网中的位置不同，γ 值不同，折算系数 α 值也不等。一般在靠近管网起端的管段，因转输流量比沿线流量大得多，α 值接近于 0.5，相反，靠近管网末端的管段，α 值大于 0.5 而小于 0.577。为便于管网计算，通常统一采用 $\alpha = 0.5$，即将沿线流量折半至管段两端成为节点流量，在解决工程问题时，已足够精确。

按照分散用水量在全部干管上均匀分配的假定计算沿线流量，并将沿线流量转化到节点，可得管网任一节点的节点流量为

$$q_i = \alpha \sum q_1 = 0.5 \sum q_1 = 0.5 q_s \sum l \tag{4-10}$$

即任一节点 i 的节点流量 q_i 等于与该节点相连各管段的沿线流量 q_1 总和的一半。注意：

此节点流量公式中尚未计入节点 i 处的集中用水量 Q_i，实际计算中应根据管网中工业企业等大用户集中用水量的分布情况，直接将其计入大用户对应节点的节点流量。

这样，管网图上不再有沿管线配出的流量，只有分布在节点的流量，包括由沿线流量折算的节点流量和大用户的集中流量。一般在管网计算图的节点旁引出箭头，注明该节点的流量，以便于进一步计算。大用户的集中流量，可以在管网图上单独注明，也可合并后只标注一个总流量。

【例 4-1】 如图 4-9 所示管网，给水区域的范围如虚线所示，比流量为 q_s，求各节点的流量。

【解】 以节点 3、5、8、9 为例，节点流量如下：

$$q_3 = \frac{1}{2} q_s (l_{2-3} + l_{3-6})$$

$$q_5 = \frac{1}{2} q_s (l_{4-5} + l_{2-5} + l_{5-6} + l_{5-8})$$

$$q_8 = \frac{1}{2} q_s \left(l_{7-8} + l_{5-8} + \frac{1}{2} l_{8-9} \right)$$

$$q_9 = \frac{1}{2} q_s \left(l_{6-9} + \frac{1}{2} l_{8-9} \right)$$

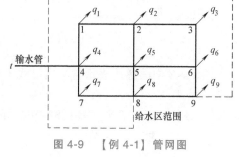

图 4-9 【例 4-1】管网图

因管段 8—9 单侧供水，求节点流量时，管段计算长度按实际长度的一半计。

4.2.3 管段计算流量

求出节点流量后，就可以进行管网的流量分配，以确定各管段计算流量，进而据此流量确定管径和进行水力计算，因此，流量分配在管网计算中是一个重要环节。分配得出的各管段计算流量已经涵盖了全部用水量，即包括了分散用水量和大用户的集中用水量。

单水源的树状管网中，从水源（二级泵站、高地水池等）供水到各节点只有一个流向，当任一管段发生事故时，该管段下游的节点就会断水，因此树状管网任一管段的流量等于该管段下游所有节点的节点流量总和，如图 4-10a 中管段 3—4 的流量为

$$q_{3-4} = q_4 + q_5 + q_8 + q_9 + q_{10}$$

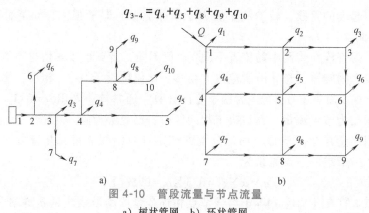

图 4-10 管段流量与节点流量

a）树状管网 b）环状管网

管段 4—8 的流量为

$$q_{4-8}=q_8+q_9+q_{10}$$

可以看出，树状管网的流量分配比较简单，各管段的流量易于确定，并且每一管段只有唯一的流量值。

环状管网的流量分配比较复杂。因各管段流量与下游各节点流量不是单一的上游、下游关系，并且在一个节点上连接几条管段，任一节点处既有其节点流量也有流向和流离该节点的管段流量。因此，环状管网流量分配时，由于到任一节点的水流情况较为复杂，不可能像树状管网一样，对每一管段得到唯一的流量值，所以环状管网分配流量时，必须保持每一节点的水流连续性，即流向任一节点的流量必须等于流离该节点的流量，以满足节点流量平衡的条件。节点的水流连续性方程可表示为

$$q_i+\sum q_{ij}=0 \tag{4-11}$$

式中　q_i——节点 i 的节点流量（L/s）；

　　　q_{ij}——从节点 i 到节点 j 的管段流量（L/s），流离节点的为正，流向节点的为负。

以图 4-10b 的节点 5 为例，流离节点的流量有 q_5、q_{5-6}、q_{5-8}，流向节点的流量有 q_{2-5}、q_{4-5}，因此根据式（4-11）得

$$q_5+q_{5-6}+q_{5-8}-q_{2-5}-q_{4-5}=0$$

同理，节点 1 为

$$-Q+q_1+q_{1-2}+q_{1-4}=0$$

或

$$Q-q_1=q_{1-2}+q_{1-4}$$

可以看出，对节点 1 来说，即使进入管网的总流量 Q 和节点流量 q_1 已知，各管段的流量，如 q_{1-2} 和 q_{1-4} 等值，还可以有不同的分配，也就是有不同的管段流量。以图中的节点 1 为例，如果在分配流量时，对其中的管段 1—2 分配很大的流量 q_{1-2}，而管段 1—4 分配很小的流量 q_{1-4}，因 $q_{1-2}+q_{1-4}$ 仍等于 $Q-q_1$，即保持水流的连续性，这时敷管费用虽然比较经济，但明显和安全供水产生矛盾。因为流量很大的管段 1—2 需要检修时，全部事故流量须通过管段 1—4，使该管段水头损失过大，从而影响整个管网的供水量或水压。

环状管网可以有许多不同的流量分配方案，但是都应保证供给用户所需的水量，并且满足节点流量平衡的条件。由于流量分配的不同，每一方案所得的管径也有差异，管网总造价也不相等。

一般认为，在现有的管线造价指标下只能得到环状管网较优而不是最优的经济流量分配。因为，最优的经济流量分配是使环状管网中某些管段的流量为零，即将环状管网改成树状管网，才能得到最经济的流量分配，但是树状管网并不能保证供水的安全可靠性。

因此，环状管网流量分配时，应同时考虑经济性和可靠性。经济性是指流量分配后得到的管径，应使一定年限内的管网建造费用和管理费用总和为最小。可靠性是指能向用户不间断地供水，并且保证应有的水量、水压和水质。经济性与可靠性之间往往难以兼顾，一般只能在满足可靠性的前提下，力求管网经济性尽可能好。

环状管网流量分配的步骤是：

1）按照管网的主要供水方向，初步拟定各管段的水流方向。

2）为了可靠供水，从二级泵站到控制点之间选定几条主要的平行干管线，这些平行干

管中尽可能均匀地分配流量，并且符合水流连续性即满足节点流量平衡的条件。这样当其中一条干管损坏，流量由其他干管转输时，不会使这些干管中的流量增加过多。

3）对于与干管线垂直的连接管，其作用主要是沟通平行干管之间的流量，有时起一些输水作用，有时只是就近供水到用户，平时流量一般不大，只有在干管损坏时才转输较大的流量，因此连接管中可分配较小的流量。

由于实际管网的管线错综复杂，大用户位置不同，上述原则必须结合具体条件，分析水流情况加以运用。

多水源的管网，应由每一水源的供水量定出其大致供水范围，初步确定各水源的供水分界线，然后从各水源开始，遵循供水主流方向按每一节点符合 $q_i + \sum q_{ij} = 0$ 的条件，以及经济和安全供水的考虑，进行流量分配。位于分界线上各节点的流量，往往由几个水源同时供给。各水源供水范围内的全部节点流量加上分界线上由该水源供给的节点流量之和应等于该水源的供水量。

4.2.4 管径

确定管网中每一管段的直径是输水和配水系统设计计算的主要任务之一。管径应按分配后的管段流量确定。

根据水力学知识，管径计算公式为

$$D = \sqrt{\frac{4q}{\pi v}} \qquad (4-12)$$

式中　D——管段直径（m）；

　　　q——管段流量（m^3/s）；

　　　v——流速（m/s）。

从上式可知，管径不但和管段流量有关，而且和流速的大小有关，如管段的流量已知，但是流速未定，管径还是无法确定，因此要确定管径必须先选定流速。

为了防止管网因水锤现象出现事故，最大设计流速不应超过 2.5~3m/s，在输送浑浊的原水时，为了避免水中悬浮物质在水管内沉积，最低流速通常不得小于 0.6m/s，可见技术上允许的流速幅度是较大的。因此，需在上述流速范围内，根据当地的经济条件，考虑管网的造价和维护管理费用，来选定合适的流速。

1. 平均经济流速法确定经济管径

由式（4-12）可以看出，流量一定时，管径和流速的平方根成反比。流量相同时，如果流速取的小些，管径则相应增大，此时管网造价增加，可是管段中的水头损失却相应减小，因此水泵所需扬程可以降低，输水电费可以节约。相反，如果流速取得大些，管径虽然减小，管网造价有所下降，但因水头损失增大，电费势必增加。

一般采用优化方法求得流速或管径的最优解，在数学上表现为求一定年限 t（称为投资偿还期）内管网造价和管理费用（主要是电费）之和为最小的流速，以此来确定管径。此时对应的流速称为经济流速。

设 C 为一次性投资的管网造价，M 为每年管理费用，则在投资偿还期 t 年内的总费用如式（4-13）所示。管理费用中包括每年的电费 M_1 和折旧费（包括大修理费）M_2，管网的折旧费和大修费率按管网造价的百分数计，可表示为 $M_2 = \dfrac{p}{100}C$，由此得出：

$$W_t = C + Mt = C + (M_1 + M_2)t \tag{4-13}$$

$$W_t = C + \left(M_1 + \dfrac{p}{100}C\right)t \tag{4-14}$$

如以一年为基础求出年折算费用，即有条件地将造价折算为一年的费用，则得管网的年折算费用 W 为

$$W = \dfrac{C}{t} + M = \left(\dfrac{1}{t} + \dfrac{p}{100}\right)C + M_1 \tag{4-15}$$

管网造价和管理费用都和管径有关。当流量已知时，管网造价和管理费用与流速 v 有关。因此，年折算费用既可以用流速 v 的函数表示，也可以用管径 D 的函数表示。流量一定时，如管径 D 增大（v 相应减小），则式（4-15）中右边第 1 项的管网造价和折旧费增大，而第 2 项的电费减小。年折算费用 W 与管径 D 及流速 v 的关系分别如图 4-11 和图 4-12 所示。

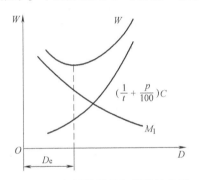

图 4-11　年折算费用与管径的关系

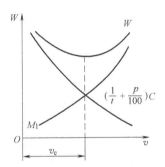

图 4-12　年折算费用与流速的关系

从图 4-11 和图 4-12 中可以看出，年折算费用 W 值随管径和流速的改变而变化，是一条下凹的曲线，相应于曲线最小纵坐标值的管径和流速，就是最经济的。从图中可以看出，经济管径为 D_e，经济流速为 v_e。由于水管有标准规格管径，如 200mm、250mm 等，分档不多，按经济管径方法算出的不一定就是标准规格管径，这时可选用相近的标准规格管径。各城市的经济流速值应按当地条件，如水管材料和价格、施工费用、电价等来确定，不能直接套用其他城市的数据。另一方面，管网中各管段的经济流速也不一样，需随管网图形、该管段在管网中的位置、该管段流量和管网总流量的比例等决定。

由于实际管网的复杂性，加之情况在不断变化，例如，流量在不断增长，管网逐步扩展，许多经济指标如水管价格、电价等也随时变化，要从理论上计算管网造价和年管理费用相当复杂且具有一定的难度。在条件不具备时，设计中也可采用平均经济流速（表 4-1）来确定管径，得出的是近似经济管径。

表 4-1　平均经济流速

管径/mm	平均经济流速/(m/s)
$D = 100 \sim 400$	$0.6 \sim 0.9$
$D \geqslant 400$	$0.9 \sim 1.4$

一般情况下，大管径可取较大的平均经济流速，小管径可取较小的平均经济流速。

2. 界限流量法确定经济管径

经济流速法计算复杂，有时可简便地应用近似优化法，即根据界限流量确定经济管径。

界限流量法是一种以经济管径分析（图4-11）为依据的单独工作管段的经济管径确定方法，对于管网中大多数管段，应用界限流量法确定经济管径是准确的，对于管网中距泵站较远的管线则误差偏大。

由于市场中销售的水管的标准规格管径分档较少，因此，每种标准规格管径不仅有相应的最经济流量，还有其经济的流量范围，在此范围内用这一管径都是相对经济的，超出此流量范围就宜采用其他规格管径。根据相邻两标准规格管径 D_{n-1} 和 D_n 的年折算费用相等的条件，可以确定 D_{n-1} 和 D_n 的界限流量。

这时相应的流量 q_n 即为相邻管径的界限流量，也就是说，q_n 为 D_{n-1} 的上限流量，同时又是 D_n 的下限流量。用同样方法求出相邻管径 D_n 和 D_{n+1} 的界限流量 q_{n+1}，这时 q_{n+1} 既是 D_n 的上限流量又是 D_{n+1} 的下限流量，依照此法，可相应找到 $DN100$、$DN150$、$DN200$ 等各相邻管径之间的界限流量 q_1、q_2、q_3、…，如图4-13所示。凡是管段流量在某管径界限流量下限和上限之间的，应选用该规格管径，否则不经济。如果管段流量恰好等于 q_n 或

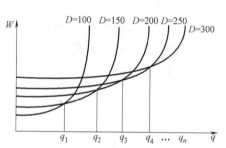

图4-13　年折算费用与界限流量关系示意图

q_{n+1}，则因两种管径的年折算费用相等，相邻两档管径都可选用。标准管径的分档规格越少，则每种管径的界限流量范围越大。

但须注意，界限流量数值的确定受时间、地域等影响较大，故使用时需进行核定。一个地区的经济因素 f（详见附录B）与当时当地的管材造价、常用管材种类、电价、用电设备运行效率等参数有关。表4-2为经济因素 $f=1$ 时的界限流量，当经济因素 f 不等于1时，需根据式（4-16）进行流量折算，然后再应用表4-2确定管径。

表4-2　界限流量表

管径/mm	界限流量/(L/s)	管径/mm	界限流量/(L/s)	管径/mm	界限流量/(L/s)
100	<9	350	68~96	700	355~490
150	9~15	400	96~130	800	490~685
200	15~28.5	450	130~168	900	685~822
250	28.5~45	500	168~237	1000	822~1120
300	45~68	600	237~355	—	—

$$q_0 = \sqrt[3]{f}\, q_{ij} \tag{4-16}$$

式中　q_0——折算后的管段流量；

　　　q_{ij}——管段流量；

　　　f——经济因素，其值确定涉及诸多经济性相关参数，详见附录B。

上述为水泵供水时的经济管径确定方法，因此在求经济管径时，抽水运行所需的电费成为其中重要因子。而重力供水时，由于水源水位高于给水区所需水压，两者的标高差 H 可

使水在管内靠重力流动。此时，各管段的经济管径或经济流速，应按输水管渠和管网通过设计流量时的水头损失总和等于或略小于可以利用的水位差来确定。

4.2.5　水头损失

给水管网任一管段两端节点的水压和该管段水头损失之间有下列关系：

$$H_i - H_j = h_{ij} \tag{4-17}$$

式中　H_i、H_j——从某一基准面算起的管段上游节点 i 和下游节点 j 的水压标高（m）；

　　　　h_{ij}——管段 i—j 的水头损失（m）。

在给水管网计算中，主要考虑沿程水头损失，至于配件和附件如弯管、渐缩管和阀门等的局部水头损失，因和沿管线长度的水头损失相比很小，通常不逐一计算，可按沿程水头损失的一定百分数（城镇给水管网一般取 5%~10%）计取，即城镇给水管网总水头损失为：

$$h = (1.05 \sim 1.10) h_f \tag{4-18}$$

式中　　　h——总水头损失（沿程水头损失与局部水头损失之和）；

1.05~1.10——局部水头损失系数；

　　　　h_f——沿程水头损失。

1. 沿程水头损失公式一般形式

根据均匀流流速公式：

$$v = C\sqrt{Ri} \tag{4-19}$$

$$i = \frac{v^2}{C^2 R} = \frac{2g}{C^2 R} \cdot \frac{v^2}{2g} = \frac{8g}{C^2 D} \cdot \frac{v^2}{2g} = \frac{\lambda}{D} \cdot \frac{v^2}{2g} \tag{4-20}$$

式中　v——管内的平均流速；

　　　C——谢才系数；

　　　R——水管的水力半径（圆管为 $R = \dfrac{D}{4}$）；

　　　i——单位管段长度的水头损失，或水力坡度；

当用流量 q 表示时，水力坡度 i 为

$$i = \frac{\lambda}{D} \cdot \frac{\alpha^2}{\left(\frac{\pi}{4}D^2\right)^2 2g} = \frac{8\lambda\alpha^2}{\pi^2 g D^5} = \frac{8z}{C^2} \cdot \frac{8\alpha^2}{\pi^2 g D^5} = \frac{64}{\pi^2 C^2 D^5} q^2 = \alpha q^2 \tag{4-21}$$

式中　　　D——水管内径；

　　　　λ——阻力系数 $\left(\lambda = \dfrac{8g}{C^2}\right)$；

　　　　g——重力加速度；

$\alpha = \dfrac{64}{\pi^2 C^2 D^5}$——比阻；

　　　　q——管道流量。

沿程水头损失公式一般可表示为

$$h_f = kl\frac{q^n}{D^m} = \alpha l q^n = s q^n \tag{4-22}$$

式中　h_f——沿程水头损失；

k、n、m——常数和指数；

l——管段长度；

$s=\alpha l$——水管摩阻。

2. 沿程水头损失公式

管道沿程水头损失计算公式有三个，不同公式中系数、指数有差异。

（1）塑料管　常用达西公式：

$$h_f = \lambda \cdot \frac{l}{d_j} \cdot \frac{v^2}{2g} \tag{4-23}$$

式中　λ——沿程阻力系数；

l——管段长度（m）；

d_j——管段计算内径（m）；

v——管道断面水流平均流速（m/s）；

g——重力加速度（m/s²）。

注：λ 与管道的相对当量粗糙度（Δ/d_j）和雷诺数（Re）有关，其中，Δ 为管道当量粗糙度（mm）。

（2）混凝土管（渠）及采用水泥砂浆内衬的金属管道　常用巴普洛夫斯基公式：

$$i = \frac{h_f}{l} = \frac{v^2}{C^2 R} \tag{4-24}$$

式中　i——管道单位长度的水头损失（水力坡度）；

C——流速系数，当 $0.01 \leq n \leq 0.04$ 时，取 $C = \frac{1}{n}R^{1/6}$；

n——管（渠）道的粗糙系数，详见表4-3；

R——水力半径（m）。

表4-3　管道沿程水头损失水力计算参数

管道种类		粗糙系数 n	海曾-威廉系数 C_h
钢管、铸铁管	水泥砂浆内衬	0.011～0.012	120～130
	涂料内衬	0.0105～0.0115	130～140
	旧钢管、旧铸铁管（未作内衬）	0.014～0.018	90～100
混凝土管	预应力混凝土管（PCP）	0.012～0.013	110～130
	预应力钢筒混凝土管（PCCP）	0.011～0.0125	120～140
矩形混凝土管道		0.012～0.014	—
塑料管材，内衬塑料的管道		—	140～150

以粗糙系数 n 为 0.012 内衬水泥砂浆的钢筋混凝土管为例，可以计算出流速系数 C 值，带入式（4-24），可得比阻 α 计算式：

$$i = 0.001482 \frac{q^2}{d_j^{5.33}}, \quad \alpha = \frac{0.001482}{d_j^{5.33}} \tag{4-25}$$

上式中的 α 值仅与管道内径、水管内壁粗糙系数 n 有关，而与雷诺数 Re 无关，属于阻力平方区。巴甫洛夫斯基公式的比阻 α 值见表 4-4。

表 4-4 巴甫洛夫斯基公式的比阻 α 值（q 以 $\mathrm{m^3/s}$ 计，$n=0.012$）

管径/mm	$\alpha = \dfrac{0.001482}{d_j^{5.33}}$	管径/mm	$\alpha = \dfrac{0.001482}{d_j^{5.33}}$
100	319	500	0.0598
150	36.7	600	0.0226
200	7.92	700	0.00993
250	2.41	800	0.00487
300	0.911	900	0.00260
400	0.196	1000	0.00148

（3）输配水管道、配水管网水力平差计算 常用海曾-威廉公式：

$$h_{\mathrm{f}} = \frac{10.67 q^{1.852} l}{C_{\mathrm{h}}^{1.852} d_j^{4.87}} \tag{4-26}$$

式中 C_{h}——海曾-威廉系数，见表 4-3。

以使用 5 年的铸铁管、焊接钢管为例，取 $C_{\mathrm{h}} = 120$，沿程水头损失表达式写成 $h_{\mathrm{f}} = \alpha l q^{1.852} = s q^{1.852}$ 的形式，其中，比阻 $\alpha = \dfrac{1.504945 \times 10^{-3}}{d_j^{4.87}}$，不同管径的比阻 α 见表 4-5。

表 4-5 海曾-威廉公式中的比阻 α 值（$C_{\mathrm{h}} = 120$）

管径/mm	比阻 α	管径/mm	比阻 α
100	112	500	0.0440
150	15.5	600	0.0181
200	3.82	700	0.00855
250	1.29	800	0.00446
300	0.530	900	0.00251
400	0.130	1000	0.00150

总结上述沿程水头损失计算公式，其一般形式公式（4-22）中流量、管径的指数取值汇总见表 4-6。

表 4-6 常用水头损失公式分析

公式适用条件	基 本 形 式	流量的指数 n	管径的指数 m
塑料管	$h = \lambda \dfrac{l}{d_j} \dfrac{v^2}{2_g}$	2	5
混凝土管	$i = \dfrac{v^2}{C^2 R} = \dfrac{64}{\pi^2 C^2 d_j^5} q^2$	2	5.33
	$i = k \dfrac{q^2}{d_j^{5.33}}$		
配水管网水力计算	$h_{\mathrm{f}} = \dfrac{10.67 q^{1.852} l}{C_{\mathrm{h}}^{1.852} d_j^{4.87}}$	1.852	4.87

4.2.6 树状管网水力计算

树状管网的计算比较简单，其主要原因是树状管网中每一管段的流量容易确定，只要在每一节点应用节点流量平衡条件 $q_i + \sum q_{ij} = 0$，无论从二级泵站起顺水流方向推算，还是从管网末梢向二级泵站逆水流方向推算，只能得出唯一的管段流量，或者说树状管网只有唯一的管段流量方案。任一管段的流量决定后，即可按照经济流速计算管径，进而选择水头损失计算公式求得水头损失。此后，选定一条管线作为干线，例如，从二级泵站到控制点（人为指定）的一条干管线，将此干线上各管段的水头损失相加，求出干线的总水头损失，即可据此计算出二级泵站所需扬程或水塔所需的高度。这里，控制点的选择很重要，在该点水压达到最小服务水头时，整个管网不会出现水压不足地区。控制点一般选在距二级泵站较远或地形标高较高的节点。

干线计算后，可根据控制点水压标高（水压标高=地面标高+服务水头）计算出干线上各节点包括接出支线处节点的水压标高（相邻节点水压标高之差等于节点间管段的水头损失）。在计算树状管网的支线时，起点的水压标高已知，而支线终点的水压标高等于终点的地面标高与最小服务水头之和。从支线起点到支线终点的水压标高差为支线的最大可利用水头损失，该差值除以支线长度，即得支线的最大水力坡度，再由支线每一管段的流量并参照最大水力坡度选定相应各管段的管径。注意，支线各管段在确定管径后其水头损失应不超过该支线最大可利用水头损失。

$$H_i - H_j = h_{ij} \tag{4-27}$$

式中　H_i、H_j——管段起点、终点水压标高，其值分别等于各点地面标高与其服务水头之和；

h_{ij}——管段 i-j 的水头损失。

【例 4-2】　某城市供水区用水人口 5 万人，最高日用水量定额为 150L/（人·d），综合生活用水时变化系数 1.2。节点 4 接某工厂，工业用水量为 400m³/d，两班制，均匀使用，无其他用水。各用水点要求最小服务水头为 16m。城市地形平坦，地面标高 5.00m，管网布置如图 4-14 所示。试进行管网设计计算。

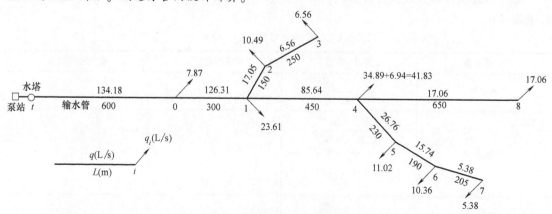

图 4-14　树状管网计算图

【解法1】

1. 设计流量

最高日设计用水量 Q_d：

最高日生活用水量：综合生活5万人×150L/人=7500m³/d

工业用水量：400m³/d

漏损水量：7900m³/d×10%=790m³/d

未预见水量：8690m³/d×10%=870m³/d

$$Q_d = \frac{7500\text{m}^3/\text{d}+790\text{m}^3/\text{d}+870\text{m}^3/\text{d}}{24\text{h}}+\frac{400\text{m}^3/\text{d}}{16\text{h}}=\frac{9160\text{m}^3/\text{d}}{24\text{h}}+\frac{400\text{m}^3/\text{d}}{16\text{h}}$$

$$=381.7\text{m}^3/\text{h}+25\text{m}^3/\text{h}=406.7\text{m}^3/\text{h}$$

时变化系数取值为集中用水 $K_h=1$，分散用水 $K_h=1.2$，则管网设计用水量由最高时分散用水量和最高时集中用水量两部分构成，其中，分散用水量为 $1.2\times381.7\text{m}^3/\text{h}=127.24\text{L/s}$，集中用水量为 $1\times25\text{m}^3/\text{h}=6.94\text{L/s}$，管网设计用水量为两部分用水量之和，即

$$Q_h=127.24\text{L/s}+6.94\text{L/s}=134.18\text{L/s}$$

2. 管网比流量

$$q_s=\frac{(Q-\sum q)}{\sum l}=\frac{134.18\text{L/s}-6.94\text{L/s}}{3025\text{m}-600\text{m}}=\frac{127.24\text{L/s}}{2425\text{m}}=0.05247\text{L/(s}\cdot\text{m)}$$

3. 沿线流量

沿线流量见表4-7。

表4-7　沿线流量计算表

管段编号	计算管长 l/m	沿线流量 q_l/(L/s)
0—1	300	15.74
1—2	150	7.87
2—3	250	13.12
1—4	450	23.61
4—8	650	34.11
4—5	230	12.07
5—6	190	9.97
6—7	205	10.76
合计	2425	127.24

4. 节点流量

节点流量见表4-8。

表4-8　节点流量计算表

节点编号	节点流量 q_i/(L/s)	备　注
0	0.5×15.74=7.87	
1	0.5×(15.74+7.87+23.61)=23.61	
2	0.5×(7.87+13.12)=10.49	

（续）

节点编号	节点流量 q_i /（L/s）	备 注
3	0.5×13.12 = 6.56	
4	0.5×（23.61+34.11+12.07）+6.94 = 41.83	需考虑集中用水 6.94L/s
5	0.5×（12.07+9.97）= 11.02	
6	0.5×（9.97+10.76）= 10.36	
7	0.5×10.76 = 5.38	
8	0.5×34.11 = 17.06	
合计	134.18	

5. 管段流量、管径、水头损失

管段流量、管径、水头损失计算见表4-9。

表 4-9　管段流量、管径、水头损失计算表

管段编号	管长/m	流量/（L/s）	流速/（m/s）	管径/mm	系数 C_h	水力坡度 i	沿程水头损失/m	总水头损失/m
0-1	300	126.31	1.01	400		0.00095	0.29	0.31
1-2	150	17.05	0.97	150		0.00203	0.30	0.33
2-3	250	6.56	0.84	100		0.01010	2.53	2.78
1-4	450	85.64	0.68	400	铸铁管水泥砂浆内衬	0.00138	0.62	0.68
4-8	650	17.06	0.97	150	$C_h=120\sim130$	0.00203	1.32	1.45
4-5	230	26.76	0.85	200	取 $C_h=120$	0.00467	1.07	1.18
5-6	190	15.74	0.89	150		0.00709	1.35	1.48
6-7	205	5.38	0.69	100		0.00700	1.43	1.58
t-0	600	134.18	1.07	400		0.00107	0.64	0.70

注：1. 设计计算中往往难以保障所有管段的流速均在经济流速范围。

2. 总水头损失 = 沿程水头损失×1.1。

6. 控制点确定

根据地面标高5m，所需服务水头16m，计算各节点在满足最小服务水头时需要水塔 t 提供的水压：

0：5.00m+16.00m+0.70m = 21.7m

1：5.00m+16.00m+0.70m+0.31m = 22.01m

2：5.00m+16.00m+0.70m+0.31m+0.33m = 22.34m

3：5.00m+16.00m+0.70m+0.31m+0.33m+2.78m = 25.12m

4：5.00m+16.00m+0.70m+0.31m+0.68m = 22.69m

5：5.00m+16.00m+0.70m+0.31m+0.68m+1.18m = 23.87m

6：5.00m+16.00m+0.70m+0.31m+0.68m+1.18m+1.48m = 25.35m

7：5.00m+16.00m+0.70m+0.31m+0.68m+1.18m+1.48m+1.58m = 26.93m

8：5.00m+16.00m+0.70m+0.31m+0.68m+1.45m = 24.14m

在满足最小服务水头时，节点7需要起点 t 提供的水压高于其他节点，因而节点7为整

个管网的水压控制点。

为简化计算，鉴于题目中各节点地面标高相同、服务水头需求相同，在控制点确定过程中可以不考虑这些因素对控制点位置的影响。同时，也可以将控制点确定的计算起点选定为节点0。

7. 水塔高度和水泵扬程

根据控制点参数计算水塔高度（即水柜底高于地面高度）H_t［式（2-17）］为

$$H_t = H_c + Z_c + h_n - Z_t$$
$$= 16.00\text{m} + 5.00\text{m} + (0.70\text{m} + 0.31\text{m} + 0.68\text{m} + 1.18\text{m} + 1.48\text{m} + 1.58\text{m}) - 5.00\text{m}$$
$$= 21.93\text{m}$$

水塔内水深3.00m，泵站吸水井最低水位标高为4.70m，泵站到水塔的总水头损失取为3.00m，则水泵扬程根据式（2-16）为：$H_p = 5.00\text{m} + 21.93\text{m} + 3.00\text{m} - 4.70\text{m} + 3.00\text{m} = 28.23\text{m}$

【解法2】

1~4步与【解法1】相同。

5. 干线设计及水压计算

根据管网布置情况指定控制点为节点8。则起点到控制点的管线为干线，首先进行管线0~1~4~8的计算。

干管水力计算见表4-10。

表4-10 干管水力计算表

管段编号	管长/m	流量/(L/s)	流速/(m/s)	管径/mm	系数 C_h	水力坡度 i	沿程水头损失/m	总水头损失/m
t-0	600	134.18	1.07	400	铸铁管水泥砂浆内衬 $C_h = 120 \sim 130$ 取 $C_h = 120$	0.00107	0.64	0.70
0-1	300	126.31	1.01	400		0.00095	0.29	0.31
1-4	450	85.64	0.68	400		0.00138	0.62	0.68
4-8	650	17.06	0.54	200		0.00203	1.32	1.45

$$\sum h = 3.14$$

干管水压计算从控制点开始，以控制点满足最小服务水头作为已知，以节点间水压关系及服务水头概念为基础，计算干线上各节点的水压与服务水头，结果见表4-11。

表4-11 干管水压计算表

节点编号	地面标高/m	节点水压/m	服务水头/m	富余水头/m
0	5.00	23.45	18.45	2.45
1	5.00	23.13	18.13	2.13
4	5.00	22.45	17.45	1.45
8	5.00	21.00	16.00	0.00

6. 支线水力计算

各支线允许的水头损失分别为

$$h_{1-3} = 23.13\text{m} - (16.00\text{m} + 5.00\text{m}) = 2.13\text{m}$$
$$h_{4-7} = 22.45\text{m} - (16.00\text{m} + 5.00\text{m}) = 1.45\text{m}$$

参照可利用的水头损失和流量选定支线各管段的管径时，应注意市场中销售的标准规格，还应注意支线各管段水头损失之和不得大于允许的水头损失。例如，支线 4~5~6~7 的总水头损失为 0.75m，见表4-12，而允许的水头损失 h_{4-7} 按支线起点和终点的水压标高差计算为 1.45m，符合要求；否则须调整管径重新计算，直到满足要求为止。

表4-12　支线水力计算表

管段编号	管长/m	流量/(L/s)	流速/(m/s)	管径/mm	系数 C_h	水力坡度 i	沿程水头损失/m	总水头损失/m
1-2	150	17.05	0.54	200		0.00203	0.30	0.33
2-3	250	6.56	0.37	150	铸铁管水泥砂浆内衬 $C_h = 120~130$ 取 $C_h = 120$	0.00140	0.35	0.39
4-5	230	26.76	0.38	300		0.00065	0.15	0.16
5-6	190	15.74	0.50	200		0.00175	0.33	0.37
6-7	205	5.38	0.30	150		0.00097	0.20	0.22

7. 水塔高度和水泵扬程

参数同上。水塔高度为

$$H_t = H_c + Z_c + h_n - Z_t = (16.00 + 5.00 + 0.70 + 0.31 + 0.68 + 1.45 - 5.00)\,\mathrm{m} = 19.14\mathrm{m}$$

水泵扬程为

$$H_p = (5.00 + 19.14 + 3.00 - 4.70 + 3.00)\,\mathrm{m} = 25.44\mathrm{m}$$

两种解法相比，管网管径相对较大时，所需的水塔高度和水泵扬程则较小。因此，实际项目设计时应以管网年折算费用（4.2.4节）为目标值综合分析管网的经济性。

4.2.7　管网计算基础方程

管网计算的目的在于确定各水源节点（如泵站、水塔等）的供水量、各管段中的流量和管径以及全部节点的水压。

管网计算的原理基于质量守恒和能量守恒，因此管网计算的基础方程为水流的连续性方程与各环的能量方程。连续性方程与能量方程的水力学原理在管网计算中，又有具体的实践意义。

1. 连续性方程

对任一节点来说，流向该节点的流量必须等于从该节点流出的流量。这里以离开节点的流量为正，流向节点的流量为负。对于每一节点可列出方程如式（4-11）所示连续性方程，即 $q_i + \sum q_{ij} = 0$，连续性方程是与流量成一次方关系的线性方程。又已知对于任何环状管网，管段数 P、节点数 J（包括泵站、水塔等水源节点）和环数 L 之间的关系可表示为

$$P = J + L - 1 \tag{4-28}$$

式中　P——管网的管段数目；

J——管网的节点数目；

L——管网的基环（不包括其他环的环）数目。

管网有 J 个节点，按照节点的连续性方程 $q_i + \sum q_{ij} = 0$ 可写出独立的方程 $J-1$ 个，原因是其中任一方程可从其余方程导出。因此可针对 $J-1$ 个节点列出 $J-1$ 个连续性方程：

$$\left.\begin{array}{r}(q_i+\sum q_{ij})_1=0\\(q_i+\sum q_{ij})_2=0\\\vdots\\(q_i+\sum q_{ij})_{j-1}=0\end{array}\right\}\tag{4-29}$$

式中　1、2、…、j——节点编号。

2. 能量方程

能量方程表示管网每一环中各管段的水头损失总和等于零的关系。这里采用水流方向顺时针的管段水头损失为正，逆时针则为负。由此得出 L 个环的能量方程：

$$\left.\begin{array}{r}\sum(h_{ij})_{\mathrm{I}}=0\\\sum(h_{ij})_{\mathrm{II}}=0\\\vdots\\\sum(h_{ij})_L=0\end{array}\right\}\tag{4-30}$$

式中　Ⅰ、Ⅱ、…、L——管网各环的编号。

如水头损失用指数公式 $h=sq^n$ 表示，则式（4-30）可写成：

$$\left.\begin{array}{r}\sum(s_{ij}q_{ij}^n)_{\mathrm{I}}=0\\\sum(s_{ij}q_{ij}^n)_{\mathrm{II}}=0\\\vdots\\\sum(s_{ij}q_{ij}^n)_L=0\end{array}\right\}\tag{4-31}$$

压降方程表示管段流量和节点水压的关系，可从式（4-22）导出：

$$q_{ij}=(h_{ij}/s_{ij})^{1/n}=\left(\frac{H_i-H_j}{s_{ij}}\right)^{1/n}\tag{4-32}$$

式中，下标 ij 表示从节点 i 到节点 j 的管段。

将式（4-29）代入连续性方程 $q_i+\sum q_{ij}=0$ 中得流量和水头损失的关系如下：

$$q_i=\sum_1^P\left[\pm\left(\frac{H_i-H_j}{s_{ij}}\right)^{1/n}\right]\tag{4-33}$$

式中　H_i、H_j——节点 i 和 j 对某一基准点的水压；

$\qquad$ s_{ij}——管段摩阻；

$\qquad$ P——连接该节点的管段数。

正负号视进、出该节点的各管段流量方向而定，这里假定流离节点的管段流量为正，流向节点的为负。

4.2.8　环状管网水力计算

1. 管网平差计算理论

环状管网水力计算时，根据求解未知数的不同，计算方法可分为解管段方程组、解节点方程组、解环方程组三大类。

（1）解管段方程组　该法是以管段流量为未知数，应用连续性方程和能量方程，求得各管段流量和水头损失，再根据已知节点水压求出其余各节点水压。大中城市的给水管网，管段数多达数百条甚至数千条，需借助计算机进行求解。

（2）解节点方程组　该法是以节点水压为未知数，在假定每一节点水压的条件下，应用连续性方程以及管段压降方程，通过计算、调整，求出每一节点的水压。得出节点水压后，即可以从任一管段两端节点的水压差得出该管段的水头损失，进一步从流量和水头损失之间的关系计算出管段流量。解节点方程组法是应用计算机求解管网计算问题时应用最广的一种算法。

（3）解环方程组　环状管网在初步分配流量时，已经符合连续性方程 $q_i + \sum q_{ij} = 0$ 的要求。但在选定管径和求得各管段水头损失以后，往往出现不能同时满足各环 $\sum h_{ij} = 0$ 或各环 $\sum s_{ij} q_{ij}^n = 0$ 的要求。因此，解环方程组的环状管网计算过程，就是在按初步分配流量确定的管径基础上，以校正流量 Δq 为未知数，利用校正流量调整各管段的流量，反复计算，直到同时满足连续性方程组和能量方程组为止，这一计算过程称为管网平差。换言之，平差就是求解 $J-1$ 个线性连续性方程和 L 个非线性能量方程，最终确定 P 个管段流量。一般情况下，不能用直接法求解非线性方程组，而须用逐步近似法求解。

由于在环状管网中，环数小于节点数和管段数，相应的环方程数量较少，未知数个数较少，因而解环方程组法成为手工进行管网平差计算的主要方法。

2. 哈代-克罗斯法原理

解环方程组有多种方法，哈代-克罗斯（Hardy-Cross）法是常用的一种算法。

环方程组求解的过程是，分配流量得各管段的初步流量值 $q_i^{(0)}$，分配时须满足节点流量平衡的要求，根据初步分配流量值按经济流速（或界限流量）选定管径。之后计算过程中管径保持不变。

列出 L 个非线性能量方程为

$$\left.\begin{array}{c} F_1(q_1^{(0)}, q_2^{(0)}, q_3^{(0)}, \cdots, q_h^{(0)}) = 0 \\ F_2(q_g^{(0)}, q_{g+1}^{(0)}, q_{g+2}^{(0)}, \cdots, q_i^{(0)}) = 0 \\ \vdots \\ F_L(q_m^{(0)}, q_{m+1}^{(0)}, q_{m+2}^{(0)}, \cdots, q_P^{(0)}) = 0 \end{array}\right\} \tag{4-34}$$

式中　$q_1^{(0)}$，$q_2^{(0)}$，$q_3^{(0)}$，$\cdots$，$q_P^{(0)}$——管网各管段的初步分配流量。

上述环方程组包含了管网中的全部管段流量。此时若各环不能同时满足 $\sum h = 0$（或 $\sum s_{ij} q_{ij}^n = 0$）的要求，则各环需分别计算各环的校正流量 Δq_i，然后对初步分配的管段流量 $q_i^{(0)}$ 增加校正流量 Δq_i，将 $q_i^{(0)} + \Delta q_i$ 代入式（4-34），使管段流量等于实际流量，并使之满足能量方程。

$$F_1(q_1^{(0)} + \Delta q_i, q_2^{(0)} + \Delta q_2, \cdots, q_h^{(0)} + \Delta q_h) = 0$$

$$F_2(q_g^{(0)} + \Delta q_g, q_{g+1}^{(0)} + \Delta q_{g+1}, \cdots, q_j^{(0)} + \Delta q_i) = 0$$

$$\vdots$$

$$F_L(q_m^{(0)} + \Delta q_m, q_{m+1}^{(0)} + \Delta q_{m+1}, \cdots, q_P^{(0)} + \Delta q_P) = 0$$

将函数 F 展开，保留线性项（注：这是哈代-克罗斯法计算中的近似）得：

$$\left.\begin{array}{c} F_1(q_1^{(0)}, q_2^{(0)}, q_3^{(0)}, \cdots, q_h^{(0)}) + \left(\dfrac{\partial F_1}{\partial q_1}\Delta q_1 + \dfrac{\partial F_1}{\partial q_2}\Delta q_2 + \cdots + \dfrac{\partial F_1}{\partial q_h}\Delta q_h\right) = 0 \\\\ F_2(q_g^{(0)}, q_{g+1}^{(0)}, q_{g+2}^{(0)}, \cdots, q_i^{(0)}) + \left(\dfrac{\partial F_1}{\partial q_g}\Delta q_g + \dfrac{\partial F_1}{\partial q_{g+1}}\Delta q_{g+1} + \cdots + \dfrac{\partial F_1}{\partial q_i}\Delta q_i\right) = 0 \\\\ \vdots \\\\ F_L(q_m^{(0)}, q_{m+1}^{(0)}, q_{m+2}^{(0)}, \cdots, q_P^{(0)}) + \left(\dfrac{\partial F_1}{\partial q_m}\Delta q_m + \dfrac{\partial F_1}{\partial q_{m+1}}\Delta q_{m+1} + \cdots + \dfrac{\partial F_1}{\partial q_P}\Delta q_P\right) = 0 \end{array}\right\} \tag{4-35}$$

环内所有管段水头损失代数和称为闭合差，用 Δh 表示。式（4-35）中的第一项与式（4-34）形式相同，均表示各环在初步分配流量时的管段水头损失代数和，即可表示为 $\Delta h_i^{(0)}$。初步分配流量的闭合差 $\Delta h_i^{(0)}$ 越大，表明初步分配流量和实际流量相差越大。

式（4-35）中未知量是校正流量 $\Delta q_i (i=1，2，\cdots，L)$，其系数是环能量对流量的偏导数 $\dfrac{\partial F_i}{\partial q_i}$。按初步分配流量 $q_i^{(0)}$ 及水头损失一般形式 $h_i = s_i q_i^n$ 可知，校正流量的系数即为 $s_i q_i^n n s_i (q_i^{(0)})^{n-1}$。进而可得 L 个线性的 Δq_i 方程，而不再是 L 个非线性的 q_i 方程。

$$\left.\begin{array}{l} \Delta h_1 + n s_1 (q_1^{(0)})^{n-1} \Delta q_1，n s_2 (q_2^{(0)})^{n-1} \Delta q_2，\cdots，n s_h (q_h^{(0)})^{n-1} \Delta q_h = 0 \\ \qquad\qquad\qquad\qquad\qquad \vdots \\ \Delta h_L + n s_m (q_m^{(0)})^{n-1} \Delta q_m，n s_{m+1} (q_{m+1}^{(0)})^{n-1} \Delta q_{m+1}，\cdots，n s_P (q_P^{(0)})^{n-1} \Delta q_P = 0 \end{array}\right\} \tag{4-36}$$

式中　Δh_i——闭合差，其值等于第 i 环内各管段水头损失的代数和；

n——水头损失计算公式中流量的指数；

s_i——管段 i 的摩阻，即水头损失公式 $h_{ij} = s_{ij} q_{ij}^n$ 中的摩阻系数 s_{ij} 的简写；

Δq_i——第 i 环的校正流量。

Δq_i 的求解过程中，如果忽略环与环之间的相互影响，即不考虑通过相邻环传过来的邻环校正流量对本环校正流量的影响，则可得出基环的校正流量计算公式为

$$\Delta q_i = -\frac{\Delta h_i}{n \sum |s_{ij} q_{ij}^{(n-1)}|} \tag{4-37}$$

用哈代-克罗斯法进行环状管网平差计算是近似的，包括假设任一环的校正流量 Δq_i 相对于管段流量而言较小；校正流量的乘积较小；在某环进行 Δq_i 计算时，相邻环校正流量的影响较小。因此，在这些假设基础上，得出的校正流量计算式（4-37）是个简化公式。

当水头损失计算采用海曾-威廉公式时，$n=1.852$，式（4-37）转化为常用形式：

$$\Delta q_i = -\frac{\Delta h_i}{1.852 \sum |s_{ij} q_{ij}^{0.852}|} \tag{4-38}$$

计算时，可在管网示意图上注明闭合差 Δh_i 和校正流量 Δq_i 的方向与数值。闭合差 Δh_i 为正时，用顺时针方向的箭头表示，反之用逆时针方向的箭头表示。校正流量 Δq_i 的方向和闭合差 Δh_i 的方向相反。

由于初步分配流量时，已经符合节点流量平衡条件，即满足了连续性方程，而校正流量对环内各条管段同时、同方向调整，所以各条管段调整流量后仍能满足节点的连续性方程。

流量调整时需特别注意，两环间的相邻管段同时受到相邻两环校正流量的影响。

利用简化的校正流量公式进行管段流量调整后，各环闭合差理论上应有减小的趋势，如平差计算一次以后闭合差仍未达到要求的精度，应根据调整后的管段流量计算新的校正流量，继续平差，逐次迭代，直至满足计算精度要求再停止平差。手工计算时，小环闭合差求绝对值应小于 0.5m，大环闭合差绝对值应小于 1.0m。计算机计算时，闭合差的大小可以达到较高精度，一般可考虑采用 0.001~0.01m。

哈代-克罗斯法又称洛巴切夫法。在使用计算机以前的年代里，它是最早和应用最广泛的管网分析方法，目前有一些电算程序的设计仍是基于此方法。

3. 平差计算步骤

应用哈代-克罗斯法的环状管网平差计算步骤为：

1）根据城镇供水情况，拟定环状管网各管段水流方向，根据连续性方程，并考虑供水可靠性要求进行流量分配，得到初步分配的管段流量 q_{ij}。这里，i、j 表示管段两端的节点编号。

2）根据管段流量 q_{ij}，按界限流量或经济流速确定管径。

3）求各管段的摩阻系数 $s_{ij}(s_{ij}=\alpha_{ij}l_{ij})$，然后利用式（4-26）求水头损失。

4）假定各环内水流顺时针方向管段的水头损失为正，水流逆时针方向管段的水头损失为负，计算各环内管段水头损失代数和 $\sum h_{ij}$。$\sum h_{ij}$ 不等于零时，以 Δh_i 表示，称为闭合差，即 $\Delta h_i = \sum h_i = \sum S_{ij}q_{ij}^{1.852}$。闭合差 $\Delta h_i>0$，说明顺时针方向各管段中初步分配的流量多了些，逆时针方向管段中分配的流量少了些；$\Delta h_i<0$，则相反。

5）按式（4-38）计算各环的校正流量 Δq_i。若闭合差为正，则校正流量为负；反过来，若闭合差为负，则校正流量为正。

6）根据计算所得各环校正流量进行各管段流量校正。流量校正计算可以对照管网计算图直接计算，凡是方向和校正流量 Δq_i 相同的管段，就加上校正流量，否则就减去校正流量。据此调整各管段流量，得到校正后的管段流量。流量校正计算也可以采用代数运算，即设校正流量 Δq_i 顺时针方向为正，逆时针方向为负，根据式（4-39）计算校正后的管段流量：

$$q_{ij}^{(1)} = q_{ij}^{(0)} + \Delta q_{s}^{(0)} - \Delta q_{n}^{(0)} \tag{4-39}$$

式中　　$q_{ij}^{(1)}$——经一次校正后的管段流量，顺时针为正，逆时针为负；

$q_{ij}^{(0)}$——初步分配的管段流量，顺时针为正，逆时针为负；

$\Delta q_{s}^{(0)}$——本环的校正流量，顺时针为正，逆时针为负；

$\Delta q_{n}^{(0)}$——邻环的校正流量，顺时针为正，逆时针为负。

按校正后的流量再行计算各环闭合差，若闭合差未达到计算精度要求，再回到第 5 步继续计算校正流量，并对各管段进行流量校正，直至满足闭合差计算精度要求为止。

【例 4-3】　环状管网布置如图 4-15 所示，最高用水时流量为 219.8L/s，节点流量经计算确定如表 4-13，试进行该环状管网设计。

表 4-13　节点流量

节　　点	1	2	3	4	5	6	7	8	9	总　　计
节点流量/（L/s）	16.0	31.6	20.0	23.6	36.8	25.6	16.8	30.2	19.2	219.8

【解】　根据节点流量分布，拟定各管段的水流方向，如图 4-15 所示。按照各干管流量相对均衡的原则，并考虑供水可靠性要求进行流量分配。流量分配时每一节点必须满足流量连续性方程 $q_i+\sum q_{ij}=0$ 的要求；三条平行的干线 6~3~2~1、6~5~4 和 6~9~8~7，大致分配相近的流量；与干线垂直的连接管，因平时流量较小，可分配较小的流量。

管径按界限流量确定。该城市的经济因素为 $f=0.8$，则管段的折算流量为 $q_0=\sqrt[3]{f}q_{ij}=0.93q_{ij}$。例如管段 5-6，折算流量为 $0.93\times0.0764\text{m}^3/\text{s}=0.0711\text{m}^3/\text{s}$，从界限流量表得管径为 $DN350$，但考虑到市场供应的管道规格，选用 $DN300$。至于干管之间的连接管管径，考虑到干管事故时，连接管中可能通过较大的流量，并考虑按消防流量校核的需要，将连接管 2-5、5-8、1-4、4-7 的管径适当放大为 $DN150$。

每一管段的管径确定后，即可根据水头损失计算公式求出水头损失。管道的水头损失除

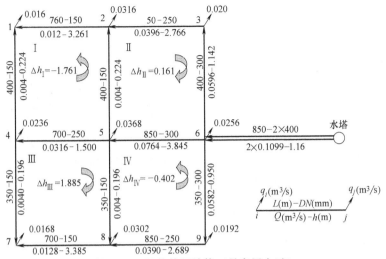

图 4-15 环状管网计算（最高用水时）

以其流量即为 $\left| s_{ij} q_{ij} \right|^{0.852}$ 值。

计算时应注意两环之间的公共管段 2-5、4-5、5-6、5-8 等的流量校正需考虑相邻两个环的校正流量。以管段 5-6 为例，初步分配流量为 $0.0764\text{m}^3/\text{s}$，但该管段同时受到环 II 和环 IV 校正流量的影响，环 II 的第一次校正流量为 $-0.00044\text{m}^3/\text{s}$，校正流量的方向与管段 5-6 的流向相反，环 IV 的校正流量为 $0.00117\text{m}^3/\text{s}$，方向也和管段 5-6 的流向相反，因此第一次校正后的管段流量为 $(0.0764-0.00044-0.00117)\text{m}^3/\text{s}=0.0748\text{m}^3/\text{s}$。

管网在最高用水时的平差计算结果见表 4-14 和图 4-16。

表 4-14 环状管网计算（最高用水时）

环号	管段	管长/m	管径/mm	初步分配流量				第一次校正			
				$q/(\text{m}^3/\text{s})$	$1000i$	h/m	$\left\| sq^{0.852} \right\|$	$q/(\text{m}^3/\text{s})$	$1000i$	h/m	$\left\| sq^{0.852} \right\|$
I	1-2	760	150	-0.0120	4.291	-3.261	271.789	$-0.0120+0.0022=-0.0098$	2.637	-2.241	228.715
	1-4	400	150	0.0040	0.561	0.224	56.101	$0.0040+0.0022=0.0062$	0.594	0.505	81.496
	2-5	400	150	-0.0040	0.561	-0.224	56.101	$-0.0040+0.0022+0.00044=-0.00136$	0.036	-0.030	22.376
	4-5	700	250	0.0316	2.143	1.500	47.466	$0.0316+0.0022+0.00248=0.0363$	2.281	1.939	53.418
						-1.761	431.458			0.173	386.005
				$\Delta q_{\text{I}}=-\dfrac{-1.761}{1.852\times431.458}=0.0022$							
II	2-3	850	250	-0.0396	3.255	-2.766	69.857	$-0.0396-0.00044=-0.0400$	3.316	-2.818	70.457
	2-5	400	150	0.0040	0.561	0.224	56.101	$0.0040-0.00044-0.0022=0.00136$	0.036	0.030	22.376
	3-6	400	300	-0.0596	2.856	-1.142	19.165	$-0.0596-0.00044=-0.0600$	1.361	-1.156	19.275
	5-6	850	300	0.0764	4.523	3.845	50.322	$0.0764-0.00044-0.00117=0.0748$	4.349	3.697	49.422
						0.161	195.445			-0.247	161.531
				$\Delta q_{\text{II}}=-\dfrac{0.161}{1.852\times195.443}=-0.00044$							

（续）

环号	管段	管长 /m	管径 /mm	初步分配流量				第一次校正			
				$q/$ (m^3/s)	$1000i$	h/m	$sq^{0.852}$	$q/(m^3/s)$	$1000i$	h/m	$sq^{0.852}$
Ⅲ	4-5	700	250	-0.0316	2.143	-1.500	47.466	$-0.0316-0.00248-0.0022=-0.0363$	2.281	-1.939	53.418
	4-7	350	150	-0.0040	0.561	-0.196	49.088	$-0.0040-0.00248=-0.00648$	0.564	-0.480	74.043
	5-8	350	150	0.0040	0.561	0.196	49.088	$0.0040-0.00248-0.00117=0.00036$	0.003	0.002	6.309
	7-8	700	150	0.0128	4.836	3.385	264.483	$0.0128-0.00248=0.01032$	2.673	2.272	220.145
					1.885		410.126			-0.145	353.915
				$\Delta q_{Ⅲ}=-\dfrac{1.885}{1.852\times410.637}=-0.00248$							
Ⅳ	5-6	850	300	-0.0764	4.523	-3.845	50.322	$-0.0764+0.00117+0.00044=-0.0748$	4.349	-3.697	49.422
	6-9	350	300	0.0580	2.715	0.950	16.385	$0.0582+0.00117=0.0592$	1.161	0.987	16.673
	5-8	350	150	-0.0040	0.561	-0.196	49.088	$-0.0040+0.00117+0.00249=-0.00036$	0.003	-0.002	6.309
	8-9	850	250	0.0390	3.164	2.689	68.954	$0.0390+0.00117=0.0402$	3.346	2.844	70.757
					-0.402		184.749			0.132	143.161
				$\Delta q_{Ⅳ}=-\dfrac{-0.402}{1.852\times184.749}=0.00117$							

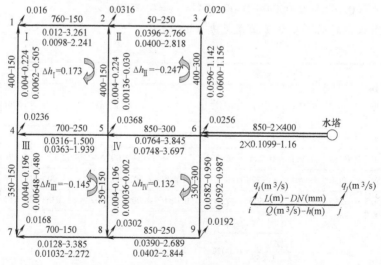

图 4-16 环状管网平差计算简图（最高用水时）

经过一次校正后，各环闭合差均小于 0.5m，大环 6~3~2~1~4~7~8~9~6 的闭合差为

$$\sum h=-h_{6-3}-h_{3-2}-h_{2-1}+h_{1-4}-h_{4-7}+h_{8-9}+h_{8-9}+h_{6-9}=-1.156m-2.818m-2.241m+0.505m-0.480m+2.272m+2.844m+0.987m=-0.087m$$

绝对值小于 1.0m，满足计算精度要求，平差计算结束。

从水塔到管网的输水管设两条，每条计算流量为 $0.5\times0.2198m^3/s=0.1099m^3/s$，选定管径均为 $DN400$，水头损失为 $h=1.86m$。

水塔高度由距水塔较远且地形较高的控制点 1 确定，该点地面标高为 85.60m，水塔处地面标高为 88.53m，所需服务水头为 24m，从水塔到控制点的水头损失取 6~3~2~1 和 6~9~8~7~4~1 两条干线的平均值，因此水塔高度为

$$H_t = 85.6m + 24.00m + 0.5 \times (1.156 + 2.818 + 2.241 + 0.986 + 2.844 + 2.272 - 0.480 + 0.505)m +$$
$$1.86m - 88.53m = 29.10m$$

根据计算结果得到各节点的水压后，即可在管网平面图上用插值法按比例绘出等水压线，也可从节点水压减去地面标高得出各节点的服务水头，在管网平面图绘出等服务水头线。图 4-17 所示为某管网（供水起点为 9）的水压标高等值线示意图。

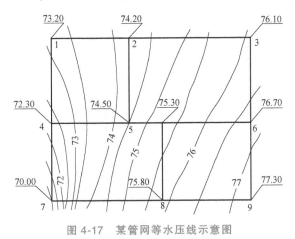

图 4-17 某管网等水压线示意图

4. 多水源管网计算

上一节讨论的是单水源管网的计算方法。但是由于用水需求的增长，许多城市已经逐步发展成为多水源（包括水厂配水泵站、水塔、高地水池等）的给水系统。多水源管网的计算原理虽然和单水源管网相同，但有其自身的特点。因这时每一水源的供水量随着供水区用水量、水源的水压以及管网中的水头损失而变化，从而存在各水源之间的流量协调问题。

对于设有对置水塔的给水系统，在用户用水最高时，因二级泵站和水塔同时向管网供水，即成为多水源供水系统。当二级泵站供水量大于用水量时，多余的流量通过管网转输入水塔，这时又成为单水源供水系统。

多水源管网的计算可以通过联立方程求解，也可建立"虚环"将多水源管网转化成为单水源管网进行计算。

所谓虚环，是指含有虚管段的环，即将各水源与虚节点用虚线连接形成的环。两个水源形成一个虚环，三个水源形成两个虚环，虚环的个数等于水源数减 1。

虚节点的位置可以任意选定，其水压设定为 0。从虚节点 0 流向泵站的流量 Q_p 即为泵站的供水量。从虚节点 0 流向水塔的流量 Q_t 即为水塔供水量。

某设对置水塔的管网如图 4-18a 所示，它由虚节点 0（各水源供水量的汇合点），虚节点到泵站和水塔的虚管段，以及泵站到水塔之间的实管段（例如泵站~1~2~3~4~5~6~7~水塔的管段）组成。于是多水源的管网可看成是只从虚节点 0 供水的单水源管网。

虚管段中没有流量，没有摩阻，其水头损失只表示按某一基准面算起的水泵扬程或水塔水压。其正负根据以下原则确定：流向虚节点的管段，水头损失为正；流离虚节点的管段，

水头损失为负。

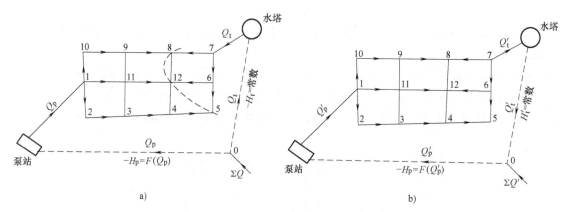

图 4-18 对置水塔管网的工作情况

a）最高用水时　b）最大转输时

对置水塔最高用水时虚环水头损失平衡方程（能量方程）可表示为

$$-H_p + \sum h_p - \sum h_t - (-H_t) = 0$$
$$H_p - \sum h_p + \sum h_t - H_t = 0$$

式中　H_p——最高供水时的泵站扬程（m）；

　　$\sum h_p$——从泵站到分界线上控制点的任一条管线的水头损失（m）；

　　$\sum h_t$——从水塔到分界线上控制点的任一条管线的水头损失（m）；

　　H_t——最高用水时水塔的水头（m）。

同样可以写出图 4-18b 所示对置水塔最大转输时虚环水头损失平衡方程（能量方程）为

$$-H'_p + \sum h' + H'_t = 0$$

式中　H'_p——最大转输时的泵站扬程（m）；

　　$\sum h'$——最大转输时从泵站到水塔的水头损失（m）；

　　H'_t——最大转输时水塔的水头（m）。

【例 4-4】　某城镇供水管网简化为两座高地水池向城区供水的给水系统，如图 4-19 所示。水池 A 水位标高 50m，水池 D 水位标高 55m，用水点 B、C 的地面标高为 0.00m，用水点所需服务水头为 20.0m，点 B 节点流量为 $1.0\text{m}^3/\text{s}$，点 C 节点流量为 $0.5\text{m}^3/\text{s}$。管道摩阻为 $s_{[1]} = 16\text{s}^2/\text{m}^5$，$s_{[2]} = 32\text{s}^2/\text{m}^5$，$s_{[3]} = 18\text{s}^2/\text{m}^5$（$h$ 以 m 计，Q 以 m^3/s 计），求管段 [2] 的流量。

【解法 1】　解方程法

假定 D 水池向 B 点供水时管段 [2] 的流量为 q_2，水压分界点在 B 点，则有如下方程式：

$$55 - s_{[3]}(0.5 + q_2)^{1.852} - s_{[2]} q_2^{1.852} = 50 - s_{[1]}(1.0 - q_2)^{1.852}$$
$$18(0.5 + q_2)^{1.852} + 32 q_2^{1.852} - 16(1.0 - q_2)^{1.852} - 5 = 0$$

因为 $(0.5 + q_2)^{1.852}$ 和 $(1.0 - q_2)^{1.852}$ 不便于应用二项式定理展开，故可用试算方法求得管段 [2] 的流量 $q_2 = 0.27\text{m}^3/\text{s}$。

【解法 2】　按环状管网解法

按照（虚环）多水源管网平差计算，流量分配如图4-20所示。

流离虚节点O的水压记作负值。另外，计算时根据假定的水流方向决定正负，即虚管段在顺时针方向管段前加"+"号，在逆时针方向管段前加"-"号。计算方法和计算结果见表4-15。

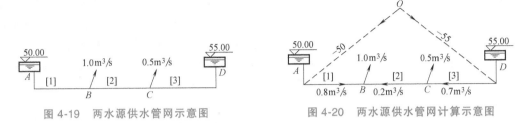

图4-19 两水源供水管网示意图　　　　　图4-20 两水源供水管网计算示意图

表4-15 虚环管网平差计算表

管段	摩阻 s	初步流量分配			第1次校正	
		$q/(\text{m}^3/\text{s})$	h/m	$\lvert sq^{0.852}\rvert$	$q/(\text{m}^3/\text{s})$	h/m
[1]	16	−0.8	$−16×0.8^{1.852}=−10.584$	13.23	$−0.8+0.073=−0.727$	$−16×0.727^{1.852}=−8.865$
[2]	32	0.2	$32×0.2^{1.852}=1.624$	8.12	$0.2+0.073=0.273$	$32×0.273^{1.852}=2.89$
[3]	18	0.7	$18×0.7^{1.852}=9.30$	13.283	$0.7+0.073=0.773$	$18×0.773^{1.852}=11.173$
O-A		−0.8	$−(−50)=50$		$−0.8+0.073=−0.727$	
O-D		0.7	−55		$0.7+0.073=0.773$	
合计		$\Delta h=−55+9.30+1.624−$ $10.584+50=−4.66$		34.633		$\Delta h=−55+11.173+2.89−$ $8.865+50=0.198$
校正流量		$\Delta q=-\dfrac{\Delta h}{1.852\sum\lvert s_{ij}q_{ij}^{0.852}\rvert}=$ $-\dfrac{-4.66}{1.852×34.633}=0.073$				

经过一次校正后闭合差满足计算精度要求，在虚环内看管段[2]的流量为顺时针的0.273m^3/s，其方向即为由C到B。

4.2.9　给水管道系统校核

为保障给水系统的供水可靠性，按照《室外给水设计标准》要求，给水管网的管径和泵站的选泵方案，按设计年限内最高日最高时的用水量和水压要求进行设计，还需按最高用水兼消防、最不利管段事故和最大转输三种用水情况进行流量和水压校核。管网校核计算的思路是，在满足校核流量及相应水压的条件下，核算相应条件下的水泵扬程或水塔高度，以进一步明确水泵（水塔）设计方案的可行性。

1. 最高用水兼消防时的校核

流量条件：最高用水兼消防校核时应根据《消防给水及消火栓系统技术规范》确定一次灭火用水量及同一时间内火灾次数，计算出火灾用水量Q_6，将其加入高日高时用水量中得出消防校核时的最不利用水量Q_f。

$$Q_f = Q_h + Q_6 = Q_h + \sum q_s N_s$$

式中 q_s——一次灭火用水量（L/s）；

　　　N_s——同一时间内火灾次数。

水压条件：满足管网 10m 服务水头要求。

最高用水兼消防时的管网核算，是以依据高日高时用水量确定的管径为基础，然后按最高用水兼消防时的用水量进行流量分配，求出消防校核时的管段流量和水头损失。虽然消防时所需服务水头有可能比最高用水时低，但因消防时通过管网的流量比最高用水时大，各管段的水头损失相应增加，按最高用水时流量、扬程确定的水泵有可能不能满足消防时的需要，这时须调整个别管段的管径，以降低个别管段的水头损失。

2. 最不利管段事故时的校核

流量条件：最不利管段事故是指管网中靠近供水起点或管径较大的管段事故。管网主要管线事故时必须及时检修，在检修期间供水量允许减少。对于城市给水系统，最不利管段事故时，整个管网的供水量须保证不低于设计流量的 70%；对于工业企业的给水系统，其事故流量按有关规定确定。

水压条件：与管网设计时水压要求相同。

如当地给水管理部门有较强的检修力量，损坏的管段能迅速修复，且断水产生的损失较小时，事故时的管网核算要求可适当降低。

3. 最大转输时的校核

设对置水塔（或称网后水塔）的管网，在水泵供水量大于管网用水量的时段里，超过管网用水量的水经过管网送入水塔内贮存，因此这种管网还应按最大转输时流量来核算，以确定水泵能否将水送入水塔。

流量条件：最大转输时流量。一般在夜间的转输时段内。

水压条件：满足最大转输流量下经管网将水送至水塔最高水位。

管网管径已依据高日高时流量确定，进行各校核计算时，需根据校核流量，计算节点流量、管段流量、管段水头损失，计算在保障水压要求时所需的水泵扬程（水塔高度），进而判定所设计水泵（水塔）是否满足校核条件需求。因节点流量往往随总流量的变化近似成比例地增减，所以校核计算时各节点流量的简化计算方法如下：

最高用水兼消防时节点流量 = 最高用水时该节点的流量 + 该节点的灭火用水量（非火灾点为零）

最不利管段事故时节点流量 = 最高用水时该节点的流量 × 70%

$$最大转输时节点流量 = \frac{最大转输时用水量}{最高用水时流量} \times 最高用水时该节点的流量$$

按最高用水时流量、水压条件设计的水泵（水塔）有可能不能满足校核条件下的需求，这时须调整管网部分管段的管径，以避免因个别管段在校核条件下水头损失较大而不能通过校核。应注意：管径调整后，管网的设计计算、水泵（水塔）设计方案也须随之调整。

4.3　输水管渠水力计算

从水源到城市水厂或工业企业自备水厂的原水输水管（渠）设计流量，应按最高日平均时供水量加自用水量确定。当远距离输水时，输水管（渠）的设计流量还应计入管（渠）漏失水量。

向管网输送清水的输水管道设计流量与管网内是否有水塔有关，当管网内有调节构筑物时，应按最高日最高时用水条件下，由水厂所负担供应的水量确定；当无调节构筑物时，应按最高日最高时供水量确定。

输水管（渠）计算的任务是确定管径和水头损失。确定大型输水管（渠）的尺寸时，应综合考虑埋设条件、所用材料、附属构筑物数量和特点、输水管（渠）数量等，通过方案比较确定。

输水管（渠）中往往多条管道串联或并联工作，可以通过水力等效简化将其简化成为单条管道以便于计算。水力等效简化的原则是，经过简化后，等效的管渠对象与原来的实际对象具有相同的水力特性，即简化前后水头损失相同。

1. 串联管渠的简化

当两条或两条以上的管道串联使用时，设它们的长度和直径分别为 l_1、l_2、$\cdots$、l_N 和 d_1、d_2、$\cdots$、d_N。可以将它们等效为一条直径为 d、长度为 $l=l_1+l_2+\cdots+l_N$ 的管道。根据水力等效原则有

$$h_f = \frac{kq^n}{d^m}l \tag{4-40}$$

$$\frac{kq^n}{d^m}l = \sum_{i=1}^{N} \frac{kq^n l_i}{d_i^m} \tag{4-41}$$

$$d = \left(l \Big/ \sum_{i=1}^{N} \frac{l_i}{d_i^m} \right)^{\frac{1}{m}} \tag{4-42}$$

2. 并联管渠的简化

当两条或两条以上管道并联使用时，各并联管道的长度 l 相等，设它们的直径为 d_1、d_2、$\cdots$、d_N，流量为 q_1、q_2、$\cdots$、q_N。可以将它们等效为一条直径为 d 长度为 l 的管道，输送流量为 $q=q_1+q_2+\cdots+q_N$。根据水力等效原则有

$$\frac{kq^n}{d^m}l = \frac{kq_1^n}{d_1^m}l = \frac{kq_2^n}{d_2^m}l = \cdots = \frac{kq_N^n}{d_N^m}l \tag{4-43}$$

$$d = \left(\sum_{i=1}^{N} d_i^{\frac{m}{n}} \right)^{\frac{n}{m}} \tag{4-44}$$

4.3.1 重力供水时的压力输水管

水源在高地时（例如取用蓄水库水时），若水源水位和水厂内处理构筑物水位的高差足够，可利用水源水位向水厂重力输水。

设计时，水源输水量 Q 和位置水头 H 为已知，可据此选定管渠材料、大小和平行工作的管线数。水管材料可根据计算内压和埋管条件决定。平行工作的管渠条数，应从可靠性要求和建造费用两方面来比较。如用一条管渠输水，则发生事故时，在修复期内会完全停水，但如增加平行管渠数，则当其中一条损坏时，虽然可以提高事故时的供水量，但是建造费用将增加。

以下研究重力供水时，由多条平行管线组成的压力输水管系统，在事故时所能供应的流量。设水源水位标高为 Z，输水管输水至水处理构筑物，其水位为 Z_0，这时水位差 $H=Z-Z_0$ 称为位置水头。该水头用以克服输水管的水头损失。

假定输水量为 Q，平行的输水管线为 n 条，则每条管线的流量为 $\dfrac{Q}{n}$，设平行管线的直径和长度相同，则该系统的水头损失为

$$h = s\left(\frac{Q}{n}\right)^2 = \frac{s}{n^2}Q^2 \qquad (4-45)$$

式中　s——每条管线的摩阻。

当一条管线损坏时，该系统中其余 $n-1$ 条管线的水头损失为

$$h_\mathrm{a} = s_\mathrm{a}\left(\frac{Q_\mathrm{a}}{n-1}\right)^2 = \frac{s_\mathrm{a}}{(n-1)^2}Q_\mathrm{a}^2 \qquad (4-46)$$

式中　Q_a——管线损坏时须保证的流量或允许的事故流量。

因为重力输水系统的位置水头已定，正常时和事故时的水头损失都应等于位置水头差，即 $h=h_\mathrm{a}=Z-Z_0$，但是正常时和事故时输水系统的摩阻却不相等，即 $s\neq s_\mathrm{a}$，由式（4-46）得事故时流量为

$$Q_\mathrm{a} = \left(\frac{n-1}{n}\right)Q = \alpha Q$$

平行管线数为 $n=2$ 时，则 $\alpha=\dfrac{2-1}{2}=0.5$，这样，事故流量只有正常供水时供水量的一半，如只有一条输水管，则 $Q_\mathrm{a}=0$，即事故时流量为零，不能保证不间断供水。

实际上，为提高供水可靠性，常采用简单而造价增加不多的方法，即在平行管线之间用连通管相接。当管线某段损坏时，无须整条管线全部停止工作，只需用阀门关闭损坏的一段进行检修，采用这种措施可以提高事故时的流量。设平行管线数为 2，连通管数为 2，则正常工作时水头损失为

$$h = s \ (2+1) \ \left(\frac{Q}{2}\right)^2 = \frac{3}{4}sQ^2$$

一段损坏时水头损失为

$$h_\mathrm{a} = s\left(\frac{Q_\mathrm{a}}{2}\right)^2 \times 2 + s\left(\frac{Q_\mathrm{a}}{2-1}\right)^2 = \left(\frac{s}{2}+s\right)Q_\mathrm{a}^2 = \frac{3}{2}sQ_\mathrm{a}^2$$

因此，得出事故时和正常工作时的流量比例为

$$\frac{Q_\mathrm{a}}{Q} = \alpha = \sqrt{\frac{3/4}{3/2}} = \sqrt{\frac{1}{2}} = 0.7$$

城市的事故用水量规定为设计水量的 70%，即 $\alpha=0.7$，所以为保证输水管损坏时的事故流量，应敷设两条平行管线，并用两条连通管将平行管线分成 3 段。

4.3.2　水泵供水时的压力输水管

水泵供水时，流量 Q 受到水泵扬程的影响。反之，输水量变化也会影响输水管起点的水压。因此，水泵供水时的实际流量应由水泵特性曲线 $H_\mathrm{p}=f(Q)$ 和输水管特性曲线 $H=H_0+$

$\sum h = g(Q)$ 求出。

水泵供水时，为保证管线损坏时的事故流量，输水管的分段数计算方法如下：

设输水管接入水塔，这时，输水管损坏只影响进入水塔的水量，直到水塔放空无水时，才影响管网用水量。

输水管 Q-$\sum h$ 特性方程表示为

$$H = H_0 + (s_p + s_d) Q^2 \tag{4-47}$$

设两条不同直径的输水管用连接管分成 n 段，则任一段中一根损坏时的水泵扬程为

$$H_a = H_0 + \left(s_p + s_d - \frac{s_d}{n} + \frac{s_1}{n} \right) Q_a^2 \tag{4-48}$$

$$\frac{1}{\sqrt{s_d}} = \frac{1}{\sqrt{s_1}} + \frac{1}{\sqrt{s_2}}$$

$$s_d = \frac{s_1 s_2}{(\sqrt{s_1} + \sqrt{s_2})^2} \tag{4-49}$$

式中　H_0——水泵静扬程，等于水塔水面和泵站吸水井水面的高差；

　　　s_p——泵站内部管线的摩阻；

　　　s_d——两条输水管的当量摩阻；

s_1、s_2——每条输水管的摩阻；

　　　n——输水管分段数，输水管之间只有一条连接管时，分段数为 2，其余类推；

　　　Q——输水管正常工作时流量；

　　　Q_a——输水管某一段中一根管发生事故时流量。

连通管的长度与输水管相比很短，其阻力可忽略不计。

水泵 Q-H_p 特性方程为

$$H_p = H_b - sQ^2 \tag{4-50}$$

输水管任一段损坏时的水泵特性方程为

$$H_a = H_b - sQ_a^2 \tag{4-51}$$

式中　s——水泵摩阻。

联立式（4-47）和式（4-50），得正常工作时的水泵输水量为

$$Q = \sqrt{\frac{H_b - H_0}{s + s_p + s_d}} \tag{4-52}$$

从式（4-52）中看出，因 H_b、H_0、s、s_p 已定，故输水管当量摩阻 s_d 增大，会使水泵流量减小。

解式（4-48）和式（4-51），得事故时的水泵输水量为

$$Q_a = \sqrt{\frac{H_b - H_0}{s + s_p + s_d + \frac{1}{n}(s_1 - s_d)}} \tag{4-53}$$

由式（4-52）和式（4-53）得事故时和正常工作时的流量比例为

$$\alpha = \frac{Q_a}{Q} = \sqrt{\frac{s + s_p + s_d}{s + s_p + s_d + \frac{1}{n}(s_1 - s_d)}} \tag{4-54}$$

按事故用水量为设计水量的70%，即 $\alpha = 0.7$ 的要求，所需分段数为

$$n = \frac{(s_1 - s_d)\alpha^2}{(s + s_p + s_d)(1 - \alpha^2)} = \frac{0.96(s_1 - s_d)}{s + s_p + s_d} \tag{4-55}$$

【例4-5】　某城市从水源泵站到水厂敷设两条内衬水泥砂浆的铸铁输水管，每条输水管长度为12400m，管径分别为250mm和300mm，如图4-21所示，水泵特性曲线方程为：$H_p = 141.3 - 0.0026Q^2$（流量以L/s计）。泵站内管线的摩阻为 $s_p = 0.00021\mathrm{m \cdot s^2/L^2}$。假定 DN300 输水管的一段损坏，试求事故流量为设计水量70%时的输水系统分段数，以及输水系统事故时的输水流量比。

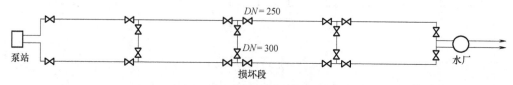

图4-21　输水管分段数计算

【解】

根据巴夫洛夫斯基公式，管道摩阻 $s = \alpha l = \dfrac{64}{\pi C^2 D^5} l$，管径为250mm和300mm的输水管摩阻分别为

$$s_1 = (2.752 \times 10^{-6} \times 12400)\mathrm{m \cdot s^2/L^2} = 0.034\mathrm{m \cdot s^2/L^2}$$

$$s_2 = (1.025 \times 10^{-6} \times 12400)\mathrm{m \cdot s^2/L^2} = 0.013\mathrm{m \cdot s^2/L^2}$$

由式（4-49）得两条输水管的当量摩阻为

$$s_d = \frac{0.013 \times 0.034}{(\sqrt{0.013} \times \sqrt{0.034})^2}\mathrm{m \cdot s^2/L^2} = 0.005\mathrm{m \cdot s^2/L^2}$$

由式（4-55）得分段数为

$$n = \frac{(0.034 - 0.005) \times 0.7^2}{(0.0026 + 0.00021 + 0.005)(1 - 0.7^2)} = 3.6$$

设分成4段，即 $n = 4$，由式（4-53）得事故时流量为

$$Q_a = \sqrt{\frac{141.3 - 40.0}{0.0026 + 0.00021 + 0.005 + (0.034 - 0.005) \times \dfrac{1}{4}}}\mathrm{L/s} = 82.0\mathrm{L/s}$$

由式（4-52）得正常工作时流量为

$$Q = \sqrt{\frac{141.3 - 40.0}{0.0062 + 0.00021 + 0.005}}\mathrm{L/s} = 113.9\mathrm{L/s}$$

事故时和正常工作时的流量比为

$$\alpha = \frac{82.0}{113.9} = 0.72$$

大于题目中70%的要求。

思　考　题

1. 给水管网布置应满足什么要求？

2. 给水管网布置有哪两种基本形式？各适用于何种情况？其优缺点各有哪些？

3. 一般城市的管网布置形式如何？为什么采用这种形式？

4. 管网定线应确定哪些管线的位置？其余的管线位置和管径怎样确定？

5. 输水管（渠）定线时应考虑哪些基本原则？

6. 什么是比流量？怎样计算？比流量是否随着用水量的变化而变化？

7. 从沿线流量求节点流量的折算系数 α 如何导出？α 值一般在什么范围？

8. 为什么管网计算时须先求出节点流量？如何由用水量求节点流量？

9. 为什么要分配流量？流量分配时应考虑哪些要求？

10. 环状管网和树状管网的流量分配有什么不同？管网在流量分配方案不同时所得的管径在费用上是否差别很大？

11. 什么叫管网的年折算费用？试分析它和管径与流速的关系。

12. 什么叫经济流速？平均经济流速一般是多少？

13. 树状管网计算过程是怎样的？

14. 树状管网计算时，干管线和支管线如何划分？两者确定管径的方法有何不同？

15. 什么是管网的控制点？每一管网有几个控制点？最不利管段事故时与最高用水时的控制点位置是否相同？

16. 解环方程组的基本原理是什么？

17. 什么是闭合差？闭合差大说明什么问题？手工计算时闭合差允许值是多少？

18. 校正流量 Δq 的含义是什么？如何确定 Δq 值？Δq 和闭合差 Δh 有什么关系？如何利用 Δq 进行管段流量调整？

19. 输水管渠为什么要通过连通管分段？怎样确定分段数？

习　　题

1. 如图 4-22 所示管网，列出其管段数、节点数和环数之间的关系。

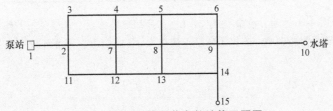

图 4-22　环状管网节点数计算习题图

2. 按解节点方程组法求解图 4-23 中的管网。

3. 如图 4-24 所示的环状管网，可否选择某个大环进行平差？为什么？如何选择平差的重点环？

4. 树状管网各管段水头损失计算结果如图 4-25 所示，节点标高见表 4-16，建筑物高度均为 4 层。

（1）求管网的控制点。

（2）分析各点水压标高与服务水头。

5. 某环状管网平差计算过程见表 4-17。

（1）求该环的闭合差。

（2）若采用哈代-克罗斯法进行平差，则该环的校正流量应为多少？

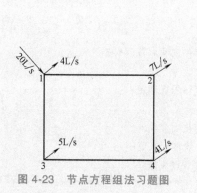

图 4-23 节点方程组法习题图

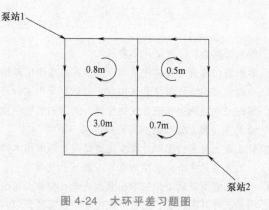

图 4-24 大环平差习题图

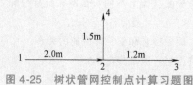

图 4-25 树状管网控制点计算习题图

表 4-16 树状管网节点标高

节点编号	1	2	3	4
地面标高/m	62	63	61	60

表 4-17 平差计算习题表

管 段	流量/(L/s)	水头损失/m
1-2	31.0	3.13
1-3	-4.0	-0.34
2-4	6.0	0.51
3-4	-20.0	-2.05

6. 某环状管网如图 4-26 所示，流量（单位：L/s）分配结果已标于管道旁。平差计算显示闭合差不满足精度要求，需要对流量进行调整。若第 I 环校正流量为 $q_I = -2L/s$，第 II 环校正流量为 $q_{II} = 3L/s$，试求各管段校正后的流量。

图 4-26 某环状管网平差习题图

第 5 章

城镇排水管道系统设计

5.1 排水管道系统布置

5.1.1 排水管道系统布置原则和形式

1. 工业企业排水系统和城市排水系统的关系

在规划工业企业排水系统时,对于工业废水的治理,应首先从改革生产工艺和技术革新入手,力求把有害物质消除在生产过程中,做到不排或少排废水。对于必须排出的废水,还应采取以下措施:

1) 采用循环利用和重复利用系统,尽量减少废水排放量。

2) 按不同水质分别回收利用废水中的有毒物质,创造财富。

3) 利用本厂和厂际的废水、废气、废渣,以废治废。无废水、无害生产工艺、闭合循环重复利用以及不排或少排废水,是控制污染的有效途径。

当工业企业位于城市内,应优先考虑将工业废水直接排入城市排水系统,利用城市排水系统统一排除和处理,这是相对经济的,既可以减少污水处理厂数量,降低成本,又利于进行集中管理。但不是所有工业企业废水都能直接排入城市排水系统,因为有些工业废水中含有有害和有毒物质,可能出现破坏排水管道、影响生活污水的处理、影响管道系统和运行管理等问题。

工业废水排入城市排水系统的水质,应以不影响城市排水管渠和污水处理厂等的正常运行,不对养护管理人员造成危害,不影响污水处理厂出水和污泥的排放和利用为原则,一般应满足《污水排入城镇下水道水质标准》(GB/T 31962) 的要求。当工业企业排出的工业废水不能满足上述要求时,应在厂区内设置废水的局部处理设施,以满足排入城市排水管道所要求的条件,然后再排入城市排水管道。当工业企业位于城市远郊区或距离市区较远时,符合排入城市排水管道的工业废水是直接排入城市排水管道还是单独设置排水系统,应根据实际情况比较确定。

2. 排水管道系统布置原则

排水管道系统布置需遵照如下原则:

1) 根据城市总体规划,结合当地实际情况布置排水管道,并对多方案进行技术经济比较。

2) 首先确定排水区界、排水流域和排水体制,然后布置排水管道,应按从主干管、干管到支管的顺序进行布置。

3）充分利用地形，尽量采用重力流排除污水和雨水，并力求使管线最短和埋深最小。

4）协调好与其他地下管线、道路等工程的关系，考虑好与企业内部管网的衔接。

5）规划时要考虑到管渠的施工、运行和维护方便。

6）规划布置时应将远期、近期相结合，考虑分期建设的可能性，并留有充分的发展余地。

3. 排水管道系统基本布置形式

城市、居住区或工业企业的排水系统在平面上的布置，应根据地形、竖向规划、污水处理厂的位置、土壤条件、河流情况，以及污水的种类和污染程度等因素而定。在工厂中，车间的位置、厂内交通运输线，以及地下设施等因素都会影响工业企业排水系统的布置。在布置排水管道系统时，还要考虑节约能源和节约用地，做到因地制宜。排水管道系统的布置形式有平行式、正交式、截流式、分区式、分散式、环绕式等，如图5-1所示。在实际中，单独采用一种布置形式的情况较少，多是根据当地地形采用多种形式组合进行综合布置。

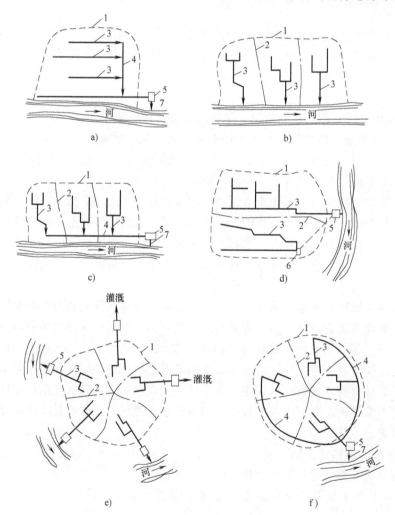

图 5-1　排水管道系统的布置形式

a）平行式　b）正交式　c）截流式　d）分区式　e）分散式　f）环绕式

1—城市边界　2—排水流域分界线　3—干管　4—主干管　5—污水处理厂　6—污水泵站　7—出水口

（1）平行式 即排水干管与地形等高线（与河流走向一致）平行，主干管与等高线垂直的布置形式。适用于地势向河流方向有较大倾斜的地区，以避免因干管坡度及管内流速过大，使管道受到严重冲刷。该布置方式适用于地形坡度较大的城市，可减少管道埋设深度，改善管道水力条件，减少跌水井数量。

（2）正交式 即排水干管与地形等高线垂直相交，而主干管与等高线平行敷设的布置形式。适用于地势向水体适当倾斜的地区。正交布置的干管长度短、管径小，因而经济性好，污水排出也迅速。但是由于排水未经处理就直接排放，会使水体遭受污染，影响水环境，因此此布置形式多用于排除雨水。

（3）截流式 即在正交式布置的基础上，沿河岸再敷设主干管，并将各干管的污水截流送至污水处理厂的布置形式，是正交式发展、改进的结果。截流式布置对减轻水体污染，改善和保护水环境有重大作用。既适用于污水分流制排水系统，将生活污水及工业废水经截流、处理后排入水体；也适用于区域排水系统，区域主干管截流各城镇的污水送至区域污水处理厂进行处理；而对于截流式合流制排水系统，因雨天有部分混合污水溢流入水体，会造成水体污染。

（4）分区式 即分别在地形高地区和低地区敷设独立的管道系统的布置形式。主要用于地势相差很大，污水不能靠重力流送至污水处理厂的地区。地形高地区的污水靠重力流直接流入，低地区的污水用水泵抽送至高地区干管或污水处理厂。这种布置适用于阶梯形地区或起伏很大的地区，优点是能充分利用地形排水，节省电力。若将地形高地区的污水靠重力流排至低地区，然后再用水泵一起抽送至污水处理厂则是不经济的。

（5）分散式 又称辐射式，即各排水流域的干管采用辐射状分散布置，使各排水系统流域具有独立的排水系统的布置形式。适用于城市周围有河流，或城市地势具有中央高、向周围倾斜特点的地区。这种布置具有干管长度短、管径小、管道埋深可能浅、便于排水灌溉等优点，但污水处理厂和污水提升泵站分散、数量多，维护管理的复杂性增加。

（6）环绕式 即在分散式布置的基础上，沿四周布置主干管，将各干管的污水截流送往污水处理厂的布置形式，是由分散式发展而成的。由于建造分散污水处理厂的用地不足，或考虑规模效应等原因，将分散式布置、数量多、规模小的污水处理厂，发展成为集中布置、规模大的污水处理厂。污水处理厂的分散式布置与集中式布置各有利弊，需综合当地发展规划、地形特点、发展规模等具体情况，系统分析后确定。

4. 污水管道系统布置

污水管道系统布置的主要内容包括：确定排水区界，划分排水流域；选择污水处理厂和出水口位置；拟定污水主干管及干管的路线；确定需要提升的排水区域和设置泵站的位置等。在施工图设计阶段，尚需确定街道支管的路线及管道在街道上的位置等。平面布置的合理，可为进一步的设计奠定良好基础，并节省整个排水系统的投资。

（1）确定排水区界，划分排水流域 污水排水系统设置的区域界限称为排水区界。它是根据城市规划的设计规模确定的。一般情况下，凡是卫生设备设置完善的建筑区都应布置污水排水管道。

在排水区界内，根据地形及城市和工业企业的竖向规划划分排水流域。一般根据地形划分为若干个排水流域，排水流域边界应与分水线相符合。在地形起伏和丘陵地区，可按等高线划出分水线，流域分界线通常与分水线一致，由分水线所围成的地区即为一个排水流域。

在地形平坦无显著分水线的地区，可依据面积的大小划分，使各相邻流域的管道系统能合理分担排水任务，绝大部分干管在最大合理埋深情况下，污水能自流排出。若有河流或铁路等障碍物贯穿，应根据地形、周围水体及倒虹管设置等情况，经过方案比较，决定是否分为多个排水流域。每一个排水流域往往有一条或多条干管，根据地势确定水流方向和污水需要提升的位置。

图 5-2 所示为某市排水流域的划分及污水管道平面布置。该市被河流划分为 4 个区域，根据自然地形，划分为 4 个排水流域。每个流域内有一条或若干条干管，Ⅰ、Ⅲ两流域形成河北排水区，Ⅱ、Ⅳ两流域形成河南排水区，两个排水区的污水分别进入各区的污水处理厂，经处理后排入河流。

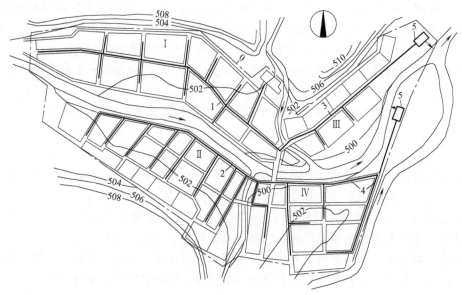

图 5-2 某市排水流域的划分及污水管道平面布置
0—排水区界 1~4—各排水流域干管 5—污水处理厂 Ⅰ、Ⅱ、Ⅲ、Ⅳ—排水流域编号

（2）污水处理厂和出水口位置的确定 现代化的城镇，需将各排水流域的污水通过主干管送到污水处理厂，经处理后再排放，以保护受纳水体。因此，在布置污水管道系统时，应遵循以下原则选定污水处理厂和出水口的位置：

1）出水口应位于城市河流的下游。

2）出水口不应设回水区，以防回水区的污染。

3）污水处理厂要位于河流的下游，并与出水口尽量靠近，以减少排放管道的长度。

4）污水处理厂应设在城镇夏季主导风向的下风向，并与城镇、工矿企业及郊区居民点保持 300m 以上的卫生防护距离。

5）污水处理厂应设在地质条件较好，不受雨、洪水威胁的地方，并留有扩建的余地。

综合考虑以上原则，在取得当地卫生和环保部门同意的条件下，确定污水处理厂和出水口的位置。污水处理厂与出水口的位置决定了排水管网的走向，所有管线都应朝出水口方向敷设并组成树状管网。一个出水口或一个污水处理厂就应有一个独立的排水管网系统。

（3）污水管道的布置与定线 在城镇（地区）总平面图上确定污水管道的位置和走向，称为污水管道系统的定线。合理的定线是污水管道系统设计合理性与经济性的先决条件，是污水管道系统设计的关键环节。管道定线一般按主干管、干管、支管顺序依次进行。

污水管道定线应遵循的主要原则是：尽可能在管线较短和埋深较小的情况下，让最大区域的污水能自流排出。为了实现这一原则，在定线时必须很好地研究各种条件，使拟定的路线能因地制宜地利用其有利因素，避免不利因素。定线时需考虑的因素有：地形和用地布局、排水体制和线路数目、污水处理厂和出水口的位置、水文地质条件、道路宽度、地下管线及构筑物的位置、工业企业和产生大量污水的建筑物的分布情况等。

在一定条件下，地形一般是影响排水管道定线的主要因素。定线时应充分利用地形，使管道的走向符合地形趋势，一般宜顺坡排水。在整个排水区域地形较低的地方（如集水线或河岸等低处）敷设主干管及干管，这样便于支管污水的自流接入，而支管的坡度尽可能与地面坡度一致。在地形平坦地区，应避免支管长距离平行于等高线敷设，支管的污水宜尽快汇入干管，以减小下游管段埋深。宜使主干管与等高线平行，干管与等高线垂直敷设。由于主干管管径较大，保持最小流速所需坡度小，其走向与等高线平行是合理的。当地形倾向河道的坡度很大时，则宜采用主干管与等高线垂直，干管与等高线平行的布置形式。这种布置虽然主干管的坡度较大，但可使干管的水力条件得到改善，若需在主干管设置跌水井，则跌水井的数量可较少。有时，由于地形的原因，还可以布置成几个独立的排水系统，如地形中间隆起可布置成两个排水系统，地面高程有较大差异可布置成高地与低区两个排水系统。

污水管道中的水流靠重力流动，因此管道必须具有坡度。在地形平坦地区，即便管线不长，埋深也会增加很快，管道埋深大则施工难度大且造价高。当埋深超过一定限值时，则需设泵站提升，这样便会增加基建投资和常年运行管理费用。因此，在管道定线时需做方案比较，选择最适宜的定线方案，使之既能尽量减小管道埋深，又可少建泵站。

污水支管的平面布置取决于地形及街区建筑特征，并应便于用户接管排水，如图 5-3 所示。当街区面积不太大，街区污水管网可采用集中出水方式时，街道支管敷设在服务街区较低侧的街道下，称为低边式布置。当街区面积较大且地势平坦时，宜在街区四周的街道敷设污水支管，建筑物的污水排出管可直接与街道支管连接，称为周边式布置。若街区已按规划确定，街区内污水管网按各建筑物的需要设计成一个系统，再穿过其他街区并与所穿街区的污水管网相连，则称为穿坊式布置。

污水主干管的数目和走向取决于污水处理厂和出水口的位置。在面积较大或地形复杂的城市，可能要建多个污水处理厂分别处理与利用污水，这就需要敷设多条主干管。在面积较小或地形倾向一侧的城市，通常只设一个污水处理厂，则只需敷设一条主干管。若相邻城市联合建造区域污水处理厂，则需相应建造区域污水管道系统。

采用的排水体制不同管道定线也不同。分流制系统一般有两个或两个以上的管道系统，定线时必须在平面和高程上互相配合。采用合流制时，截流干管及溢流井的设置及其位置直接影响管道布置。若采用混合体制，则在定线时还应考虑两种体制管道的连接方式。

排水管道应尽量敷设在水文地质条件好的街道下面，最好埋深在地下水位以上。如果不能保证在地下水位以上敷设，则应注意地下水对施工的影响和向管内渗水的问题。考虑到地质条件、地下构筑物及其他障碍物对管道定线的影响，应将管道，特别是主干管，布置在坚硬密实的土壤中，尽量避免或减少管道穿越高地、基岩地带和基质土壤不良地带。尽量避免或减少与河道、山谷、铁路及各种地下构筑物交叉，以降低施工费用，缩短工期，方便日后的养护工作。管道定线时，若管道必须经过高地，可采用隧洞或设置提升泵站；若必须经过

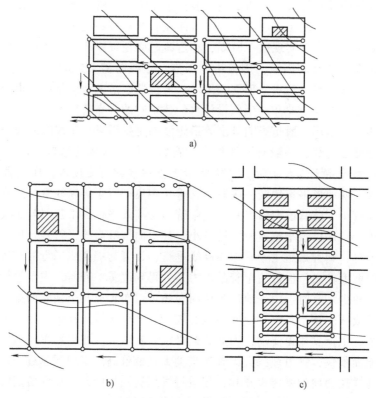

图 5-3 污水支管布置形式
a) 低边式 b) 周边式 c) 穿坊式

土壤不良地段，应根据具体情况采取不同的处理措施，以保证地基与基础有足够的承载能力。当污水管道无法避开铁路、河流、地铁或其他地下建（构）筑物时，管道最好垂直穿过障碍物，并根据具体情况采用倒虹管、管桥或其他工程设施。

管道定线时还需要考虑街道宽度及交通情况。排水管道宜沿城镇道路敷设，并与道路中心线平行。污水干管一般不宜敷设在交通繁忙且狭窄的街道下，宜敷设在道路快车道以外。对于道路红线宽度超过 50m 的城镇干道，宜在道路两侧布置排水管道，并减少横穿道路的管道，减小管道埋深。

为了避免上游干管流量过小、管径较小、坡度较大，因而埋深较大，通常将大流量污水的工厂或公共建筑物的污水排水口接入污水干管起端，以减少整个管道系统的埋深。

管道定线时可能形成几个不同的布置方案。例如，常遇到由于地形或河流的影响，把城市分割成几个天然的排水流域，此时是设计一个集中的排水系统、还是设计多个独立分散的排水系统？当管线遇到高地或其他障碍物时，是绕行、设置泵站、设置倒虹管，还是采用其他的措施？管道埋深过大时，是设置中途泵站将管道高程提高，还是继续增大埋深？上述情况，在不同城市不同地区的管道定线中都有可能出现，因此应对不同的设计方案在同等条件下进行技术经济比较，选出一个最优的管道定线方案。

管道系统的方案确定后，便可形成污水管道平面布置图。在规划设计阶段，污水管道系统的总平面图包括干管、主干管的位置和走向，主要泵站、污水处理厂、出水口位置等；在工程设计阶段，管道平面图应包括全部支管、干管、主干管、泵站、污水处理厂、出水口等的具体位置和信息。

（4）确定污水管道系统的控制点和泵站的设置地点　排水管道系统控制点是指在排水流域内，对管道系统的埋深起控制作用的点。各条干管的起点都对下游管道的埋深有控制作用，这些点中离出水口最远、高程最低的点，通常可能是整个排水管道系统的控制点。具有较大埋深的工厂排水口或某些低洼地区的管道起点，也可能成为整个管道系统的控制点。控制点的管道埋深将影响整个排水管道系统的埋深。

确定污水管道系统控制点的埋深，一方面应根据城市的竖向规划，保证排水区域内各点的污水都能自流排出，并考虑给发展留有适当的余地；另一方面，不能因照顾个别控制点而增加整个管道系统的埋深。对于这些点，应采取一些工程措施，如加强管材强度，填土提高地面高程以保证最小覆土厚度，设置泵站提高管道高程等措施，以减少控制点的埋深，从而减小整个管道系统的埋深，降低整个工程的造价。

在排水管道系统中，由于地形等因素的影响，通常可能需要设置中途泵站、局部泵站和终点泵站（图 5-4）。当管道埋深超过最大允许埋深时，应设置泵站以提高下游管道的管位，这种泵站称为中途泵站。将低洼地区的污水抽升到地势较高地区管道中，或是将高层建筑地下室、地铁、管廊等地下设施的污水抽送到附近管道系统所设置的泵站称为局部泵站。此外，污水管道系统终点的埋深通常很大，而污水处理厂的处理构筑物，因受纳水体水位的限制，一般埋深很浅或设置在地面上，因此需设置提升泵站将污水抽升至第一个处理构筑物，这类泵站称为终点泵站或总泵站。

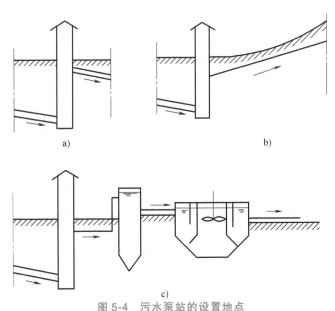

图 5-4　污水泵站的设置地点
a）中途泵站　b）局部泵站　c）终点泵站

确定泵站设置的具体位置时，需考虑环境卫生、地质、电源和施工条件等因素，并应征询规划、环保、城建、卫生等主管部门的意见。

5. 雨水管渠系统布置

雨水管道系统布置与污水管道系统布置基本原则和方法基本相同，但因雨水的突发性、大流量等特点，雨水管道系统布置尚需考虑以下原则。

（1）充分利用地形，就近排入水体　雨水一般可就近排入水体，但在降雨初期，雨水溶解空气中的酸性气体、粉尘等污染物，落入地面时又冲刷了屋顶、路面等，使得降雨前期的雨水中含有大量病原体、重金属、油脂、有机物等污染物质，若直接排入水体，其污染程度有时会超过普通的城市污水。故充分利用地形，合理设计管渠系统，利用草地、花园、坑塘、湿地、驳岸等源头设施，对雨水初步净化后再就近排入水体非常必要。

因为雨水设计流量大、管径大，所以雨水管道系统设计时，要在满足流速等要求的前提下，尽量使得雨水管道坡度和埋深接近地面坡度，并就近排入水体，并避免设置雨水泵站，如图5-1b所示的正交式布置。若建雨水提升泵站，则投资很大，运行时用电量也很大，在中小城市还可能影响正常用电。同样是因为雨水管道管径大，尤其需要注意减小埋深、降低成本，所以，当雨水管道与其他管道并行或交叉布置时，其他管道一般都避让雨水管道，如污水管道可以敷设在雨水管道下方，压力管道可以从雨水管道上方绕过等。但有些情况明显不适宜采用正交式布置，如在地势向河流方向有较大倾斜的区域，为避免流速过大，使管道受到严重冲刷，可使干管与等高线及河道基本平行，主干管与等高线及河道成一定斜角敷设，即采用平行式布置，如图5-1a所示。

当雨水管渠接入池塘或河道时，出水口构造简单，造价较低，应多考虑采用分散出水口式的雨水管道布置，如图5-5所示。而若是河流水位变化很大，或管道出水口离水体较远，需要泵站辅助提升时，应考虑尽量集中排放，以减少泵房建设，如图5-6所示，同时应在泵站前设置调节池，以减小雨水泵站的流量，节省泵站工程造价及平时的运行费用。

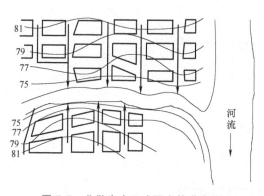

图5-5　分散出水口式雨水管道布置

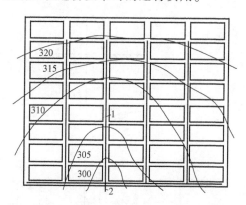

图5-6　集中出水口式雨水管道布置
1—雨水干管　2—出水口

（2）根据城市规划布置雨水管道　通常应根据建筑物的分布、道路的布置以及街区内部的地形等布置雨水管道，使街区内绝大部分雨水以最短距离排入街道低侧的雨水管道。雨水管道应平行于道路敷设，且应尽量布置在人行道或草地带下，而不宜布置在快车道下，以免影响交通或维修管道时破坏路面。当道路宽度大于40m时，可考虑在道路两侧分别设置雨水管道。

雨水管道的平面布置与竖向布置应考虑与其他地下构筑物的协调配合。在有池塘、坑洼的地方，可考虑雨水的调蓄。在有连接条件的地方，应考虑两个管道系统之间的连接。

（3）合理设置雨水口，保证路面雨水排除畅通　雨水口应根据地形以及汇水面积确定，一般在道路交叉口的汇水点、低洼地段、道路直线段（25~50m）均应设置雨水口，如图

5-7 所示（详见 7.3 节）。

（4）雨水管渠采用明渠或暗管，应结合具体条件确定　在城市市区或工厂内，由于建筑密度、交通流量较大，雨水管道一般采用暗管。在地形平坦地区，埋设深度或出水口深度受限制地区，可考虑采用盖板渠排除雨水。在城郊、建筑密度较低、交通量较小的地方，可考虑采用明渠，以节省工程费用降低造价，但需注意明渠容易淤积，滋生蚊蝇，影响环境卫生。

在每条雨水干管的起端，应尽可能采用道路边沟排除路面雨水，这样通常可以减少暗管长度 100~150m，有利于降低工程造价。雨水暗管和明渠衔接处需采取一定的工程措施，以保证连接处良好的水力条件。通常做法是：当管道接入明渠时，管道应设置挡土的端墙，连接处的明渠应加铺砌；铺砌高度不低于设计超高，铺砌长度自管道末端算起 3~10m，且宜适当跌水，当跌差为 0.3~2m 时，需做 45°斜坡，斜坡应加铺砌，其构造尺寸如图 5-8 所示。当跌差大于 2m 时，应按水工构筑物设计。

明渠接入暗管时，除应采取上述措施外，尚应设置格栅，栅条间距采用 100~150mm，也宜适当跌水，在跌水前 3~5m 处即需进行铺砌，其构造尺寸如图 5-9 所示。

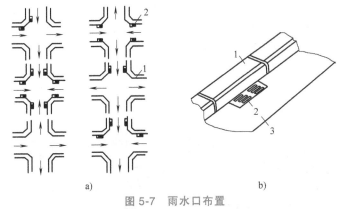

图 5-7　雨水口布置

a）道路交叉路口雨水口布置　b）雨水口位置

1—路边石　2—雨水口　3—道路路面

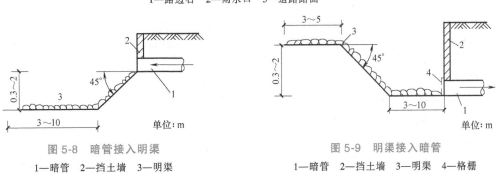

图 5-8　暗管接入明渠

1—暗管　2—挡土墙　3—明渠

图 5-9　明渠接入暗管

1—暗管　2—挡土墙　3—明渠　4—格栅

5.1.2　区域排水系统

城市污水和工业企业废水是造成水体污染的重要污染源。实践证明，对废水进行综合治理并纳入水污染防治体系是解决水污染的主要途径。发展区域性废水及水污染综合整治系统，可以在一个更大的范围内统筹安排经济、社会和环境的协调发展。区域是按照地理位置、自然资源和社会经济发展情况划定的，区域规划有利于对废水的所有污染源进行全面规划和综合整治，有利于建立区域性（或流域性）排水系统。

区域性排水系统是指将两个以上城镇、地区的污水统一排出和处理的系统。这种系统是以一个大型区域污水处理厂代替许多分散的小型污水处理厂，这样可以降低污水处理厂的基建和运行管理费用，而且能有效防止工业区和人口稠密地区的地面水污染，改善和保护环境。实践证明，生活污水和工业废水的混合处理效果及控制的可靠性较好，大型区域污水处理厂比分散的小型污水处理厂效果好。在工厂和人口稠密的地区，将全部对象的排水问题同本地区的国民经济发展、城市建设和工业生产规模扩大、水资源综合利用以及控制水体污染的卫生技术措施等各种因素综合考虑，系统确定解决方案是合理的。所以，区域排水系统是局部单项治理发展至区域综合治理，也是控制水污染、改善和保护环境的新进展。要解决好区域综合治理应运用系统工程学的理论和方法以及现代计算技术，对复杂的多种因素进行系统分析，建立模拟合理的试验和数学模式，寻找污染控制设计和管理的最优化方案。

图5-10所示为某地区的区域排水系统平面示意图。区域内有6座已建和新建的城镇，在已建城镇中均分别建有污水处理厂。按区域排水系统的规划，废除了各城镇污水处理厂，用一个区域污水处理厂处理全区域排除的污水，并根据需要设置了泵站。区域排水系统的干管、主干管、泵站、污水处理厂等，分别成为区域干管、主干管、泵站、污水处理厂等。

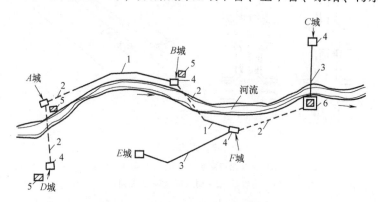

图5-10　区域排水系统平面示意图

1—区域主干管　2—压力管道　3—新建城市污水干管　4—泵站　5—废除的城镇污水处理厂　6—区域污水处理厂

区域排水系统具有以下优点：

1）污水处理厂数量少，处理设施大型化、集中化，规模效应明显。

2）污水处理厂占地面积小，节省土地。

3）水质水量变化小，有利于运行管理。

4）河流等水资源利用与污水排放的体系更加合理，且可能形成统一的水资源管理体系。

区域排水系统还具有以下缺点：

1）当排入大量工业废水时，有可能使污水处理难度增大。

2）工程设施规模大，造成运行管理难度大，且一旦污水处理厂运行管理不当，对整个河流影响较大。

在规划排水系统时，是否选择区域排水系统，应根据环境保护的要求，经过多方面比较来确定，需考虑的主要问题有：

1）近期和远期相结合。

2）尽量采取改革生产工艺、厂内和厂际废水循环利用与重复利用等措施，减少工业废水排放量。

3）应考虑工业废水与生活污水混合处理，以及雨水和生产废水混合排出和利用的可能性。

4）应预计到当位于取水点上游的污水事故排出时对取水点的影响。

5.1.3　污水综合治理

城市污水和工业废水是造成水体污染的重要污染源。长期以来，对污水多采用消极的单向治理方式，水体污染未能得到很好的控制。实践证明，对污水进行综合治理并纳入水污染防治体系，才是解决水污染的重要途径。

污水综合治理应当对污水进行全面规划和综合治理。做好这一工作是与很多因素有关的，如要求有合理的生产布局和城市规划；要合理利用水体、土壤等自然环境的自净能力；严格控制污水和污染物的排放量；做好区域性综合治理及建立区域排水系统等。

合理的生产布局，有利于合理开发和利用自然资源。达到既保证自然资源充分利用，并获得最优经济效果，又能使自然资源和自然环境免受破坏，并能减少污水及污染物的排放量。合理的生产布局也有利于区域污染的综合防治。由于城市污水和工业污水主要集中于城市，所以要做好城市的总体规划，如合理地布置居住区、商业区、工业区等，使产生污水和污染物的单位尽量布置在水源的下游，同时应做好水源保护和污水处理规划等。

各地区的水体、土壤等自然资源都不同程度地对污染具有稀释、转化、扩散、净化等能力，然而污水的最终出路是要排放水体或灌溉农田的，所以应当充分发挥和合理利用自然环境的自净能力。例如，由生物氧化塘、贮存湖和污水灌溉田等组成的土地处理系统便是一种节省能源和合理利用水资源的经济有效的方法，它又是城市、农村作为土壤生态系统物质循环和能量交换的一种经济高效的系统，具有广阔发展前途。

应强化源头管理，控制污水排放量。防止污水污染，不是消极处理已产生的污水，而是控制和消除产生污水的源头。如尽量做到节约用水、污水充分使用、采用闭路循环系统，发展不用水或少用水、采用无污染或少污染生产工艺等，以减少污水及污染物的排放量。

5.2　污水排水管道系统水力计算

在规划和设计城市排水系统时，首先要根据当地实际条件选择排水体制。当排水体制确定为分流制时，就可分别进行污水管道系统和雨水管渠系统的设计。

污水管道系统由收集和输送城镇或工业企业产生污水的管道及其附属构筑物组成。它的设计依据是经过批准的城镇和工业企业总体规划以及排水系统规划。设计的主要内容和深度应按照基本建设程序及有关的设计规定、规程确定。通常，污水管道系统的主要设计内容包括：

1）确定设计基础数据（包括设计地区的面积、设计人口数、污水定额、防洪标准等）。

2）进行污水管道系统的平面布置。

3）进行污水管道设计流量计算和水力计算。

4）进行污水管道系统附属构筑物（如污水中途泵站、倒虹管等）的设计计算。

5）确定污水管道在街道横断面上的位置。

6）绘制污水管道系统平面图和纵剖面图。

5.2.1　设计管段与设计流量

污水管道系统的设计总流量计算完毕后，还不能进行管道系统的水力计算。为此，还需在管网平面布置图上划分设计管段，确定设计管段的起止点，进而求出各设计管段的设计流量，然后再进行水力计算。

1. 设计管段的划分

在污水管道系统上，为了便于管道的连接，通常在管径改变、敷设坡度改变、管道转向、支管接入、管道交汇的地方设置检查井，这些检查井通常称为控制检查井。检查井的位置可根据管道平面布置图确定。对于两个控制检查井之间的连续管段，因采用的设计流量不变，且采用同样的管径和坡度，称为设计管段。设计管段两端的控制检查井也称为设计管段的起止检查井（或简称起讫点）。但在实际设计管道系统时，由于在直线管段上需满足清通养护的需要，故每隔一定的距离就需设置一个检查井，这样，实际设置的检查井会很多。为了简化计算，不需要把每个检查井都作为设计管段的起讫点，而是只考虑控制检查井，对控制检查井依次编号，依此确定设计管段。

2. 管段设计流量的确定

在进行污水管道系统设计时，采用最高日最高时的污水流量作为设计流量。

每一设计管段的污水设计流量可能包括以下三部分流量，如图 5-11 所示。

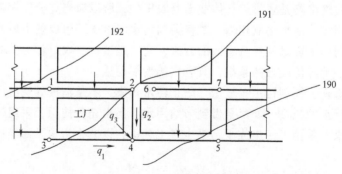

图 5-11　管段的设计流量

1）本段流量 q_1——本管段沿线街坊的居民生活污水量。

2）转输流量 q_2——从上游管段和旁侧支管段转输过来的居民生活污水量。

3）集中流量 q_3——上游及本段工业企业或其他大型公共建筑的污水量（包括上游管段转输的集中流量、旁支管转输的集中流量和本段接纳的集中流量）。

对于某一设计管段而言，本段流量沿线是变化的，即从管段起点的零逐渐增加，但为了计算方便，通常假定本段流量集中在起点进入设计管段，它接受本管段服务地区的全部污水流量。

本段流量可用下式计算：

$$q_1 = \bar{q}K_z = Fq_0K_z \tag{5-1}$$

式中　q_1——设计管段的本段流量（L/s）；

　　　K_z——生活污水量总变化系数；

　　　$\bar{q}$——本段平均流量（L/s）；

　　　F——设计管段的本段街坊服务面积（hm²）；

　　　q_0——本段单位面积的平均流量，即比流量 [L/(s·hm²)]，可用下式计算：

$$q_0 = nP/86400 \tag{5-2}$$

式中　n——居民生活污水定额 [L/(人·d)]；

　　　P——人口密度（人/hm²）。

3. 生活污水总变化系数

由于居住区生活污水定额是平均值，因此，根据设计人口和生活污水定额计算所得的是污水平均流量。而实际上流入污水管道的污水量时刻都在变化。一年里，夏季与冬季的污水量不同；一天内，日间和晚间的污水量不同；日间各小时的污水量也有很大的差异。一般说来，居住区的污水量在凌晨前后较小，早上和傍晚流量较大。通常忽略小时内污水量的变化，即假定一小时内流入污水管道的污水是均匀的，这种假定一般不至于影响污水排水系统设计和运转的合理性。

污水量的变化程度通常用日变化系数、时变化系数及总变化系数表示，与 2.1.2 节中用水量变化类似。

最高日污水量与平均日污水量的比值称为日变化系数（K_d）；最高日最高时污水量与该日平均时污水量的比值称为时变化系数（K_h）；最高日最高时污水量与平均日平均时污水量的比值称为总变化系数（K_z），三者的关系可表示为

$$K_z = K_d K_h \tag{5-3}$$

污水管道的设计断面是根据最高日最高时污水流量确定的，需要先求出生活污水总变化系数。然而一般城市缺乏日变化系数和时变化系数的数据，很难直接采用式（5-3）求总变化系数。实际上，污水流量的变化情况随着服务人口数和计算所用污水定额而变化。若污水定额值一定，流量变化幅度随人口数增加而减小；若人口数一定，则流量变化幅度随污水定额增大而减小。因此，在采用同一污水定额的地区，上游服务人口少，管道流量的变化幅度较大；而下游服务人口多，来自各排水地区的污水由于流行时间不同，高峰流量得到削减，最大流量与平均流量的比值较小，流量变化幅度小于上游管道。因此，污水总变化系数与平均污水流量之间有一定的关系，平均流量越大，总变化系数越小。

生活污水总变化系数可根据当地实际污水量变化资料确定，当无参考资料时，可根据我国《室外排水设计标准》（GB 50014）按表 5-1 取值。新建分流制排水系统的地区，宜提高生活污水总变化系数；既有地区可结合城区和排水系统改建工程，提高生活污水总变化系数。

表 5-1　居住区生活污水量总变化系数 K_z

污水平均日流量/(L/s)	≤5	15	40	70	100	200	500	≥1000
总变化系数 K_z	2.3	2.0	1.8	1.7	1.6	1.5	1.4	1.3

注：当污水平均日流量为中间数值时，总变化系数用内插法求得。

生活污水量总变化系数值是我国自 1972 年起，先后在北京 19 个点进行 1 年观测，长春 4 个点进行 4 个月观测和广州 1 个点进行 2 个月观测，结合郑州、鞍山和广州的历史观测资料，共 27 个观测点的 2000 多个数据，经综合分析后得出的。同时，各地区普遍认为，当污水平均日流量大于 1000L/s 时，总变化系数至少应为 1.3。居住区生活污水量总变化系数值也可按综合分析得出的总变化系数与平均流量间的关系式求得，即

$$K_z = \frac{2.7}{Q^{0.11}} \tag{5-4}$$

式中　Q——平均日平均时生活污水流量（L/s），当 $Q < 5$L/s 时，$K_z = 2.3$；$Q > 1000$L/s 时，$K_z = 1.3$。

从上游管段和旁侧管段流入本管段的生活污水转输流量 q_2 以及汇入的集中流量 q_3 的大小在本设计管段是不变的。

【例 5-1】　某街区污水管线布置如图 5-12 所示。居住区面积为 18hm^2，人口密度为 $P = 400$ 人/hm^2，当地排水量标准为 $n = 100$L/（人·d），附近的工厂排水量为 7L/s。求 4-5 管段的污水设计流量。

【解】　对管段 4-5 而言，本段流量 q_1 为 0，需计算转输流量 q_2（汇水面积 $F = 18$hm^2）和集中流量 q_3（工厂废水）。q_2 由 2-4 和 3-4 管段转输流量构成，其平均值可以写成

$$q_{2平均} = Fq_0$$

其中

$$q_0 = nP = \frac{100 \times 400}{86400} \text{L/（s·hm}^2\text{）} = 0.46 \text{L/（s·hm}^2\text{）}$$

$$q_{2平均} = Fq_0 = 18 \times 0.46 \text{L/s} = 8.3 \text{L/s}$$

最高时管段转输流量可以写成 $q_2 = Fq_0K_z = 8.3$L/s×2.21 = 18.3L/s

本段生活污水与转输生活污水的最高时流量为

$$q_1 + q_2 = (0 + 8.3)\text{L/s} \times 2.21 = 18.3 \text{L/s}$$

管段 4-5 的设计流量 q_{4-5} 可用下式计算：

$$\begin{aligned} q_{4-5} &= q_1 + q_2 + q_3 \\ &= 0\text{L/s} + 18.3\text{L/s} + 7\text{L/s} = 25.3 \text{L/s} \end{aligned}$$

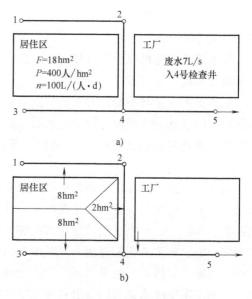

图 5-12　例 5-1 题图
a）街区布置图　b）汇水面积与管线布置图

在规划设计阶段，污水管设计只计算干管和主干管的设计管段，如例 5-1 所示。在工程设计阶段，应计算规划区域内的全部设计管段。

5.2.2　污水管道的水力计算

1. 管道中污水的流动特点

污水管道将用户排放的污水汇集后送到污水处理厂，因此在污水的收集和输送过程中，

污水由支管流入干管，由干管流入主干管，由主干管流入污水处理厂。污水管道的流量从管网的起始端到末端逐渐增加，管道的直径也随之增大。管道的分布类似于河流，呈树枝状，与给水管网的环状贯通情况完全不同。污水在管道中一般是靠重力流动，因此污水管道的埋设深度会沿水流方向逐渐增加，干管、主干管的埋深都较大，当管道埋设深度太大时，需要设置提升泵站。

与给水管网中水的水质不同，流入污水管道的污水水质复杂，含有一定数量的有机物和无机物，管道内存在杂质的漂浮、沉降与降解等。污水在管道系统中流量是变化的，由于管道中水在流经转弯、交叉、变径、跌水等地点时水流状态会发生改变，流速也发生改变，因此污水管道系统内水流不是严格的均匀流。但在直线管段上，当流量没有很大变化又无沉积物时，污水的流动状态可接近均匀流。

2. 水力计算的基本公式

污水管道水力计算的目的在于合理、经济地确定管道断面尺寸、坡度和埋深。计算主要根据水力学规律进行，故称为管道的水力计算。考虑变速流公式计算的复杂性和污水流动变化的不确定性，即便采用变速流公式计算也很难保证精确。实际工程中，如果在设计与施工过程注意改善管道的水力条件，可使管内污水的流动状态尽可能地接近均匀流。因此，为了简化计算，目前在排水管道的水力计算中仍采用均匀流公式。常用的均匀流基本公式有流量公式和流速公式。

流量公式

$$Q = Av \tag{5-5}$$

流速公式，与式 (4-19) 相同：

$$v = C\sqrt{Ri}$$

式中 Q——流量（m^3/s）；

A——过水断面面积（m^2）；

v——流速（m/s）；

R——水力半径（过水断面面积与湿周的比值）（m）；

i——水力坡度（等于水面坡度，也等于管底坡度）；

C——流速系数或称谢才系数，$C = \dfrac{1}{n} R^{\frac{1}{6}}$；

n——管（渠）道的粗糙系数，见表 5-2。

将系数 C 的公式代入流量、流速计算公式，得

$$v = \frac{1}{n} R^{\frac{2}{3}} i^{\frac{1}{2}} \tag{5-6}$$

$$Q = \frac{1}{n} R^{\frac{2}{3}} A i^{\frac{1}{2}} \tag{5-7}$$

表 5-2 排水管（渠）道粗糙系数

管 渠 种 类	n 值
陶土管、铸铁管	0.013
混凝土和钢筋混凝土管、水泥砂浆抹面渠道	0.013~0.014

（续）

管 渠 种 类	n 值
石棉水泥管、钢管	0.012
浆砌砖渠道	0.015
浆砌块石渠道	0.017
干砌块石渠道	0.020~0.025
土明渠(带草皮或不带草皮)	0.025~0.030

3. 污水管道水力计算参数

由水力学计算公式可知，设计流量与设计流速及过水断面积有关，而流速是管（渠）道粗糙系数、水力半径和水力坡度的函数。

为了保证污水管道的正常运行，《室外排水设计标准》对这些参数做了规定，在进行污水管道水力计算时应予遵守。

（1）设计充满度　在设计流量下，污水在管道中的水深 h 和管道直径 D 的比值称为设计充满度（或水深比），如图 5-13 所示。当 $h/D=1$ 时，称为满流；$h/D<1$ 时，称为不满流。

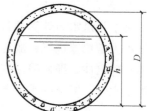

图 5-13　充满度示意图

我国《室外排水设计标准》规定，污水管道按照不满流进行设计，其最大设计充满度见表 5-3。

表 5-3　最大设计充满度

管径 D 或暗渠高 H/mm	最大设计充满度 h/D 或 h/H
200~300	0.55
350~450	0.65
500~900	0.70
≥1000	0.75

规定污水管段按不满流设计的原因包括：

1）污水流量时刻在变化，很难精确计算，而且雨水或地下水可能通过检查井的井盖或管道接口渗入污水管道。因此，有必要保留一部分管道断面，为未预见水量的进入留有余地，避免污水外溢而影响环境卫生。

2）污水管道内沉积的污泥可能分解析出一些有害气体，此外，污水中如含有汽油、苯、石油等易燃液体时，可能形成爆炸性气体。故需留有适当的空间，以利于管道通风，排除有害气体，这对防止管道爆炸有良好的效果。

3）利于管道的疏通和维护管理。

在计算污水管道充满度时，不包括淋浴或短时间突然增加的污水量，但当管径小于或等于 300mm 时，应按满流复核。对于明渠，规定设计超高（即渠中水面到渠顶的高度）不小于 200mm。

（2）设计流速　与设计流量、设计充满度相对应的水流平均流速称为设计流速。设计流速过小，污水流动缓慢，其中的悬浮物则易于沉淀淤积；反之，污水流速过大，虽然悬浮物不易淤积，但可能会对管壁产生冲刷甚至损坏，使其使用寿命缩短。为了防止管道内产生淤积或管壁遭受冲刷，《室外排水设计标准》规定了污水管道的最小设计流速和最大设计流速。

最小设计流速是保证管道内不产生淤积的流速。这一限值与污水中所含悬浮物的成分和粒度，以及管道水力半径和管壁粗糙系数等有关。从实际运行情况看，流速是防止管道中污水所含悬浮物沉淀的重要因素，但不是唯一的因素。引起污水中悬浮物沉淀的另一重要因素是充满度，即水深。根据国内污水管道实际运行情况的观测数据并参考国外经验，《室外排水设计标准》规定：污水管道在设计充满度下的最小设计流速为 0.6m/s，明渠为 0.4m/s。含有金属、矿物固体或重油杂质的生产污水管道，其最小设计流速应适度加大，其值要根据试验或运行经验确定。

最大设计流速是保证管道不被冲刷损坏的流速，该值与管道材质有关。通常，金属管道的最大设计流速为 10m/s，非金属管道为 5m/s，混凝土明渠为 4m/s。由于非金属管道种类繁多，冲刷等性能各异，非金属管道的最大设计流速若经过试验验证可适当提高。

在污水管道系统的上游管段，特别是起点检查井附近的污水管道，有时其流速在采用最小管径的情况下都不能满足最小流速的要求。此时应对其增设冲洗井，定期冲洗污水管道，以免堵塞；或加强养护管理，尽量减少其沉淀淤积的可能性。

（3）设计管径 一般在污水管道系统的上游部分污水设计流量很小，若根据设计流量计算，则管径会很小。根据养护经验证明，管径过小极易堵塞，从而增加管道清通次数，并给用户带来不便，其养护费用也会增加。此外，因采用较大的管径可选用较小的设计坡度，从而使管道埋深减小，降低工程造价。因此，为了养护工作方便，对小流量管段常规定一个允许的最小管径。我国《室外排水设计标准》规定：污水管道在街坊和厂区的最小管径为 200mm，在街道下的最小管径为 300mm。

在污水管道的设计过程中，上游管段由于服务的排水面积小，因而设计流量小，按此流量计算得出的管径小于最小管径，此时就采用上述最小管径值。因此，一般可根据最小管径在最小设计流速和最大充满度情况下能通过的最大流量值，估算出设计管段服务的排水面积。若设计管段服务的排水面积小于此值，即直接采用最小管径和相应的最小坡度而不再进行水力计算，这种管段称为不计算管段。在这些管段中，当有适当的冲洗水源时，可考虑设置冲洗井。

（4）最小设计坡度 在污水管道系统设计时，通常使管道敷设坡度与地面坡度一致，以减小管道埋设深度，降低管道系统造价。但管道流速应大于或等于最小设计流速，以防管道内产生沉淀，这在地势平坦或管道逆坡敷设时尤为重要。因此，将对应于管内最小设计流速时的管道坡度称为最小设计坡度。

从水力计算公式可知，设计坡度与设计流速的二次方成正比，与水力半径的 4/3 次方成反比。而水力半径是过水断面与湿周的比值。因此，不同管径的污水管道应有不同的最小坡度。管径相同的管道，因充满度不同，其最小坡度也不同。在给定设计充满度条件下，不同管径相比，管径越大，相应的最小设计坡度则越小。

因此，对于小流量管段的最小管径，尚需做出最小设计坡度的统一规定，由《室外排水设计标准》可知，管径为 200mm 时，最小设计坡度为 0.004；管径为 300mm 时，最小设计坡度。

在给定管径和坡度的圆形管道中，满流与半满流运行时的流速是相等的，处于满流与半满流之间的理论流速则略大一些，而随着水深降至半满流以下，其流速则逐渐下降，详见表 5-4，故在确定小流量管段最小管径的最小坡度时，采用的设计充满度为 0.55。

表 5-4　圆形管道的水力因素（不满流/满流）

充满度	面积	水力半径		流速	流量
h/D	ω'/ω	R'/R	$(R'/R)^{1/2}$	v'/v	Q'/Q
1.00	1.000	1.000	1.000	1.000	1.000
0.90	0.949	1.190	1.030	1.123	1.065
0.80	0.856	1.214	1.033	1.139	0.976
0.70	0.746	1.183	1.029	1.119	0.835
0.60	0.625	1.110	1.018	1.072	0.671
0.50	0.500	1.000	1.000	1.000	0.500
0.40	0.374	0.856	0.974	0.902	0.337
0.30	0.253	0.635	0.939	0.777	0.196
0.20	0.144	0.485	0.886	0.618	0.080
0.10	0.052	0.255	0.796	0.403	0.021

4. 污水管道的水力计算

设计管段的设计流量确定后，即可从上游管段开始，在水力计算参数允许的范围内，进行各设计管段的水力计算。在污水管道的水力计算时，通常是根据污水设计流量，确定管道的断面尺寸和敷设坡度。为使水力计算获得较为满意的结果，必须认真分析设计地区的地形等条件，并充分考虑《室外排水设计标准》规定的有关参数。所选择的管道断面尺寸，应在规定的设计充满度和设计流速下，能够排放设计流量。管道敷设坡度的确定，应充分考虑地形条件，参照地面坡度和最小管径的最小设计坡度确定。要使管道坡度尽可能与地面坡度平行，以减少管道埋深与工程成本；对于最小管径又不能小于最小设计坡度，以免小流量管道内流速达不到最小设计流速而产生淤积；同时，也应避免管道坡度太大，流速大于最大设计流速，而导致管壁受到冲刷。

在具体计算中，依据设计流量 Q 及管道粗糙系数 n，需确定管径 D、水力半径 R、充满度 h/D、管道坡度 i 和流速 v，采用式（5-6）和式（5-7）进行水力计算。这两个公式中有五个未知量，因此必须先假定三个再计算其他两个，计算比较复杂。为了简化计算，可根据这两个公式，将流量、充满度、管径、坡度、粗糙系数等多个水力要素之间的关系绘制成水力计算图表，如图 5-14 及表 5-5 所示（详见附录 C）。污水管道水力计算表详见《给水排水设计手册　第 1 册　常用资料》，表 5-5 所示为圆形管道（不满流，$n = 0.014$，$D = 300mm$）水力计算表的部分数据。利用已有水力计算表或水力计算图可以简化计算。

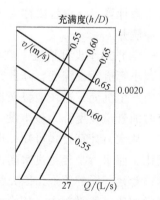

图 5-14　污水管道水力计算图示

对污水管道计算而言，每张水力计算图适用于一种管径。对于每张图，D 和 n 是已知数，图上的线表示 Q、v、i、h/D 之间的关系。这四个因素中，只要知道两个就可以查出另外两个。水力计算表的使用方法与水力计算图类似，表中没有的可以使用内插法求出。

表 5-5　圆形断面（$D = 300\text{mm}$）水力计算表（摘录）

$\dfrac{h}{D}$	1‰									
	2.5		3.0		4.0		5.0		6.0	
	Q	v	Q	v	Q	v	Q	v	Q	v
0.10	0.94	0.25	1.03	0.28	1.19	0.32	1.33	0.36	1.45	0.39
0.15	2.18	0.33	2.39	0.36	2.76	0.42	3.09	0.46	3.38	0.51
0.20	3.93	0.39	4.31	0.43	4.97	0.49	5.56	0.55	6.09	0.61
0.25	6.15	0.45	6.74	0.49	7.78	0.56	8.70	0.63	9.53	0.69
0.30	8.79	0.49	9.36	0.54	11.12	0.62	12.43	0.70	13.62	0.76
0.35	11.81	0.54	12.93	0.59	14.93	0.68	16.69	0.75	18.29	0.83
0.40	15.13	0.57	16.57	0.63	19.14	0.72	21.40	0.81	23.44	0.89
0.45	18.70	0.61	20.49	0.66	23.65	0.77	26.45	0.86	28.97	0.94
0.50	22.45	0.64	24.59	0.70	28.39	0.80	31.75	0.90	34.78	0.98
0.55	26.30	0.66	28.81	0.72	33.26	0.84	37.19	0.93	40.74	1.02
0.60	30.16	0.68	33.04	0.75	38.15	0.86	42.66	0.96	46.73	1.06
0.65	33.69	0.70	37.20	0.76	42.96	0.88	48.03	0.99	52.61	1.08
0.70	37.59	0.71	41.18	0.78	47.55	0.90	53.16	1.01	58.23	1.10
0.75	40.94	0.72	44.85	0.79	51.79	0.91	57.90	1.02	63.42	1.12
0.80	43.89	0.72	48.07	0.79	55.51	0.92	62.06	1.02	67.99	1.12
0.85	46.25	0.72	50.68	0.79	58.52	0.91	65.43	1.02	71.67	1.12
0.90	47.85	0.71	52.42	0.78	60.53	0.90	67.67	1.01	74.13	1.11
0.95	48.24	0.70	52.85	0.76	61.02	0.88	68.22	0.98	74.74	1.08
1.00	44.93	0.64	49.18	0.70	56.79	0.80	63.49	0.90	59.55	0.98

【例 5-2】　已知污水管道 $n = 0.014$、$D = 300\text{mm}$、$i = 0.004$、$Q = 30\text{L/s}$，求 v 和 h/D。

【解】　采用 $D = 300\text{mm}$ 的水力计算图（附录 C 图 C-3）。

在这张图上有四组线条：竖线代表流量，横线代表水力坡度，从左向右下倾的斜线表示流速，从右向左下倾的斜线表示充满度。每条线上的数字表示相应数值。

以适应地面坡度为原则，先在纵轴上找到 0.004，从而找出 $i = 0.004$ 的横线。从横轴上找出代表 $Q = 30\text{L/s}$ 的竖线，这两条线相交得一点。这一点落在代表流速 v 为 0.8m/s 和 0.85m/s 两斜线之间，内插得 $v = 0.82\text{m/s}$；同时，该点也是落在充满度 0.5 与 0.55 两条斜线之间，内插可得 $h/D = 0.52$。

【例 5-3】　已知污水管道 $n = 0.014$、$Q = 32\text{L/s}$、$D = 300\text{mm}$、$h/D = 0.55$，求 v 和 i。

【解】　在 $D = 300\text{mm}$ 的水力计算图中，找到 $Q = 32\text{L/s}$ 的竖线和 $h/D = 0.55$ 的斜线。两线相交的交点落在 $i = 0.0038$ 的横线上，即设计坡度 $i = 0.0038$；交点也落在 $v = 0.8\text{m/s}$ 与 $v = 0.85\text{m/s}$ 两条斜线之间，即 $v = 0.81\text{m/s}$。

5.2.3　污水管道敷设

1. 污水管道埋设深度

一条管段的埋深分为起点埋深、终点埋深和管段平均埋深。管道平均埋深是起点埋深和终点埋深的平均值。

污水管道的最小覆土厚度，一般应满足下述三个因素的要求：

1）必须防止管道内污水冰冻和因土壤冻胀而损坏管道。污水在管道中冰冻的可能性与土壤的冰冻深度、污水水温、流量及管道坡度等因素有关。土壤的冰冻深度与当地的气温有关，同时也受土壤性质和冻结期长短的影响。同一小城镇的土壤也会因为阴面或阳面、城区或郊区、不同时段等因素而冰冻程度不同。

生活污水温度较高，即使在冬天水温也不会低于4℃，很多工业废水的温度也比较高。此外，污水管道按一定的坡度敷设，管内污水经常保持一定的流量，以一定的流速不断流动。因此，污水在管道内是不会冰冻的，管道周围的土壤也不会冰冻。所以不必把整个污水管道都埋设在土壤冰冻线以下。但如果将管道全部埋设在冰冻线以上，则因土壤冰冻膨胀可能损坏管道基础从而损坏管道。

《室外排水设计标准》规定：一般情况下，排水管道宜设在冰冻线以下。当该地区或条件相似地区有浅埋经验或采取相应安全运行措施时，也可设在冰冻线以上，其浅埋数值应根据该地区经验确定，但应保证排水管道安全运行。

2）必须防止管壁因地面荷载而受到破坏。埋设在地面下的污水管道承受着覆盖其上的土壤静载荷和地面上车辆运行产生的动载荷。为了防止管道因外部荷载而损坏，首先要注意管材质量，另外要保障管道有一定的覆土厚度。因为车辆运行对管道产生的动荷载，其垂直压力随着深度的增加而向管道两侧传递，足够的覆土厚度可以保障只有一部分集中的轮压力传递到地下管道上。《室外排水设计标准》规定，管顶最小覆土深度应根据管材强度、外部荷载、土壤冰冻深度和土壤性质等条件，结合当地埋管经验确定。管顶最小覆土深度宜为：人行道下0.6m，车行道下0.7m。

3）必须满足与街区污水连接管顺畅衔接的要求。要使城市住宅、公共建筑内产生的污水能顺畅排入街道污水管网，则必须保证街道污水管网起点的埋深大于或等于街区污水管终点的埋深。而街区污水管起点的埋深又必须大于或等于建筑物污水出户管的埋深。这对于气候温暖、地势平坦地区，确定街道管网起点的最小埋深或覆土厚度是很重要的因素。

从建筑安装技术角度考虑，要使建筑物首层卫生器具内的污水能够顺利排出，污水出户管的最小埋深一般采用0.5~0.7m，所以街坊污水管道起点最小埋深一般为0.6~0.7m。根据街区污水管道起点最小埋深值，即可求出街道污水支管起点的最小埋深，如图5-15所示。

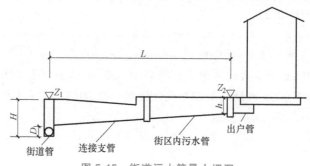

图5-15　街道污水管最小埋深

街道管网起点的最小埋设深度由下式求出：

$$H = h + iL + Z_1 - Z_2 + \Delta h \tag{5-8}$$

式中　　H——街道污水管网起点的最小埋深（m）；

　　　　h——街区污水管起点的最小埋深（m）；

　　　　Z_1——街道污水管起点检查井处地面标高（m）；

　　　　Z_2——街区污水管起点检查井处地面标高（m）；

　　　　i——街区污水管和连接支管的坡度；

　　　　L——街区污水管和连接支管的总长度（m）；

　　　　Δh——连接支管与街道污水管的管内底高差（m）。

对每一条具体管道，根据上述三个不同的因素，可以得到三个不同的管底埋深或管顶覆土厚度值，按照最不利原则，这三个数值中的最大一个就是这一管道的允许最小埋设深度或最小覆土厚度。

当管道的埋深小于最小埋深时或在必须降低管道标高之处，可以设置跌水井来实现。在设置跌水井处应注意消能，以防止对下游造成冲刷。在地面坡度突然变大的地方，为了防止管段下游埋深小于最小埋深，也可以选择采用陡坡管，其管径可比上游管径小 50～100mm，这比设置跌水井的成本低。

除考虑管道的最小埋深外，还应考虑最大埋深问题。污水在管道中依靠重力从高向低流动，管底标高逐渐降低。当管道的坡度大于地面坡度时，管道系统的埋深会越来越大。埋深越大，则造价越高，施工周期也越长。从技术经济指标和施工方法角度考虑，埋深也有最大限值。管道允许埋深的最大值称为最大允许埋深。一般在干燥土壤中，最大允许埋深不超过 7～8m；在多水、流沙、石灰岩地层，不超过 5m。当超过最大允许埋深时，应考虑设置提升泵站，以减小下游的管道埋深。

2. 污水管的衔接

污水管道系统中的检查井（又称窨井）是清通维护管道的设施，也是管道的衔接设施。一般在管道的管径、坡度、高程、方向发生变化及有支管接入的地方都需要设置检查井。设计时必须考虑在检查井处上下游管道衔接时的高程关系，使得上下游管段有较好的衔接，以保证污水顺畅流动、管道系统顺畅运行。

管道的衔接应遵循两个原则：一是尽可能提高下游管段的高程，以减少管道埋深，降低成本；二是避免上游管段中形成回水而造成淤积，重力流管道在检查井处的衔接原则可概括为：保障衔接处的"下游水面不高于上游水面"，而且"下游管底不高于上游管底"。

管道衔接的方法通常有管顶平接和水面平接两种，特殊情况下可采用管底平接或跌水连接方法。管顶平接和水面平接如图 5-16 所示。

管顶平接是指衔接时，使上游管段终端和下游管段起端的管顶标高相同。规划设计中，管顶平接一般在上、下游管段管径不同时采用，管顶平接减少了管道上、下游水深与水面等计算工作量，利于避免在上游管道中产生回水。但采用管顶平接时需注意，下游管道的埋深将增加，这对于平坦地区或埋设较深的管道并不适宜；而且，因上、下游管道充满度可能存在差异，故采用管顶平接尚需核算下游水面是否满足不高于上游水面的要求。

水面平接是指在水力计算中，使上游管段终端和下游管段起端在相应设计充满度下的水面相平，即上游管段终端与下游管段起端的水面标高相同。水面平接一般在上、下游管道管径相同或地势平坦及地下水位较高地区的管道技术设计中采用，与管顶平接方式相比，其优点是能适当减少下游管道的埋深。但是，由于上游管段中的水面变化较大，水面平接时，在

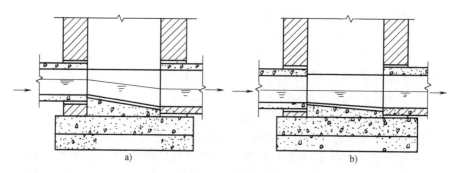

图 5-16　污水管道衔接

a）管顶平接　b）水面平接

上游管段内的实际水面标高可能低于下游管段的实际水面标高，因此，在上游管段中容易形成回水而造成沉淀淤积。而且，在采用水面平接时，因上、下游管道充满度可能存在差异，故需核算下游管底是否满足不高于上游管底的要求。

管底平接是指在水力计算中，使上游管道终端和下游管道起端的管底标高相同。在特殊情况下，当下游管段的管径小于上游管段的管径时（如突然变陡时，或为了避让某地下障碍物时），宜采用管底平接。

衔接方式的选择要因地制宜，具体情况具体分析，但无论采用哪种方式，下游管道水面标高都不得高于上游管道，下游管道管底标高也不得高于上游管道，这样才能保障在检查井处的水流顺畅。

当管道敷设地区的地面坡度很大时，所采用的管道坡度会小于地面坡度，这种情况下，为了保证下游管道的最小覆土厚度和不增加上游管段的埋深，可根据地面坡度采用跌水连接，如图 5-17 所示。

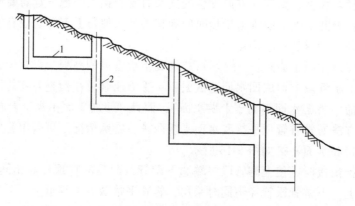

图 5-17　管段跌水连接

1—管道　2—跌水井

在旁侧管道与干管交汇处，若旁侧管道的管底标高比干管的管底标高大很多，为保证干管有良好的水力条件，宜在旁侧管道上先设跌水井后再与干管相接。反之，若旁侧管道的管底标高低于干管的管底标高，则为了保证旁侧管能接入干管，干管在交汇处需设跌水井，干管下游管段的埋深随之加大。

3. 污水管道在街道上的位置

在城市道路下有许多管线工程，各种管道包括给水管、污水管、燃气管、热力管、雨水管等，各种电缆电线如电话线、路灯线、电力线、电车电缆等，各种隧道如人行横道、地下铁道、工业专业隧道等。在工厂的道路下管线工程会更复杂。随着城镇现代化水平的提高，街道下各种管线以及地下工程设施越来越多，这些地下设施相互之间及与地上建筑物之间均应相互配合。为了合理安排地下空间，必须在各单项管线工程规划的基础上，进行管线综合规划，统筹安排，以利于施工和日常维护管理。

由于污水管道为重力流管道，管道（尤其是干管和主干管）的埋深较大，且有很多连接支管，若管线安装位置不当，将会增加施工和维修难度。再加上污水管道难免渗漏、损坏，从而会对附近建筑物、构筑物的基础造成危害，甚至污染生活饮用水。因此，污水管道与建筑物间应有一定距离，当其与给水管道相交时，应敷设在给水管道的下面。

排水管道与其他管渠、建筑物、构筑物等相互间的位置应符合下列要求：敷设和检修管道时，不应互相影响；排水管道损坏时，不应影响附近建筑物、构筑物的基础，不应污染生活饮用水；污水管道、合流管道与生活给水管道交叉时，应敷设在生活给水管道之下；再生管道与生活给水管道、合流管道、污水管道交叉时，应敷设在生活给水管道之下、合流管道和污水管道之上。排水管道与其他管线水平和垂直的最小净距，应根据两者的类型、高程、施工先后和管线损坏的后果等因素，按当地城镇管道综合规划确定，也可按《室外排水设计标准》确定，如附录 D 所示。

进行管线综合规划时，所有地下管线应尽量布置在人行道、非机动车道和绿化带下，只有在不得已的情况下，才考虑将埋深大、修理次数较少的污水、雨水管道布置在机动车道下。各种管线平面布置的次序一般为：从建筑红线向路中心线方向依次为电力电缆、电信电缆、燃气管道、热力管道、给水管道、污水管道、雨水管道。各种管线布置发生矛盾时，避让原则为："有压管让无压管""设计管线让已建管线""可弯管线让不可弯管线""临时管线让永久管线""柔性结构管线让刚性结构管线""检修较少的管线让检修较多的管线"。

为方便用户接管，当路面宽度大于 50m 时，可在街道两侧各设一条污水管道。

在地下设施较多的地区或交通极为繁忙的街道下，可把各类管道集中设置在综合管廊中，详见本书第 6 章。

5.2.4　污水管道平面图和纵剖面图

1. 管道平面图的绘制

初步设计阶段的管道平面图就是管道总体布置图，通常采用比例尺 1：5000～1：10000，图上应有地形、地物、地貌、河流、风玫瑰图或指北针等，并标出干管和主干管的位置。污水管道应清晰突出，在管线上标出设计管段起讫点的控制检查井位置并编号，标出各管段的服务面积，可能设置的中途泵站、倒虹管、污水处理厂以及其他特殊构筑物等。初步设计的管道平面图上应将主干管各设计管段的长度、管径和坡度注明。此外，与一般工艺设计图一样，图上应有主要工程量表、图例和必要的工程说明。

施工图设计阶段的管道平面图比例尺常用 1：1000～1：5000，图上内容基本同初步设计，但要求更为详细和确切。除反映初步设计的要求外，要求标明检查井的准确位置及污水管道与其他管线或构筑物交叉点的具体位置和高程，居住区街坊连接管或工厂废水排出管接入污水干管或主干管的准确位置和高程，还应标明地面设施，包括人行便道、房屋界限、电线杆、街边树木等。

2. 管道纵剖面图的绘制

污水管道的纵剖面图反映管道沿线的高程、位置等信息。图上除原地面高程线、设计地面高程线外，需用双线表示管道，用双竖线表示检查井。图中应标出沿线旁侧支管接入处的位置、管径、高程，与其他地下管线、构筑物或障碍物交叉点的位置和高程，沿线地质钻孔位置和地质情况等。在剖面图的对应位置注明检查井编号、管段长度、设计管径、设计坡度、地面标高、管内底标高、埋设深度、管道材料、接口形式、基础类型等。有时也将设计流量、设计流速和设计充满度等水力数据在图中注明。采用的比例尺，一般横向比例与平面图一致，纵向比例为1:50~1:200，并与平面图的比例相适应，确保纵剖面图纵、横两个方向的比例协调。

对工程量较小，地形、地物较简单的污水管道工程也可不绘制纵剖面图，但需将管道的管径、坡度、管长、检查井的高程以及交叉点等在平面图上注明。

施工图设计阶段，除绘制管道的平面图、纵剖面图外，还应绘制管道附属构筑物的详图和管道交叉点特殊处理的详图。附属构筑物的详图可参照《给水排水标准图集》，并结合实际工程绘制，详见第7章。

5.2.5 污水管道系统水力计算步骤

污水排水管道系统设计主要步骤与方法参见例5-4。

【例5-4】 图5-18所示为某市一个居住区的平面图。居住区人口密度为350人/hm²，居民生活污水定额为120L/(人·d)。火车站和公共浴室的设计污水量分别为3L/s和4L/s。工厂甲和工厂乙的工业废水设计流量分别为25L/s与6L/s，排出口埋深为2.0m。生活污水及经过局部处理后的工业废水全部送至污水处理厂。工厂甲废水排出口的管底埋深为2m。试进行该居住区污水排水管道系统设计。

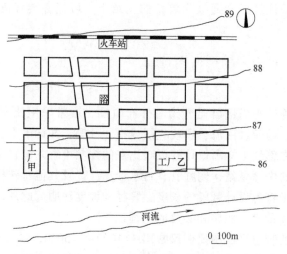

图5-18 某居住区平面图

【解】 1. 在居住区平面图上布置污水管道

从平面图可知该区地势自北向南倾斜，坡度较小，无明显分水线，可划分为一个排水流域。街道支管布置在街区地势较低一侧的道路下，干管基本上与等高线垂直布置，主干管则沿南面河岸布置，基本与等高线平行。整个管道系统呈截流式布置，如图5-19所示。

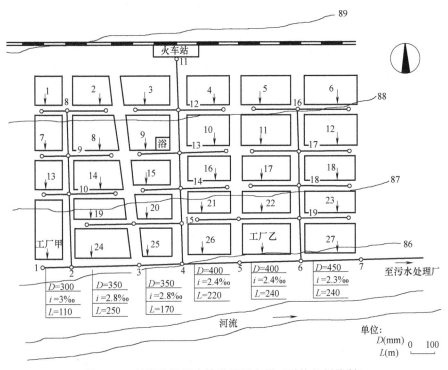

图 5-19　某居住区污水管道平面布置（需按比例绘制）

2. **街区编号并计算其面积**

将各街区编上号码，并按各街区的平面范围计算它们的面积，列入表5-6中。用箭头标出各街区污水的排出方向（指向某管段或管段上游检查井）。

表 5-6　街区面积

街区编号	1	2	3	4	5	6	7	8	9	10	11	12	13	14
街区面积/hm²	1.21	1.70	2.08	1.98	2.20	2.20	1.43	2.21	1.96	2.04	2.40	2.40	1.21	2.28
街区编号	15	16	17	18	19	20	21	22	23	24	25	26	27	
街区面积/hm²	1.45	1.70	2.00	1.80	1.66	1.23	1.53	1.71	1.80	2.20	1.38	2.04	2.40	

3. **划分设计管段，计算设计流量**

根据设计管段的定义和划分方法，将各干管和主干管中有本段流量进入的点（一般定为街区两端）、有集中流量及旁侧支管进入的点，作为设计管段的起始点，并设控制检查井且进行编号。例如，本例的主干管长约1.2km，根据设计流量变化情况，可划分为1-2、2-3、3-4、4-5、5-6、6-7等6个设计管段。各设计管段的设计流量应列表进行计算，见表5-7。在初步设计中只计算干管和主干管的设计流量。

表 5-7　污水干管设计流量计算表

管段编号	生活污水量 Q_1								集中流量		设计流量 /(L/s)
	本段流量 q_1				转输流量 q_2/(L/s)	合计平均流量 /(L/s)	总变化系数 K_z	生活污水设计流量 Q_1/(L/s)	本段流量 /(L/s)	转输流量 /(L/s)	
	街区编号	街区面积/hm²	比流量 q_0/ [L/(s·hm²)]	流量 q_1/(L/s)							
(1)	(2)	(3)	(4)	(5)	(6)	(7)	(8)	(9)	(10)	(11)	(12)
1-2	—	—	—	—	—	—	—	—	25.00	—	25.00
8-9					1.41	1.41	2.3	3.24			3.24
9-10					3.18	3.18	2.3	7.31			7.31
10-2	—	—	—	—	4.88	4.88	2.3	11.23		—	11.23
2-3	24	2.20	0.486	1.07	4.88	5.95	2.2	13.09		25.00	38.09
3-4	25	1.38	0.486	0.67	5.95	6.62	2.2	14.56	—	25.00	39.56
11-12	—	—	—	—	—	—	—	—	3.00	—	3.00
12-13	—	—	—	—	1.97	1.97	2.3	4.53		3.00	7.53
13-14	—	—	—	—	3.91	3.91	2.3	8.99	4.00	3.00	15.99
14-15					5.44	5.44	2.2	11.97		7.00	18.97
15-4					6.85	6.85	2.2	15.07		7.00	22.07
4-5	26	2.04	0.486	0.99	13.47	14.46	2.0	28.92		32.00	60.92
5-6					14.46	14.46	2.0	28.92	6.00	32.00	66.92
16-17	—	—	—	—	2.14	2.14	2.3	4.92		—	4.92
17-18	—	—	—	—	4.47	4.47	2.3	10.28			10.28
18-19	—	—	—	—	6.32	6.32	2.2	13.90			13.90
19-6	—	—	—	—	8.77	8.77	2.1	18.42			18.42
6-7	27	2.40	0.486	1.17	23.23	24.40	1.9	46.36		38.00	84.36

本例中, 居住区人口密度为 350 人/hm², 居民生活污水定额为 120L/(人·d), 则每 1hm² 街区面积的生活污水平均流量 (比流量) 为

$$q_0 = \frac{350 \times 120}{86400} L/(s \cdot hm^2) = 0.486 L/(s \cdot hm^2)$$

本例中有 4 个集中流量, 分别在检查井 1、5、11、13 进入管道, 相应的设计流量为 25L/s、6L/s、3L/s、4L/s。

图 5-19 和表 5-7 中, 设计管段 1-2 为主干管的起始管段, 只有集中流量 (工厂甲经处理后排出的工业废水) 25L/s 流入, 故设计流量为 25L/s。设计管段 2-3 除转输管段 1-2 的集中流量 25L/s 外, 还有生活污水本段流量 q_1 和转输流量 q_2 流入。该管段接纳街区 24 的生活污水, 其面积为 2.2hm² (表 5-6), 故管段 2-3 的生活污水本段流量 $q_1 = q_0 F = 0.486 L/(s \cdot hm^2)$ ×2.2hm² = 1.07L/s, 该管段的生活污水转输流量 q_2 是从旁侧管段 8~9~10~2 流来的生活污水平均流量, 其值为 $q_2 = q_0 F = 0.486 L/(s \cdot hm^2) \times (1.21 hm^2 + 1.7 hm^2 + 1.43 hm^2 + 2.21 hm^2 +$

$1.21\text{hm}^2 + 2.28\text{hm}^2) = 0.486\text{L}/(\text{s}\cdot\text{hm}^2)\times10.04\text{hm}^2 = 4.88\text{L/s}$。合计生活污水平均流量 q_1+q_2 $=1.07\text{L/s}+4.88\text{L/s}=5.95\text{L/s}$，计算生活污水总变化系数（或查表5-1）得 $K_z=2.2$。该管段的生活污水设计流量

$$Q_1 = 5.95\text{L/s}\times2.2 = 13.09\text{L/s}$$

总计设计流量 $Q=13.09\text{L/s}+25\text{L/s}=38.09\text{L/s}$

其余管段的设计流量计算方法相同。

4. 设计管段水力计算

在确定设计流量后，便可以从上游管段开始依次进行主干管各设计管段的水力计算，见表5-8。水力计算步骤如下：

1）从管道平面布置图上量出每一设计管段的长度，列入表5-8第（2）列。

2）将各设计管段的设计流量列入表中第（3）列。设计管段起讫点检查井处的地面标高列入表中第（10）、（11）列。

3）计算每一设计管段的地面坡度（地面坡度=地面高差/距离），作为确定管道坡度时参考。例如，管段1-2的地面坡度 $=\dfrac{86.20-86.10}{110}=0.0009$。

4）确定起始管段的管径以及设计流速 v、设计坡度 i、设计充满度 h/D。首先，管段1-2拟采用最小管径300mm，即查附录C。在管径300mm的计算图中，管径 D 和管道粗糙系数为已知，其余4个水力因素需先确定2个以求出另外2个。现已知设计流量，另1个可根据规范设定。本例中由于管段1-2的地面坡度很小，为不使整个管道系统的埋深过大，宜采用最小设计坡度。相应于300mm管径的最小设计坡度为0.003。当已知 $Q=25\text{L/s}$、$i=0.003$ 时，查表得出 $v=0.7\text{m/s}$（大于最小设计流速0.6m/s）、$h/D=0.51$（小于最大设计充满度0.55），计算数据符合规范要求。将所确定的管径 D、坡度 i、流速 v、充满度 h/D 分别列入表5-8的第（4）~（7）列。

5）依次确定下游其他管段的管径 D、设计流速 v、设计充满度 h/D 和管道坡度 i。通常，随着设计流量的增加，下游管段的管径一般会增大一级或两级（50mm为一级）或者保持不变；而设计流速应遵循随着设计流量的增大而逐段增大或保持不变的规律。根据设计流量的变化情况确定各管段管径和设计流速，进而在确定管径 D 的水力计算图中查出相应的 h/D 和 i 值，若 h/D 和 i 值符合设计规范的要求，说明水力计算合理，将计算结果填入表5-8相应列中。

在水力计算中，由于 Q、v、h/D、i、D 各水力因素之间存在相互制约的关系，因此在查水力计算图或表时实际存在一个试算过程。

表 5-8 污水主干管水力计算表

管段编号	管道长度 L /m	设计流量 Q /(L/s)	管径 D /mm	坡度 i	流速 v /(m/s)	充 满 度		降落量 iL/m
						$\dfrac{h}{D}$	h/m	
(1)	(2)	(3)	(4)	(5)	(6)	(7)	(8)	(9)
1-2	110	25.00	300	0.0030	0.70	0.51	0.153	0.330
2-3	250	38.09	350	0.0028	0.75	0.52	0.182	0.700
3-4	170	39.56	350	0.0028	0.75	0.53	0.186	0.476

（续）

管段编号	管道长度 L /m	设计流量 Q /(L/s)	管径 D /mm	坡度 i	流速 v /(m/s)	充满度 $\frac{h}{D}$	充满度 h/m	降落量 iL/m
(1)	(2)	(3)	(4)	(5)	(6)	(7)	(8)	(9)
4-5	220	60.92	400	0.0024	0.80	0.58	0.232	0.528
5-6	240	66.92	400	0.0024	0.82	0.62	0.248	0.576
6-7	240	84.36	450	0.0023	0.85	0.60	0.270	0.552

管段编号	标高/m 地面 上端	标高/m 地面 下端	标高/m 水面 上端	标高/m 水面 下端	标高/m 管内底 上端	标高/m 管内底 下端	埋设深度/m 上端	埋设深度/m 下端
(1)	(10)	(11)	(12)	(13)	(14)	(15)	(16)	(17)
1-2	86.200	86.100	84.353	84.023	84.200	83.870	2.00	2.23
2-3	86.100	86.050	84.002	83.302	83.820	83.120	2.28	2.93
3-4	86.050	86.000	83.302	82.826	83.116	82.640	2.93	3.36
4-5	86.000	85.900	82.822	82.294	82.590	82.062	3.41	3.84
5-6	85.900	85.800	82.294	81.718	82.046	81.470	3.85	4.33
6-7	85.800	85.700	81.690	81.138	81.420	80.868	4.38	4.83

注：一般情况下，管内底标高计算精确至 mm，埋设深度计算精确至 cm。

6）计算各管段上端、下端的水面标高、管底标高及埋设深度：

① 根据设计管段长度和管道坡度求降落量。如管段 1-2 的降落量为 $iL = 0.003 \times 110\text{m} = 0.330\text{m}$，列入表中第（9）列。

② 根据管径和充满度求管段的水深。如管段 1-2 的水深为 $h = D \cdot h/D = 0.3\text{m} \times 0.51 = 0.153\text{m}$，列入表中第（8）列。

③ 确定管网系统的控制点。本例中离污水处理厂最远的干管起点有 8、11、16 及工厂出水口 1 点，这些点都可能成为管道系统的控制点。点 8、11、16 的埋深可根据最小覆土厚度值确定，分析比较如下：从 8、11、16 这三个点到南端主干管的地面坡度平均为 0.0035，设计中可取干管坡度与地面坡度接近，因此干管埋深增加量不大，整个管线上又无个别低注点，故点 8、11、16 的埋深不会成为整个主干管埋设深度的控制点。对主干管埋深起决定作用的控制点则是点 1。

点 1 是主干管的起始点，其埋设深度受工厂排出口埋深的控制，已知为 2.0m，将该值列入表中第（16）列。

④ 计算设计管段上、下端的管内底标高和水面标高，并进一步计算其埋设深度。

点 1 的管内底标高根据点 1 地面标高及点 1 埋深计算，为 86.200m − 2m = 84.200m，列入表中第（14）列。

点 2 的管内底标高根据点 1 管内底标高与管段 1-2 降落量计算，为 84.200m − 0.330m = 83.870m，列入表中第（15）列。

点 2 的埋设深度根据点 2 的地面标高及其管内底标高计算，为 86.100m − 83.870m =

2.230m，列入表中第（17）列。

管段上下端水面标高等于相应点的管内底标高加水深。如管段 1-2 中上端点 1 的水面标高为 84.200m＋0.153m＝84.353m，列入表中第（12）列，下端点 2 的水面标高为 83.870m＋0.153m＝84.023m，列入表中第（13）列。

根据管段在检查井处采用的衔接方法，可确定下游管段的管内底标高。例如，管段 1-2 与 2-3 的管径不同，采用管顶平接。即管段 1-2 中的点 2 与管段 2-3 中点 2 的管顶标高相同。所以管段 2-3 中点 2 管内底标高为 83.870m＋0.300m－0.350m＝83.820m。求出点 2 的管内底标高后，按照前述方法即可求出点 3 的管内底标高、点 2 和点 3 的水面标高及其埋设深度。又如管段 2-3 与管段 3-4 管径相同，可采用水面平接，即管段 2-3 与管段 3-4 中点 3 水面标高相同。然后根据点 3 的水面标高与降落量求得点 4 的水面标高。根据点 3、点 4 的水面标高与水深进而可求出相应点的管底标高，并进一步求出管段 3-4 上、下端点的埋深。

7）进行管道水力计算时，应注意以下问题：

① 必须细致研究管道系统的控制点。这些控制点常位于本区的最远或最低处，其埋深控制该地区污水管道的最小埋深。各条管道的起点、低洼地区的个别街坊和污水出口较深的工业企业或公共建筑都有可能成为控制点。

② 必须细致研究管道敷设坡度与管线经过地段的地面坡度之间的关系。应使确定的管道坡度，在保证最小设计流速的前提下，尽可能减小管道的埋深，且便于支管接入。

③ 水力计算自上游依次向下游管段进行，一般情况下，随着设计流量逐段增加，设计流速也应相应增加。如流量保持不变，流速则不应减小。只有在管道坡度由大骤然变小的特殊情况下，设计流速才允许减小。另外，随着设计流量逐段增加，设计管径也应逐段增大，但当管道坡度骤然增大时，下游管段的管径可以减小，但缩小的范围不得超过 50~100mm。

④ 在地面坡度很大的地区，为了减小管内水流速度，防止管壁被冲刷，管道坡度往往需要小于地面坡度。这就有可能使下游管段无法满足覆土厚度最小限值的要求，甚至高出地面，因此在适当的点可设置跌水井，管段之间采用跌水连接，跌水井的构造详见第 7 章。

⑤ 水流通过检查井时，常引起局部水头损失。为了尽量降低局部水头损失，检查井底部在直线管道上要严格采用直线，在管道转弯处要采用匀称的曲线。通常直线检查井可不考虑局部水头损失。

⑥ 在旁侧管与干管的连接点处，要考虑干管的已定埋深是否能保障旁侧管顺畅接入。若连接处旁侧管的埋深大于干管埋深，则需在连接处的干管上设置跌水井，以使旁侧管能接入干管。另一方面，若连接处旁侧管的管底标高比干管的管底标高高出许多，为使干管有较好的水力条件，需在连接处前的旁侧管上先设置跌水井。

5. 绘制管道平面图和纵剖面图

在水力计算结束后将计算所得各设计管段的管径、坡度等管段数据标注在管网布置平面图上，如图 5-19 所示即为本例题的管道平面图。

在进行水力计算的同时，绘制主干管的纵剖面图，如图 5-20 所示，清晰表达各管段上、下端点的标高变化。

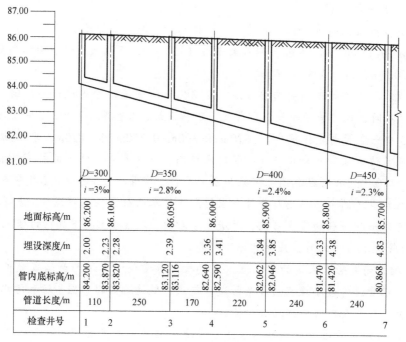

图 5-20　主干管纵剖面图

5.3　雨水排水管道系统水力计算

5.3.1　降雨损失与产汇流

不产生地表径流的那部分降雨称为降雨损失，除去降雨损失的那部分降雨称为径流雨水或有效降雨。在城市汇水范围内，导致降雨损失的因素有很多，如植被拦截、洼地储存和渗透，蒸发和输送过程中的损失对降雨径流的影响一般可忽略不计。

1. 拦截

拦截是指被树木、植被、建筑物等吸收消纳的那部分降雨。这部分损失经常发生在降雨初期，计算这部分损失经常采用经验公式，Horton 在 1919 年提出以下计算公式：

$$L_i = a + bP_T^n \tag{5-9}$$

式中　L_i——拦截降雨量（in）；

P_T——总降雨量（in）；

a、b、n——经验常数。

Horton 提出：参数 a 值的变化范围为 0.02（灌木）~ 0.05（松木），b 值为 0.18 ~ 0.2（果树和树木）和 0.40（灌木）。对于大多数覆盖植物，公式中指数 n 建议取 1.0，松树时取 0.5。Viesmann 等（1989 年）研究认为，对于长期模型来说，拦截损失非常重要，然而，对于特大暴雨事件而言，拦截损失往往可以忽略。

2. 洼地储存

被地表洼地捕获的那部分降雨称为洼地储存。当土壤表面饱和时，雨水将填充这些洼地，洼地中储存的这部分降雨最终将渗透补给地下水或通过蒸发回到大气中。

在实践中，一般认为不透水地表洼地储存量为 1.6mm，透水性地表洼地储存量为 6.4mm。大面积铺装区域和平屋顶洼地损失为 2.5mm，斜屋顶洼地损失为 1.3mm，草坪为 7.6mm，开放空间为 10mm。

3. 渗透

渗透是指雨水穿过地表进入土壤内部孔隙的过程。渗透容量或潜在渗透速率定义为水渗透的最大速率。如果降雨速率小于渗透容量，实际渗透速率等于降雨速率，否则，实际渗透速率等于渗透容量。渗透容量取决于土壤表层和亚表层条件，以及已经渗透的降雨量。一般来讲，干土壤在降雨初期的渗透容量非常高，随着表层土壤含水率逐渐饱和，渗透速率逐渐降低。

（1）Horton 方程　最著名的渗透方程是 1940 年提出的 Horton 方程，在该方程中渗透容量被描述为时间的指数函数：

$$f_p = f_f + (f_0 - f_f) e^{-kt} \tag{5-10}$$

式中　t——时间；

f_p——渗透容量；

f_f——最终渗透容量；

f_0——初始渗透容量；

k——指数衰减常数。

实际渗透速率取决于渗透容量的相关量级和降雨速率，在任何时间 t，实际渗透速率为

如果 $f_p \geq i$，则 $f = i$

如果 $f_p < i$，则 $f = f_p$

式中　f——实际渗透速率；

i——降雨速率。

式（5-10）中参数在量级上是齐次的，k 的单位是时间 t 的倒数，表示渗透和降雨速率的所有术语的量纲为（长度/时间），任何一个稳定单元系统可采用这些变量。Horton 方程中的参数 f_f、f_0 和 k 应作为校核参数，从当地数据资料中获得。从 Horton 方程可得出以下推论：在土壤一定条件下，假设渗透容量只是时间 t 的函数，时间 t 内已经渗透到土壤的水忽略不计。如果降雨速率小于渗透速率，在时间 0 到 t 时刻内，上述假设就导致渗透容量值偏低。

（2）Horton 修正方程　通过把渗透容量表达为渗透进土壤的水分的函数，Horton 方程可用于数学模拟。在时刻 t，f_p 的修正方程为

$$f_p = f_0 - kF_e \tag{5-11}$$

其中，F_e 表示从 0 到 t 时刻内超过 f_f 渗透进入土壤的部分降雨，可用下式表示：

$$F_e = \int_0^t (f - f_t) \, dt \tag{5-12}$$

当通过分散的时间间隔 Δt 进行校核时，式（5-12）可近似转化为：

$$F_e = \sum (f - f_t) \Delta t \tag{5-13}$$

修正方程的好处：它可以不考虑整个降雨-渗透过程中降雨速率是否一直大于渗透容量。如果在降雨过程中土壤渗透速率是个定值 i，并且 $f_f < i < f_0$，降雨将全部渗透，直到渗透

容量刚好等于 i；其后，只能渗透部分降雨，剩余部分将积在地表，这个时刻称为积水时间，用 t_s 表示，可通过下式确定：

$$t_s = \frac{f_0 - i}{k(i - f_f)} \tag{5-14}$$

式（5-11）和式（5-14）是齐次方程，可用于任何连续单元系统。

（3）Holtan 公式 Holtan 公式是另外一个用于估算降雨渗透损失的经验公式，在计算渗透容量时考虑了已经渗入土壤的降雨量（Holtan 和 Lopez，1971）。Holtan 公式表达式如下：

$$f_p = GaS^{1.4} + f_f \tag{5-15}$$

式中 f_p——渗透容量（in/h）；

    S——土壤表层可储存容量（in）；

    a——植被因数；

    G——植被的生长指数；

    f_f——最终渗透容量（in/h）。

对于成年作物，$G = 10.0$。树木和常生牧场植被，参数 a 为 $0.80 \sim 1.0$。S 的初始值等于表层土壤的表层深度和初始湿度亏损，初始湿度亏损在表层土壤的饱和湿度和初始湿度之间不断变化。如在 Holtan 方程中，实际渗透速率 f 估算为 $f = i (i \leqslant f_p)$，否则 $f = f_p$。

（4）Green-Ampt 模型 Green-Ampt 模型是应用基于物理过程的数学模型来计算渗透损失。相比于前述模型，Green-Ampt 模型的突出优点是其所有参数都有精确的物理基础，可应用达西定律来计算土壤湿区的渗透容量。

$$f_p = \frac{K(Z + P_f)}{Z} \tag{5-16}$$

式中 f_p——渗透容量；

    K——土壤的水力传导参数；

    P_f——土壤的特征吸入压头；

    Z——从土壤表层开始测量的湿区深度，在任何时刻 t，湿区的深度表达式为

$$Z = \frac{F}{\phi(1 - S_i)} \tag{5-17}$$

式中 F——0 到 t 时刻水的渗透深度；

    ϕ——有效孔隙；

    S_i——前期的饱和程度。

显然

$$F = \int_0^t f \mathrm{d}t \tag{5-18}$$

把时间拆分成几个增量时间 Δt，然后将式（5-18）代入式（5-17）可得

$$Z = \frac{\sum f \Delta t}{\phi(1 - S_i)} \tag{5-19}$$

像前述公式那样，$i > f_p$ 时，$f = f_p$；$i \leqslant f_p$ 时，$f = i$。

雨强恒定条件下，$f = i$ 直到表层土壤达到饱和，随后 $f = f_p$。表层土壤达到饱和的时间称为积水时间，表示 $i = f_p$ 的瞬间值。积水时间 t_s 用下式表示：

$$t_s = \frac{P_f \phi (1 - S_i)}{\left(\dfrac{i^2}{K} \right) - i}$$

(5-20)

需要注意的是，只有在表层土壤饱和以前降雨速率维持不变的条件下，上述方程才能成立。

Green-Ampt 模型中的参数可根据土壤结构和土地利用类型估算。在缺乏当地数据的情况下，可采用表 5-9 估算这些参数。

表 5-9　Green-Ampt 模型中的参数

土 壤 类 型	ϕ/mm	P_f/cm	K/cm
沙	0.417	4.95	11.78
壤砂土	0.401	6.13	2.99
砂壤土	0.412	11.01	1.09
壤土	0.434	8.89	0.34
粉砂壤土	0.486	16.68	0.65
砂质黏壤土	0.330	21.85	0.15
黏壤土	0.309	20.88	0.10
粉砂质黏壤土	0.432	27.30	0.10
砂土	0.321	23.90	0.06
粉质黏土	0.423	29.22	0.05
黏土	0.385	31.63	0.03

4. SCS 径流曲线数法

美国土壤保护中心（SCS，1986）提出的径流曲线数法是一个经验方法，用于计算降雨事件中的降雨总损失。该方法中，把土壤分成 A、B、C、D 四组。在土壤结构方面，A 组包括沙、壤砂土、砂壤土，B 组包括粉砂壤土和土，C 组为砂质黏壤土，D 组包含黏壤土、粉砂质黏壤土、砂土、粉质黏土、黏土。

根据水文土壤分组和土地利用情况绘制汇水区域径流曲线数。表 5-10 中列出了城市区域各种土地类型的曲线数建议值。

根据曲线数，采用以下经验公式可求得降雨损失。

$$Q = \frac{\left[P - 0.2 \left(\dfrac{1000}{CN} - 10 \right) \right]^2}{\left[P + 0.8 \left(\dfrac{1000}{CN} - 10 \right) \right]}$$

(5-21)

式中　P——降雨量（in）；

　　　Q——径流量（in）；

　　CN——径流曲线数。

显然，降雨损失量等于 P 与 Q 的差值。

降雨的产流过程：降雨发生后，部分雨水首先被植物截留。在地面开始受雨时，因地面比较干燥，雨水渗入土壤的入渗率（单位时间内雨水的入渗量）较大，而降雨起始时的强度

表 5-10　城市区域径流曲线数（SCS，1986）

地 表 描 述				土壤水文曲线数据组			
地表类型与水力条件			平均不透水面积	A	B	C	D
完全开发的地区（有植被）	开放空间（草坪,公园,高尔夫球场,公墓等）	较差（植被覆盖<50%）	—	68	79	86	89
		中等（植被覆盖 50%~75%）	—	49	69	84	84
		较好（植被覆盖>75%）	—	39	61	74	80
	不透水区域	停车场,屋顶,车道等（不包括公共用地）	—	98	98	98	98
		硬化人行道（不包括公共用地）	—	98	98	98	98
		道路 硬化的明渠（包括公共用地）	—	83	89	92	93
		沙石道路（包括公共用地）	—	76	85	89	91
		泥土道路（包括公共用地）	—	72	82	87	89
	西部沙漠地区	自然沙土景观（只包括可渗透区域）	—	63	77	85	88
		人造沙土景观（有防渗杂草阻隔,有 25~50mm 沙子或砾石覆盖的边界）	—	96	96	96	96
	城区	商业区	85	89	92	94	95
		工业区	72	81	88	91	93
		住宅区 ≤500m²	65	77	85	90	92
		1000m²	38	61	75	83	87
		1400m²	30	57	72	81	86
		2000m²	25	54	70	80	85
		4000m²	20	51	68	79	84
		8000m²	12	46	65	77	82
开发区	新建区（仅透水区,无植被）		—	77	86	91	94

还小于入渗率，这时雨水被地面全部吸收。随着降雨时间的增长，当降雨强度大于入渗率后，地面开始产生余水，待余水积满洼地后，这时部分余水产生积水深度，部分余水产生地面径流（称为产流）。在降雨强度增至最大时相应产生的余水率也最大。此后随着降雨强度的逐渐减小，余水率也逐渐减小，当降雨强度降至与入渗率相等时，余水现象停止。但这时存在地面积水，故仍产生径流，地面入渗能力持续，直至地面积水消失，径流终止，而后洼地积水逐渐入渗。积水入渗后，地面实际渗水率将依降雨强度变化，直到降雨终止。上述产流过程可用图 5-21 表示。

流域上的汇流过程：流域中各地面点上产生的径流沿着坡面汇流至低处，通过沟、溪汇入江河。在城市中，雨水径流由地面流至雨水口，经雨水管渠系统汇入江河。通常将雨水径流从流域的最远点流到出口断面的时间称为流域的集流时间或集水时间。

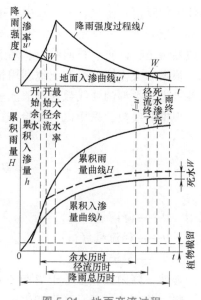

图 5-21　地面产流过程

图 5-22 所示为一块扇形流域汇水面积，其边界线是直线 ab、直线 ac 和弧线 bc，点 a 为集流点（如雨水口，管渠上某一断面等）。假定汇水面积内地面坡度均匀，则以点 a 为圆心所划的圆弧线 de，fg，hi，…，bc 称为等流时线，每条等流时线上各点的雨水径流流到点 a 的时间是相等的，分别为 τ_1，τ_2，τ_3，…，τ_0，流域面积最远点的雨水径流到达点 a 的时间 τ_0 称为该汇水面积的集流时间，可见其所对应的集流时间最长。

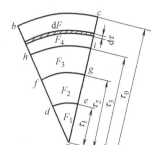

图 5-22　流域汇流过程示意

在地面点上降雨产生径流开始后不久（$t<\tau_0$），在点 a 所汇集的流量仅来自靠近点 a 的小块面积上的雨水，离点 a 较远的面积上的雨水此时尚流在途中。随着降雨历时的增长，汇集到点 a 的流量来自越来越大的汇水面积。

当 $t=\tau_0$ 时，流域最边缘线上的雨水流达点 a，在点 a 汇集的流量来自整个流域，即流域全部面积参与径流，此时集流点 a 产生的径流量最大。也就是说，相应于流域集流时间 τ_0 的全流域面积产生的径流是最大径流量。

降雨继续进行至 t 大于 τ_0 时，由于汇水面积不再增加，而暴雨强度随着降雨历时的增加而减小，集水点 a 处的径流量比 $t=\tau_0$ 时减小。

雨水管渠系统设计常采用极限强度理论，即设计时考虑采用暴雨强度 q、降雨历时 t 和汇水面积 F 都对应尽量大的降雨径流，将此极限值作为雨水管渠的设计流量。对于雨水管渠汇水面积不超过 $2km^2$ 的情况，可以不考虑降雨面积的影响。在设计中采用的降雨历时等于汇水面积最远点雨水的集流时间。

雨水管渠系统设计的极限强度理论包括两部分内容：①当汇水面积上最远点的雨水流达集流点时，全面积产生汇流，雨水管渠的设计流量最大；②当降雨历时等于汇水面积上最远点的集流时间时，雨水管渠需要排除的雨水量最大。

5.3.2　雨水管渠设计流量

城市、厂区中雨水管渠汇水面积较小时（小于 $2km^2$），雨水设计流量一般采用恒定均匀流推理公式法计算，即

$$Q = \Psi qF \tag{5-22}$$

式中　Q——雨水设计流量（L/s）；

　　　Ψ——径流系数，其值小于 1；

　　　q——设计暴雨强度 $[L/(s \cdot hm^2)]$；

　　　F——汇水面积（hm^2）。

上式是基于一定假设条件，由雨水径流成因加以推导，得出的半经验、半理论的推理公式，即假设降雨在整个汇水面积上的分布是均匀的；降雨强度在选定的降雨时段内均匀不变；汇水面积随集流时间增长的速度为常数，因此推理公式适用于较小规模排水系统的计算，当应用于较大规模排水系统的计算时会产生较大误差。随着技术的进步，管渠直径的放大，水泵能力的提高，排水系统汇水流域面积逐步扩大，应该修正该公式的精确度。

当汇水面积超过 $2km^2$ 时，宜考虑降雨在时空分布的不均匀性和管网汇流过程，采用数学模型法计算雨水设计流量。排水工程设计常用的数学模型一般由降雨模型、产流模型、汇

流模型、管网水动力模型等一系列模型组成，涵盖了排水系统的多个环节。数学模型可以考虑同一降雨事件中降雨强度在不同时间和空间的分布情况，因而可以更加准确地反映地表径流的产生过程和径流流量，也便于与后续的管网水动力学模型衔接。采用数学模型进行排水系统设计时，除应符合《室外排水设计标准》外，还应满足当地的地方设计标准，应对模型的适用条件和假定参数做详细分析和评估。当建立管道系统的数学模型时，应对系统的平面布置、管径和标高等参数进行核实，并运用实测资料对模型进行校正。

1. 径流系数 Ψ 的确定

一定汇水面积内地面径流量与降雨量的比值称为径流系数，符号为 Ψ，其中，径流量是降落于地面的雨水流入雨水管渠的部分，而降雨量是指降雨的绝对量，即降雨深度，单位常以 mm 计。径流系数的值因汇水面积的地面覆盖情况、地面坡度、地貌、建筑密度的分布、路面铺砌等情况的不同而异。由于影响因素较多，一般其值难以精确求定，可参考表 5-11 和表 5-12 取值。

表 5-11　不同地面径流系数 Ψ 值

地 面 种 类	Ψ
各种屋面、混凝土或沥青路面	0.85 ~ 0.95
大块石铺砌路面或沥青表面各种的碎石路面	0.55 ~ 0.65
级配碎石路面	0.40 ~ 0.50
干砌砖石或碎石路面	0.35 ~ 0.40
非铺砌土路面	0.25 ~ 0.35
公园或绿地	0.10 ~ 0.20

表 5-12　各区域径流系数 Ψ 值

区 域 情 况	Ψ
城镇建筑密集区	0.60 ~ 0.70
城镇建筑较密集区	0.45 ~ 0.60
城镇建筑稀疏区	0.20 ~ 0.45

在设计中，也可采用根据城市特性的区域综合径流系数。一般市区由于不透水材料使用较多，综合径流系数 Ψ 稍大为 0.5 ~ 0.8，郊区则为 0.4 ~ 0.6，各城市综合径流系数可参照表 5-13。随着城市化进程的加速，不透水面积相应增加，即应在设计时取相应较大的取值，以避免日后路面积水严重。

表 5-13　国内各地区采用的综合径流系数

城　　市	综合径流系数	城　　市	综合径流系数
北京	0.5 ~ 0.7	扬州	0.5 ~ 0.8
上海	0.5 ~ 0.8	宜昌	0.65 ~ 0.8
天津	0.45 ~ 0.6	南宁	0.5 ~ 0.75
乌兰浩特	0.5	柳州	0.4 ~ 0.8
南京	0.5 ~ 0.7	深圳	旧城区：0.7 ~ 0.8 新城区：0.6 ~ 0.7
杭州	0.6 ~ 0.8		

2. 设计暴雨强度 q

暴雨强度是描绘暴雨特征的重要指标，是在各地雨量气象资料分析整理的基础上，由水文学方法推求而出，是计算设计流量的主要参数。我国常用的暴雨强度公式形式为

$$q = \frac{167A_1(1+C\lg P)}{(t+b)^n} \tag{5-23}$$

式中　　q——设计暴雨强度 $[L/(s \cdot hm^2)]$；

P——设计重现期（a）；

t——降雨历时（min），是指连续降雨的时段，可以是一场雨全部降雨的时间，也可以指其中个别的连续时段，因为实际降雨历时不好确定，在设计计算时，常通过设计管段所服务的汇水面积的集水时间来代替降雨历时，即雨水从设计管段服务面积最远点达到设计管段起点断面的集流时间；

A_1、C、n、b——参数，根据当地情况所决定的参数。

（1）设计重现期 P　从暴雨强度公式可知，设计暴雨强度随着重现期的增加而增加。在雨水管渠设计中，若选取较大的重现期，则计算所得设计暴雨强度大，相应的雨水设计流量大，管渠的断面相应就会增加，这减少了地面积水的可能性，安全性较高，但经济上却因为管渠设计断面的增大而增加了工程造价；反之，若选取较小的设计暴雨强度，则容易发生雨水径流不能及时地排出，产生地面积水等现象。故重现期的选用应根据汇水地区性质、地形特点和气候特征等因素确定。即一般情况采用 2~3 年作为设计重现期，对于重要干道，立交道路的重要部分，重要地区或短期积水即能引起较严重后果的地区，一般采用 3~5 年，并应和道路设计协调。对于特定地区可适当增减。各城市对应的设计重现期见表 5-14。

表 5-14　各城市对应的设计重现期　　　　　　　　（单位：年）

城镇类型	城区类型			
	中心城区	非中心城区	中心城区的重要地区	中心城区地下通道和下沉式广场等
特大城市	3~5	2~3	5~10	30~50
大城市	2~5	2~3	5~10	20~30
中等城市和小城市	2~3	2~3	3~5	10~20

注：1. 按表中所列重现期设计暴雨强度公式时，均采用年最大值法。

2. 雨水管渠应按重力流、满管流计算。

3. 特大城市指市区人口在 500 万以上的城市；大城市指市区人口在 100 万~500 万的城市；中等城市和小城市指市区人口在 100 万以下的城市。

内涝防治设计重现期应根据城镇类型、积水影响程度和内河水位变化等因素，经技术、经济比较后确定，按表 5-15 的规定取值，并应符合下列规定：

1）经济条件较好，且人口密集、内涝易发的城市，宜采用规定的上限。

2）目前不具备条件的地区可分期达到标准。

3）当地面积水不满足下表的要求时，应采取渗透、调蓄、设置雨洪行泄通道和内河整治等措施。

4）对超过内涝设计重现期的暴雨，应采取综合控制措施。

表 5-15 城市内涝防治设计重现期

城 镇 类 型	重现期/年	地面积水设计标准
特大城市	50~100	1. 居民住宅和工商业建筑物的底层不进水 2. 道路中一条车道的积水深度不超过 15cm
大城市	30~50	
中等城市和小城市	20~30	

注：1. 按表中所列重现期设计暴雨强度公式时，均采用年最大值法。

2. 特大城市指市区人口在 500 万以上的城市；大城市指市区人口在 100 万~500 万的城市；中等城市和小城市指市区人口在 100 万以下的城市。

（2）降雨历时 t 只有当降雨历时等于集水时间时，雨水流量为最大，因此设计中，用设计管段服务的全部汇水面积的雨水径流达设计断面时的集水时间作为降雨历时。根据《室外排水设计标准》规定：雨水管渠的降雨历时应按下式计算：

$$t = t_1 + t_2 \qquad (5\text{-}24)$$

式中 t——降雨历时（min）；

t_1——地面集水时间，应根据汇水距离、地形坡度和地面种类计算确定，一般采用 5~15min；

t_2——管渠内雨水流行时间（min）。

地面集水时间 t_1 是指雨水从汇水面积最远点流到第一个雨水口 a 的时间，通常是由下列流行路程的时间所组成：

1）从屋面沿屋面坡度经屋檐下落到地面散水坡的时间，通常为 0.3~0.5min。

2）从散水坡沿道路地面坡度流入附近道路边沟的时间。

3）沿道路边沟到设计雨水口的时间。

地面集水时间受地形坡度、地面铺砌、地面种植情况、水流路程、道路纵坡和宽度等因素的影响，这些因素直接决定水流沿地面或边沟的流动速度。此外，也与暴雨强度有关，因为暴雨强度大，水流时间就短。但在上述各因素中，地面集水时间主要取决于雨水流行距离的长短和地面坡度。因此，地面集水时间 t_1 应根据汇水距离、地形坡度、地面种类和暴雨强度等因素通过计算确定，可采用 5~15min。当地面汇水距离不超过 90m 时，可按下式计算：

$$t_{1,a} = \frac{0.13(nL)^{0.6}}{q^{0.4}S^{0.3}} \qquad (5\text{-}25)$$

地面汇水距离超过 90m 的部分，可按下式计算：

$$t_{1,b} = \frac{L}{kS^{0.5}} \qquad (5\text{-}26)$$

式中 $t_{1,a}$、$t_{1,b}$——地面集水时间（min）；

n——粗糙系数；

L——地面集水距离（m）；

S——地面坡度（m/m）；

k——地面截留系数，铺装表面（混凝土、沥青或砖石）取 20.328，未铺装表面取 16.135。

按照经验，一般对建筑密度较大、地形较陡、雨水口分布较密的地区或街区内设置的雨水暗管，宜采用较小的 t_1 值，可取 $t_1=5\sim8\text{min}$；而在建筑密度较小、汇水面积大、地形较平坦、雨水口布置稀疏的地区，宜采用较大值，一般可取 $t_1=10\sim15\text{min}$。起点井上游地面流行距离以不超过 $120\sim150\text{m}$ 为宜。

　　在设计工作中，应结合具体条件恰当地选定。若 t_1 选用过大，将会造成排水不畅，以致使管道上游地面经常积水；选用过小，又使雨水管渠尺寸加大而增加工程造价。国内外采用的地面集水时间见表 5-16、表 5-17。

表 5-16　国外采用的地面集水时间

资料来源	工 程 情 况	t_1/min
日本指南	人口密度大的地区	5
	人口密度小的地区	10
	平均	7
	干线	5
	支线	$7\sim10$
美国土木学会	全部铺装，下水道完备的密集地区	5
	地面坡度较小的发展区	$10\sim15$
	平坦的住宅区	$20\sim30$

表 5-17　国内一些城市采用的地面集水时间

城　　市	t_1/min	城　　市	t_1/min
北京	$5\sim15$	重庆	5
上海	$5\sim15$，某工业企业 25	哈尔滨	10
无锡	23	吉林	10
常州	$10\sim15$	营口	$10\sim30$
南京	$10\sim15$	白城	$20\sim40$
杭州	$5\sim10$	兰州	10
宁波	$5\sim15$	西宁	15
广州	$15\sim20$	西安	$<100\text{m},5;<200\text{m},8$
天津	$10\sim15$		$<300\text{m},10;<400\text{m},13$
武汉	10	太原	10
长沙	10	唐山	15
成都	10	保定	10
贵阳	12	昆明	12

　　管渠内雨水流行时间 t_2 为

$$t_2=L_{上游}/60v_{上游} \tag{5-27}$$

式中　$L_{上游}$——上游雨水检查井到计算管段起点检查井的管段长度（m）；

　　　$v_{上游}$——上游管段满流时的水流速度（m/s）；

　　　60——单位换算系数，即 $1\text{min}=60\text{s}$。

3. 汇水面积 F

汇水面积即为雨水汇流面积。

【例5-5】　如图5-23所示，设 A、B、C 为三块互相毗邻的区域，设 $F_A = F_B = F_C$，雨水从各块面积上最远点分别流入雨水口 a、b、c 所需的集水时间为 $T_0(\min)$，并设定：

1）汇水面积的增长速度为常数。

2）某一场降雨其历时 t 恰好等于某设计管道服务汇水面积的最远点的雨水能流达设计断面的集水时间。

3）径流系数为确定值，为方便计算假定其值为1。

依次求管段1-2和管段3-4的雨水设计流量。

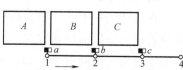

图5-23　汇水面积示意图

【解】　1. 求设计管段1-2的雨水设计流量

该管段收集汇水面积 F_A 的雨水，当降雨开始时，只有临近雨水口 a 面积的雨水能够流入雨水口进入设计断面1。降雨连续不停，就有越来越大的 F_A 面积上的雨水逐渐流到设计断面1。管段1-2内流量逐渐增加，这时 Q 将随 F_A 的增大而增大，知道 $t = T_0$ 时，F_A 面积的雨水均已流到设计断面1，此时管段1-2内流量达到最大值。

当 $t_1 > T_0$ 时，由于面积（F_A）不再增加，而暴雨强度则随时间的增加而降低，则管段所流出的水量比 $t_1 = T_0$ 时减少。故取流量最大值为设计流量。

$$Q_{1-2} = F_A q_1$$

式中　q_1——管段1-2的设计暴雨强度，即相应于降雨历时 t 中 $t_1 = T_0$、$t_2 = 0$ 的暴雨强度 $[\mathrm{L/(s \cdot hm^2)}]$。

2. 求设计管段2-3的雨水设计流量

同上述，当 $t = T_0$ 时，管段2-3是由全部 F_B 面积和部分 F_A 面积的雨水汇流达到断面2，若 F_A 的雨水在管段1-2中的流行时间为 t_{1-2}，则当降雨历时 $t = T_0 + t_{1-2}$ 时，全部 F_A 和 F_B 面积的雨水均达到断面2，此时管段2-3流量可能会达到最大（尽管降雨强度随着降雨历时增大而减小）。

$$Q_{2-3} = (F_A + F_B) q_2$$

式中　q_2——管段2-3的设计暴雨强度，即相应于降雨历时 $t_2 = T_0 + t_{1-2}$ 的暴雨强度 $[\mathrm{L/(s \cdot hm^2)}]$；

t_{1-2}——管段1-2中的雨水流行时间（min）。

3. 求设计管段3-4的雨水设计流量

同理得到：

$$Q_{3-4} = (F_A + F_B + F_C) q_3$$

式中　q_3——管段3-4的设计暴雨强度，即相应于降雨历时 $t_3 = T_0 + t_{1-2} + t_{2-3}$ 的暴雨强度 $[\mathrm{L/(s \cdot hm^2)}]$；

t_{2-3}——管段2-3中的雨水流行时间（min）。

由上述内容可知，雨水管段设计流量的确定需注意以下三个要点：

1）当汇水面积上最远点的雨水流至集流点（设计断面）时，全面积产生汇流，雨水管道的设计流量最大。

2）当降雨历时等于汇水面积上最远点的雨水流至集流点的集流时间时，雨水管道需要排除的雨水量最大。

3）由于各管段的集水时间不同，所以各管段的设计暴雨强度均不同。

5.3.3 雨水管渠水力计算基本参数

为保证管渠系统的正常运行，《室外排水设计标准》对相关水力参数做了技术规定。

1. 设计充满度

雨水中主要含有泥沙等无机物质，不同于污水，雨水特点是历时短，径流量大。故雨水管道和合流管道设计充满度根据规范按照满流考虑，即 $h/D=1$。若设计为明渠，则明渠超高不得小于 0.2m。街道边沟应有等于或大于 0.3m 的超高。

2. 设计流速

为避免降雨初期雨水中挟带的泥沙等无机物质在管渠沉积而堵塞管道，雨水管渠的最小设计流速应适当大于污水管道，满流时管道内最小设计流速为 0.75m/s；明渠内最小设计流速为 0.40m/s。

为避免流速过大冲刷管壁造成损坏，排水管道的最大设计流速也应符合下列规定：金属管道最大设计流速不大于 10.0m/s，非金属管道最大设计流速不大于 5.0m/s。而当选用排水明渠，且深度为 0.4~1.0m 时，宜按表 5-18 取值。

当水深不在所列范围内时，最大设计流速应乘以下列系数计算：

1）当 $h<0.4$m 时，乘以系数 0.85。

2）当 $1.0m<h<2.0m$ 时，乘以系数 1.25。

3）当 $h\geqslant2.0m$ 时，乘以系数 1.40。

表 5-18 明渠最大设计流速

明 渠 类 别	最大设计流速/(m/s)
粗砂或低塑性粉质黏土	0.8
粉质黏土	1.0
黏土	1.2
草皮护面	1.6
干砌块石	2.0
浆砌块石或浆砌砖	3.0
石灰岩和中砂岩	4.0
混凝土	4.0

3. 最小管径和最小设计坡度

根据《室外排水设计标准》的规定，雨水管和合流管的最小管径为 300mm，当为塑料管时，其最小设计坡度为 0.002，而其他管的最小设计坡度为 0.003。雨水口连接管的最小管径为 200mm，最小设计坡度为 0.01。

4. 最小埋深和最大埋深

具体要求与污水管道相同。

5.3.4 雨水管渠水力计算图表

雨水管渠水力计算的目的是为了合理确定管径、坡度和埋深。所选管道断面尺寸必须保证在规定的设计流速下能够排泄设计流量。

雨水管渠水力计算仍按均匀流考虑，其水力计算公式与污水管道相同，但按满流（即 $h/D=1$）计算。在实际计算中，通常采用根据公式制成的水力计算图或水力计算表，详见附录C。

在计算中，通常 n、Q 为已知数值，需确定的有 3 个参数 D、v 及 i。在实际应用中，可以参照地面坡度，先设定管底坡度 i，从水力计算图或表中求得 D 及 v 值，并使所求得的 D、v、i 各值符合水力计算基本参数的技术规定。

【例 5-6】　已知：$n=0.013$，设计流量经计算为 $Q=200\mathrm{L/s}$，该管段地面坡度 $i=0.004$，试计算该管段的管径 D、管底坡度 i 及流速 v。

【解】　设计采用附录 C 中圆管满流、钢筋混凝土管的水力计算图。

计算与分析如图 5-24 所示。在横坐标上找出 200L/s 点，向上作垂线，与 4‰坡度线相交于点 A，在点 A 可得到流速 $v=1.16\mathrm{m/s}$，其值符合规定，但管径值介于 400～500mm，不符合管材规格要求，需要调整管径。当采用 $D=400\mathrm{mm}$ 时，则 $Q=200\mathrm{L/s}$ 的垂线与 $D=400\mathrm{mm}$ 的斜线相交于点 B，从图中得到 $v=1.60\mathrm{m/s}$，符合规定，而 $i=0.0092$ 与地面坡度 $i=0.004$ 相差很大，势必增大管道埋深，不宜采用。如果采用 $D=500\mathrm{mm}$ 时，则 $Q=200\mathrm{L/s}$ 的垂线与 $D=500\mathrm{mm}$ 的斜线相交于点 C，从图中得出 $v=1.02\mathrm{m/s}$，$i=0.0028$。此结果既符合水力计算要求，又不会增大管道埋深，因此，选 $D=500\mathrm{mm}$ 相对合理。

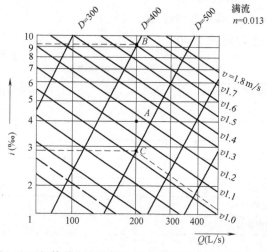

图 5-24　钢筋混凝土圆管水力计算图（图中 D 以 mm 计）

5.3.5　雨水管渠系统设计计算步骤

以图 5-25 所示的沿江城市为例，说明雨水管渠系统的设计计算步骤及注意事项。

1. 定线

首先要收集和整理设计地区的各种原始资料，包括地形图、城市或工业区的总体规划、水文、地质、暴雨等资料作为基本的设计数据。然后根据具体情况进行设计。应根据城市的总体规划图或工厂总平面图，按实际地形划分排水流域。图 5-25 所示城市被一条自西向东南流动的河流分为南、北两区。南区可见一明显分水线，其余地方地形起伏不大，沿河两岸地势最低，故排水流域的划分基本按雨水干管服务的排水面积大小确定。根据该地暴雨量较大的特点，每条干管承担面积不宜太大，故划为 12 个流域。

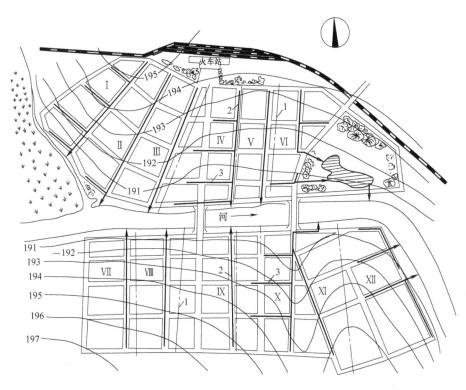

图 5-25 某地雨水管道平面布置
1—流域分界线 2—雨水干管 3—雨水支管

由于地形对排除雨水有利，拟采用分散出口的雨水管道布置形式。雨水干管基本垂直于等高线，布置在排水流域地势较低一侧，这样雨水能以最短距离靠重力流分散就近排入水体。为了充分利用街道边沟的排水能力，每条干管起端 100m 左右可视具体情况不设雨水暗管。雨水支管一般设在街坊较低侧的道路下。

2. 划分管段和汇水面积

根据管道的具体位置，在管道转弯处、管径或坡度改变处，有支管接入处或两条以上管道交汇处以及超过一定距离的直线管段上都应设置检查井。把两个检查井之间流量没有变化且预计管径和坡度也没有变化的管段定为设计管段，并从管段上游往下游按顺序进行检查井的编号。

设计管段汇水面积的划分应结合地形坡度、汇水面积的大小以及雨水管道布置等情况而划定。地形较平坦时，可按就近排入附近雨水管道的原则划分汇水面积；地形坡度较大时，应按地面雨水径流的水流方向划分汇水面积。并将每块面积进行编号，计算其面积的数值注明在图中。

3. 确定各排水流域的平均径流数值

通常根据排水流域内各类地面的面积，采用加权平均的方法计算出该排水流域的平均径流系数；也可根据规划的地区类别，采用区域综合径流系数。

4. 确定设计重现期 P，地面集水时间 t_1

在设计时，应按照前面所提到的原则，根据地形坡度、地区重要性、地面覆盖、汇水面积大小等情况确定 P 和 t_1。

5. 水力计算

列表进行雨水干管的设计流量和水力计算，以求得各管段的设计流量及确定各管段的管径、坡度、流速、管底标高和管道埋深值等。计算时需先定管道起点埋深或管底标高。

6. 绘制管道平面图剖面图。

【例 5-7】 某居住区平面如图 5-26 所示，地形西高东低，东面有一自南向北流的天然河流，河流常年洪水位为 14m，常水位 12m。该城市的暴雨强度公式为 $q=\dfrac{357\ (1+1.38\lg P)}{t^{0.65}}$。要求布置雨水管道并进行干管的水力计算。

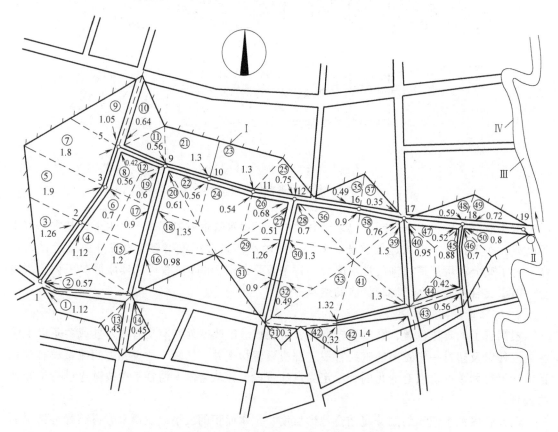

图 5-26 设有雨水泵站的雨水管道布置

Ⅰ—排水分界线 Ⅱ—雨水泵站 Ⅲ—河流 Ⅳ—河堤岸

注：图中圆圈内数字为汇水面积编号，其旁数字为面积数值，以 10^4m^2（即 hm²）计。

【解】 由居住区平面图和资料可知，该地区地形平坦，无明显分水线，故排水流域按城市主要街道的汇水面积划分，流域分界线如图 5-26 中Ⅰ所示。河流的位置确定了雨水出水口的位置，雨水出水口位于河岸边，故雨水干管的走向为自西向东。考虑到河流的洪水位高于该地区地面平均标高，造成雨水在河流洪水位甚至常水位时不能靠重力排入河流，因此在干管的终端设置雨水泵站。

根据管道的具体位置，划分设计管段，将设计管段的检查井依次编上号码，各检查井的地面标高见表 5-19。每一设计管段的长度在 200m 以内为宜，各设计管段的长度见表 5-20。每一设计管段所承担的汇水面积可按就近排入附近雨水管道的原则划分。将每块汇水面积的编号、面积数、雨水流向标注在图中。表 5-21 所示为各设计管段的汇水面积计算表。

表 5-19　地面标高表

检查井编号	地面标高/m	检查井编号	地面标高/m
1	14.03	11	13.60
2	14.06	12	13.60
3	14.06	16	13.58
5	14.04	17	13.57
9	13.60	18	13.57
10	13.60	19（泵站前）	13.55

表 5-20　管段长度表

管段编号	管段长度/m	管段编号	管段长度/m
1-2	150	11-12	120
2-3	100	12-16	150
3-5	100	16-17	120
5-9	140	17-18	150
9-10	100	18-19	150
10-11	100	19-泵站	

表 5-21　汇水面积计算表

设计管段编号	本段汇水面积编号	本段汇水面积/hm²	转输汇水面积/hm²	总汇水面积/hm²
1-2	1、2	1.69	0	1.69
2-3	3、4	2.38	1.69	4.07
3-5	5、6	2.60	4.07	6.67
5-9	7~10	4.05	6.67	10.72
9-10	11~20	7.52	10.72	18.24
10-11	21、22	1.86	18.24	20.10
11-12	23、24	2.84	20.10	22.94
12-16	25~32、34	6.89	22.94	29.83
16-17	35、36	1.39	29.83	31.22
17-18	33、37~42ab	7.90	31.22	39.12
18-19	43~50	5.19	39.12	44.31

由于市区内建筑分布情况差异不大，可采用统一的平均径流系数值，经计算，$\psi = 0.50$。

本例中地形平坦，建筑密度较稀，地面集水时间采用 $t_1 = 10\text{min}$，设计重现期选用 $P = 2$ 年。管道起点埋深根据支管的接入标高等条件确定，采用 1.30m。列表进行干管的水力计算，见表 5-22。

表5-22　雨水干管水力计算表

设计管段编号	管长 L/m	汇水面积 F/hm²	管内雨水流行时间/min		单位面积径流量 q₀ /[L/(s·hm²)]	管段设计流量 Q/(L/s)	管径 D/mm	坡度 i(‰)	流速 v/(m/s)	管道输水能力 Q'/(L/s)	坡降 iL/m	设计地面标高/m		设计管内底标高/m		埋深/m	
			$\sum t_2=\sum L/v$	$t_2=L/v$								起点	终点	起点	终点	起点	终点
(1)	(2)	(3)	(4)	(5)	(6)	(7)	(8)	(9)	(10)	(11)	(12)	(13)	(14)	(15)	(16)	(17)	(18)
1-2	150	1.69	0	3.29	56.56	95.59	400	2.1	0.76	96	0.32	14.030	14.060	12.730	12.415	1.30	1.65
2-3	100	4.07	3.29	1.70	47.01	191.35	500	2.6	0.98	192.62	0.26	14.060	14.060	12.315	12.055	1.75	2.01
3-5	100	6.67	4.99	1.60	43.48	289.99	600	2.3	1.04	294.33	0.23	14.060	14.040	11.955	11.725	2.11	2.32
5-9	140	10.72	6.59	2.67	40.7	436.33	800	1.1	0.87	438.81	0.15	14.040	13.600	11.525	11.371	2.52	2.23
9-10	100	18.24	9.27	1.56	36.993	673.56	900	1.4	1.07	677.52	0.14	13.600	13.600	11.271	11.131	2.33	2.47
10-11	100	20.1	10.83	1.46	35.11	705.62	900	1.6	1.14	723.96	0.16	13.600	13.600	11.131	10.971	2.47	2.63
11-12	120	21.94	12.29	1.61	33.59	737.04	900	1.9	1.24	788.85	0.23	13.600	13.600	10.971	10.743	2.63	2.86
12-16	150	28.83	13.91	2.05	32.1	925.32	1000	1.6	1.22	968.97	0.24	13.600	13.580	10.643	10.403	2.96	3.18
16-17	120	30.22	15.96	1.64	30.42	(919.43) 925.32	1000	1.6	1.22	968.97	0.19	13.580	13.570	10.403	10.211	3.18	3.36
17-18	150	38.12	17.60	1.71	29.24	1114.52	1000	2.3	1.46	1149.83	0.35	13.570	13.570	10.211	9.866	3.36	3.70
18-19	150	43.31	19.31	1.54	28.12	1217.73	1000	2.8	1.62	1268.42	0.42	13.570	13.550	9.866	9.446	3.70	4.10

水力计算说明：

1）表 5-22 中第（1）项为需要计算的设计管段，从上游至下游依次写出。第（2）、（3）、（13）、（14）项分别从表 5-20、表 5-21、表 5-19 中取得。其余各项经计算后得到。

2）计算中，假定管段的设计流量均从管段的起点进入，即各管段的起点为设计断面。因此，各管段的设计流量是按该管段起点，即上游管段终点的设计降雨历时（集水时间）进行计算的。也就是说，在计算各设计管段的暴雨强度时，用的 t_2 值应按上游各管段的管内雨水流行时间之和 $\sum t_2$ 求得。如管段 1-2 是起始管段，故 $\sum t_2 = 0$，将此值列入表 5-22 中第（4）项。

3）根据确定的设计参数、求单位面积径流量 $q_0[\mathrm{L}/(\mathrm{s} \cdot \mathrm{hm}^2)]$。

$$q_0 = \Psi q = 0.5 \times \frac{357(1+1.38\lg P)}{(10+\sum t_2)^{0.65}} = \frac{253}{(10+\sum t_2)^{0.65}}$$

q_0 为管内雨水流行时间 $\sum t_2$ 的函数，只要知道各设计管段内雨水流行时间 $\sum t_2$，即可求出该设计管段的单位面积径流量 q_0。如管段 1-2 的 $\sum t_2 = 0$，代入上式得 $q_0 = \frac{253}{10^{0.65}}\mathrm{L}/(\mathrm{s} \cdot \mathrm{hm}^2) = 56.64\mathrm{L}/(\mathrm{s} \cdot \mathrm{hm}^2)$。

4）用各设计管段的单位面积径流量乘以该管段的总汇水面积得设计流量。如管段 1-2 的设计流量 $Q = 56.64\mathrm{L}/(\mathrm{s} \cdot \mathrm{hm}^2) \times 1.69\ \mathrm{hm}^2 = 95.72\mathrm{L}/\mathrm{s}$，列入表 5-22 中第（7）项。

5）在求得设计流量后，即可进行水力计算，求管径、管道坡度和流速。在查水力计算图或表时，Q、v、i、D 等 4 个水力因素可以相互适当调整，使计算结果既要符合水力计算设计数据的规定，又应经济合理。本例地面坡度较小，甚至地面坡向与管道坡向正好相反，为不使管道埋深增加过多，管道坡度宜取小值。但所取坡度应能使管内水流速度不小于最小设计流速。计算采用钢筋混凝土圆管（满流，$n=0.013$）水力计算表。

将确定的管径、坡度、流速各值分别列入表中第（8）～第（10）项。第（11）项管道的输水能力 Q' 是指在水力计算中，管段在确定的管径、坡度、流速的条件下实际通过的流量。该值等于或略大于设计流量 Q。

6）根据设计管段的设计流速求本管段的管内雨水流行时间 t_2。例如，管段 1-2 的管内雨水流行时间 $t_2 = \frac{L_{1-2}}{v_{1-2}} = \frac{150}{0.76 \times 60}\mathrm{min} = 3.29\mathrm{min}$。将该值列入表 5-22 中第（5）项。此值便是下一管段 2-3 的 $\sum t_2$ 值。

7）管段长度乘以管道坡度得到该管段起点与终点之间的高差，即降落量。如管段 1-2 的降落量 $iL = 0.0021 \times 150\mathrm{m} = 0.315\mathrm{m}$，列入表 5-22 中（12）项。

8）根据冰冻情况、雨水管道衔接要求及承受荷载的要求，确定管道起点的埋深或管底标高。本例起点埋深定为 1.3m，将该值列入表 5-22 中第（17）项。用起点地面标高减去该点管道埋深得到该点管底标高，即 14.030m−1.30m = 12.730m，列入表 5-22 中第（15）项。用该值减去 1、2 两点的降落量得到终点 2 的管底标高，即 12.730m−0.315m = 12.415m，列入表 5-22 中第（16）项。用 2 点的地面标高减去该点的管底标高得该点的埋设深度，即 14.060m−12.415m = 1.65m，列入表 5-22 中第（18）项。

9）雨水管道各设计管段衔接时在高程上采用管顶平接。

5.3.6　雨水径流调蓄

1.基本概念及原理

调蓄是维持自然水文循环和城市良性水文循环极关键的环节，是综合解决城市雨水问题的重要技术手段之一。根据调蓄的功能或作用原理，可将调蓄分为调节、储蓄、多功能调蓄三类。

调节是指在暴雨期间对峰值径流量进行暂时性的储存，降雨结束后或峰值流量过后再逐渐排放，从而达到控制径流峰值的目标，一般并不能减小排向下游的雨水总量，对径流总量、水质并无明显控制效果，其水文原理如图5-27所示。

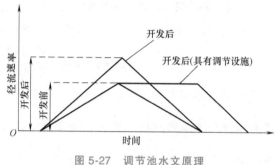

图 5-27　调节池水文原理

储蓄是储存和滞蓄的统称，是指通过对雨水径流量进行储存、滞留或蓄渗以达到削减径流排放量、控制水质、收集回用或补充地下水等综合利用雨水资源的目的。它与调节最大的不同，一是针对的控制目标不同，二是要利用雨水或减少外排的雨水量，当然，设施的构造和设计的方法也会不同。控制初期雨水污染的储蓄池水文原理如图5-28所示，主要用于汇水面源头，用于水质控制。控制峰值的储蓄池水文原理如图5-29所示，主要用于合流制排水系统的溢流污染控制。基于总量控制减排的储蓄池水文原理如图5-30所示。

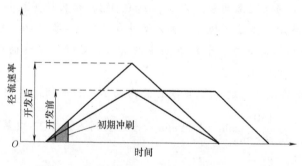

图 5-28　控制初期雨水污染的储蓄池水文原理

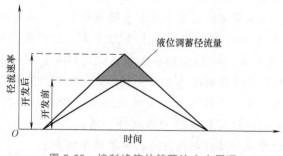

图 5-29　控制峰值的储蓄池水文原理

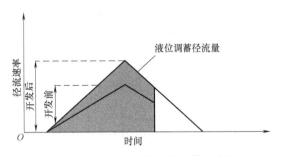

图 5-30　基于总量控制减排的储蓄池水文原理

2. 调节

雨水管渠系统设计流量一般采用雨峰时段的降雨径流量，其设计流量较大，管渠系统一般工程造价较高。如果能将一部分雨峰流量暂时存在具有一定调节容积的沟渠或水池等调节设施中，待雨峰流量过后，再从这些调节设施中排出所蓄水量，这样可以削减雨峰设计流量，减小下游管渠的断面尺寸，降低工程造价。

调节管渠峰值径流量的方法如下：

1）利用管渠本身的调节能力蓄洪，这种方法称为管渠容量调洪法。该方法调洪能力有限，适用于一般较平坦的地区，约可节约管渠造价 10%。

2）利用天然洼地和池塘作为调节池或采用人工修建的调节池蓄洪，该法的蓄洪能力很大，可以极大地减小下游雨水管渠的断面尺寸，对降低工程造价和提高系统排水的可靠性很有意义。

雨水调节池是雨水径流调节的主要构筑物，设置调节池的情形主要有：

1）在雨水干管的中游或有大流量交汇处设置调节池，可以降低下游各管段的设计流量。

2）正在发展或分期建设的区域，可用以解决旧有雨水管渠排水能力不足的问题。

3）当需要设置雨水泵站时，在泵站前如若设置调节池，则可降低装机容量，降低泵站的造价。

4）在干旱缺水地区，可利用调节池收集雨水，经处理后进行综合利用。

5）利用天然洼地或池塘等调节径流，可以补充景观水体，美化城市环境。

雨水调节池的常用形式主要有三种，分别为溢流堰式、底部流槽式和泵汲式，如图 5-31 所示。

1）溢流堰式调节池通常设置在雨水干管一侧，有进水管和出水管。进水管较高，其管顶一般与池内最高水位相平；出水管较低，其管顶一般与池内最低水位相平。在雨水干管上设置溢流堰，当雨水在管道中的流量增大到设定值时，由于溢流堰下游管道变小，管道中水位升高产生溢流，由进水管流入雨水调节池。当雨水排水径流量减小时，调节池中蓄存的雨水由出水管开始外流，经下游管道排出。

2）在底部流槽式调节池中，当进水量小于出水量时，雨水经设在池最底部的渐缩断面流槽全部流入下游干管而排走。池内流槽深度等于池下游干管的直径。当进水量大于出水量时，池内逐渐被高峰时的多余水量所充满，池内水位逐渐上升，直到进水量减小至小于池下游干管的通过能力时，池水位才逐渐下降，直至排空为止。

3) 泵汲式调节池是在调节池和下游管渠之间设置提升泵站，由泵站将调节池中蓄存的雨水排入下游雨水管道。该方式适用于下游管渠位置较高的情况，可减小下游管渠的埋设深度。

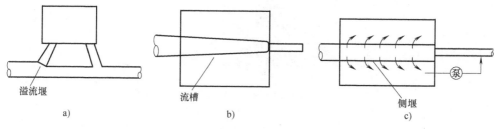

溢流堰

a)

流槽

b)

侧堰

泵

c)

图 5-31　雨水调节池

a）溢流堰式雨水调节池　b）底部流槽式雨水调节池　c）泵汲式雨水调节池

调节池的容积包括有效容积和保护深度。调节池内最高水位与最低水位之间的容积称为有效调节容积。调节池的入流管渠过水能力决定最大设计入流量，出流管渠泄水能力根据调节池泄空流量决定（要求泄空调节水量的时间≤24h）。调节池最高水位以不使上游地区溢流积水为控制条件。

3. 储蓄

雨水径流储蓄设施按照功能一般可分为削峰储蓄池、合流制溢流污染控制储蓄池、收集利用储蓄池、防洪排涝大型储蓄设施。强化了储蓄功能的调节池一般称为调蓄池，现举例说明如下。

（1）下凹桥区雨水调蓄排放系统　城市地势较低地区一般通过泵站提升排水，如下穿桥区、洼地等。随着城市化的快速发展，近年来，北京、上海、武汉等大中城市的下凹桥区成为城市内涝积水的高发区，普遍采用修建储蓄池的办法将超过泵站提升能力的雨水径流储蓄起来，降雨停止后再通过泵站提升排空或净化回用。下凹桥区雨水调蓄排放系统一般由雨水收集系统、调蓄系统、泵站提升外排系统组成，改建下凹桥区无条件修建调蓄设施，可由雨水收集系统及泵站提升外排系统组成，如图 5-32 所示。

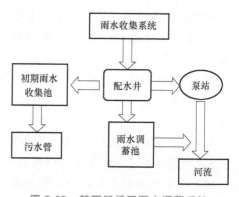

图 5-32　某下凹桥区雨水调蓄系统

（2）合流制溢流调蓄系统　合流制溢流调蓄池主要用于截流式合流制雨天溢流污染的控制，上海、昆明均已建成了数十座合流制溢流调蓄池。合流制溢流调蓄系统流程如图 5-33 所示，在降雨发生时，当流量增大到一定量超过污水管道截留倍数时，合流制污水由截流井进入调蓄池贮存，如流量继续增大至调蓄池装满时，合流制污水由截流井溢流，直接排放。在降雨停止后，调蓄池收集的混合污水缓慢地输送至污水处理厂处理，这样既可减小对污水处理厂的雨季冲击负荷，又可避免含有大量污染物的溢流雨水直接污染水体。图 5-34 所示为降雨过程中合流制调蓄池流量图解。合流制调蓄池的主要作用是收集一部分溢流的混合污水，提高合流制系统的截流倍数，减少暴雨期间合流制管道的溢流量，从而减少对水体的污染。

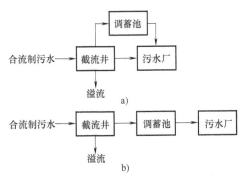

图 5-33　合流制溢流调蓄系统流程

a) 离线式　b) 在线式

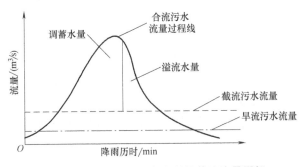

图 5-34　降雨过程中合流制调蓄池流量图解

（3）隧道调蓄　隧道作为一种有效的调蓄设施受到极大关注，它可迅速、灵活、高效地缓解城市局部洪涝及合流制溢流污染问题。由于雨洪控制隧道（又称"深层隧道"或"深隧"）多建于地下深层，避免了城市地面或浅层地下空间各种因素的影响，以及和其他基础设施的矛盾；同时，成熟且高效率的现代化地下盾构等施工技术为这种深层隧道的应用提供了有力的支撑。但由于它的工程量大、投资高，首先应考虑其适用条件。一般而言，在溢流口较多且密集、溢流水量大，或积水点多而密集、积水量大，或传统的地面及地下排放、存储设施不具备空间条件或难以快速奏效等条件下，雨洪控制隧道不失为一种良好的选择方案。

根据功能和控制目的，可将隧道分为污染控制、洪涝控制和多功能隧道三种，不同种类的隧道，其技术路线、设计方法、规模、衔接关系及上下游出路等各不相同。

以污染控制为目的的隧道通常也称为存储隧道或 CSO 存储隧道，如图 5-35 所示，多应用于老城区合流制区域，部分延伸到新城区，其主要作用是收集超过截流管道截流能力而产生的合流制溢流污水，少数情况下兼顾收集分流制雨水径流，在隧道末端就地处理或输送至污水处理厂处理后外排。这种隧道一般都沿溢流口设置，平行于截流干管、河流或海岸线，可有效地将多个溢流口串联起来，典型案例如悉尼存储隧道，其作用类似于一个较大的截流管道和调蓄池。由于这种隧道多位于排水系统下游，仅用来储存和处理超过截流管能力的合流制溢流污水，因而通常很难或不能解决上游汇水区域的积水问题。

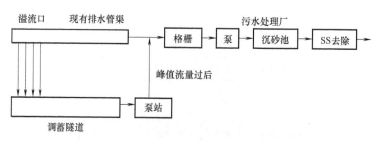

图 5-35　隧道系统雨天运行方式

以洪涝控制为目的的隧道根据场地、径流排放及运行条件，具体又可分为防涝隧道和排洪隧道，前者主要收集、调蓄超过现有排水管道或泵站排水能力的雨水径流，后者主要截流、接纳上游洪水或超过河道输送能力的洪水并排放，下游出路一般为河流或其他接纳水体。这种隧道通常沿积水区域主干街道布置，集中解决积水区域的水涝，典型案例如大阪防涝隧道；或沿主径流垂直方向布置，通过截流上游汇水区域的山洪或河道洪水，从而降低下游区域洪涝风险，典型案例如中国香港港岛西区雨水排放隧道、日本东京外围排放隧道。

多功能隧道通过合理的设计和调整隧道运行方式，可以实现洪涝控制、污染控制、交通等多种功能的兼顾。例如，在合流制排水系统中，除了要控制合流制溢流污染外，还要兼顾内涝防治，因此不仅在隧道的位置、规模方面要综合考虑，还需将现有管道系统、溢流口、积水区域与隧道进行合理的衔接，最大限度地缓解内涝和污染，典型案例如芝加哥的"深隧"。吉隆坡的"精明隧道"则将高速公路隧道与排洪隧道进行组合设计，实现洪涝控制与交通功能的结合。

4. 多功能调蓄

多功能调蓄设施是指利用城市公园、广场、坑塘、洼地、湿地等地势低洼区域空间调节或蓄存雨水径流的雨水控制利用设施。多功能调蓄设施是土地功能收益最大化的重要手段之一，充分体现了可持续发展的思想，以调蓄暴雨峰流量为核心，把防洪排涝、雨洪调蓄利用与城市景观、生态环境和城市其他一些社会功能更好地结合在一起。通过合理的设计，这些设施能较大幅度地提高防洪标准、降低排洪设施的费用和洪涝损失，更经济、有效地调蓄利用城市雨水资源和改善城市生态环境。

雨洪多功能调蓄设施是在传统的、功能单一的雨水调节池的基础上发展起来的（图 5-36）。这类设施与一般雨水调节池最明显的区别是：暴雨设计标准较高，高效利用城市土地资源，在非雨季或小雨时，这些设施可以全部或部分地正常发挥城市景观、公园、绿地、停车场、运动场、市民休闲集会地和娱乐场所等多种功能，从而显著地提高对城市雨洪科学化管理与利用的水平和效益投资比。雨洪多功能调蓄设施断面如图 5-37 所示。

5. 调蓄容积

（1）用于控制面源污染的雨水调蓄池　用于控制面源污染时，雨水调蓄池的有效容积可按下式计算：

$$V = 3600t_i(n-n_0)Q_f\beta \tag{5-28}$$

式中　V——调蓄池有效容积（m^3）；

　　　t_i——调蓄池进水时间（h），宜采用 $0.5 \sim 1h$，当雨天溢流污水水质在单次降雨事件中无明显初期效应时，宜取上限，反之，可取下限；

n——调蓄池运行期间的截流倍数，由要求的污染负荷目标削减率、当地截流倍数和
　　　截流量占降雨量比例之间的关系求得，截流倍数概念详见 5.4.2 节；

n_0——系统原截流倍数；

Q_f——截流井以前的旱流污水量（m^3/s）；

β——调蓄池容积计算安全系数，可取 1.1~1.5。

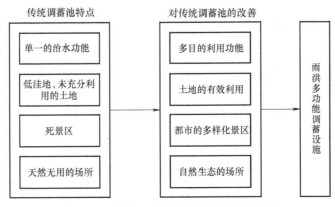

图 5-36　雨洪多功能调蓄设施的发展过程

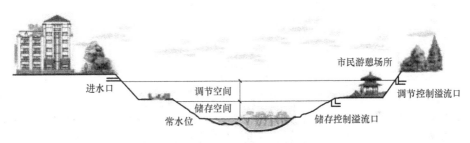

图 5-37　雨洪多功能调蓄设施断面示意图

（2）用于分流制排水系统径流污染控制的雨水调蓄池　用于分流制排水系统径流污染
控制时，雨水调蓄池的有效容积可按下式计算：

$$V = 10DF\Psi\beta \tag{5-29}$$

式中　D——调蓄量（mm），按降雨量计，可取 4~8mm；

　　　F——汇水面积（hm^2）；

　　　Ψ——径流系数。

（3）数学模型法确定雨水调蓄池容积　当用于控流削峰（即雨水调蓄）时，雨水调蓄
工程的调蓄量应根据内涝防治设计重现期标准和地区径流量控制标准的要求，通过比较雨水
调蓄工程上下游的流量过程线，运用数学模型确定，即

$$V = \int_0^T \left[Q_{in}(t) - Q_{out}(t) \right] dt \tag{5-30}$$

式中　V——调蓄量（m^3）；

　　　Q_{in}——调蓄设施上游设计流量（m^3/s）；

Q_{out}——调蓄设施下游设计流量（m³/s）；

T——降雨总历时（min）。

（4）脱过流量法确定雨水调蓄池容积　调蓄池的作用是高峰流量入池调蓄，低流量时脱过，脱过部分的流量为脱过流量，即未进入调蓄池的流量。脱过流量 Q' 与池前管道设计流量 Q 之比，称为脱过系数，常用 α 表示，取值为调蓄池下游设计流量和上游设计流量之比。

当缺乏上下游流量过程线资料时，用于峰值控制的调蓄池容积采用脱过流量法计算。脱过流量法适用于高峰流量入池调蓄，低流量时脱过。调蓄池容积 V 为

$$V=\left[-\left(\frac{0.65}{n^{1.2}}+\frac{b}{t}\times\frac{0.5}{n+0.2}+1.10\right)\lg(\alpha+0.3)+\frac{0.215}{n^{0.15}}\right]Qt \tag{5-31}$$

式中　V——调蓄池有效容积（m³）；

b，n——暴雨强度系数参数；

t——降雨历时（min）；

α——脱过系数，取值为调蓄池下游设计流量和上游设计流量之比；

Q——调蓄池上游设计流量（m³/min）。

调蓄池的放空时间为

$$t_0=\frac{V}{3600Q'\eta} \tag{5-32}$$

式中　t_0——放空时间（h）；

V——调蓄池有效容积（m³）；

Q'——下游排水管道或设施的受纳能力（m³/s）；

η——排放效率，一般可取0.3～0.9。

一般放空时间不得超过24h，按此原则可确定调蓄池出水管管径 D。为方便计算，一般可按照调蓄池容积大小估算出水管管径，即当调蓄池容积 $V=500\sim1000$m³ 时，选用 $D=150\sim250$mm；当调蓄池容积 $V=1000\sim2000$m³ 时，选用 $D=200\sim300$mm，然后按调蓄池放空时间要求进行管径校核。

5.4　截流式合流制排水管渠设计

5.4.1　截流式合流制排水系统的组成和布置特点

合流制管渠系统是在同一管渠内排除生活污水、工业废水及雨水的管渠系统。国内外许多城市的旧排水管道系统仍采用这种排水体制。根据混合污水的处理和排放方式，合流制分为直排式合流制和截流式合流制。由于直排式合流制管渠系统所排除的混合污水不经任何处理直接排入水体，造成水体严重污染，因此对于新建排水系统不宜采用。常用的是截流式合流制管渠系统，在临河的截流管上设置溢流管，晴天时，截流管以非满流将生活污水和工业废水送往污水处理厂处理；雨天时，随着雨水量的增加，截流管以满流将生活污水、工业废水和雨水的混合污水送往污水处理厂处理；当雨水径流量继续增加到混合污水量超过截流管的设计输水能力时，溢流井开始溢流，溢流量随雨水径流量的增加而增大；当降雨时间继续

延长时，由于降雨强度的减弱，雨水溢流井处的流量减少，溢流量减少；最后，混合污水量又重新等于或小于截流管的设计输水能力，溢流停止。

综上可知，截流式合流制排水系统是在同一管渠内输送多种混合污水，并集中到污水处理厂处理，从而消除了晴天时城市污水及初期雨水对水体的污染，在一定程度上满足环境保护方面的要求；因在同一管渠内排除所有的污水，所以其管线单一，管渠的总长度减少。但是，截流式合流制的截流管、提升泵站以及污水处理厂的规模都比分流制大，截流管的埋深也因为同时排除生活污水、工业废水和雨水而比单设的雨水管渠埋深大；在暴雨天，有一部分带有生活污水和工业废水的混合污水溢入水体，使水体受到一定程度的污染；由于晴天流量很小，流速很低，往往在管底造成淤积，降雨时雨水将沉积在管底的大量污水冲刷起来带入水体，形成污染。因此，在选择排水体制时，首先需满足环境保护要求，即保证水体所受的污染程度在允许的范围内，另外还要根据水体综合利用情况、地形条件以及城市发展远景，通过技术、经济比较后综合考虑确定。

当合流制管渠系统采用截流式时，其布置原则有：

1）管渠的布置应使所有服务面积上的生活污水、工业废水和雨水都能合理地排入管渠，并能以尽可能的最短距离坡向水体。

2）沿水体岸边布置与水体平行的截流干管，在截流干管的适当位置上设置溢流井，使超过截流干管设计输水能力的混合污水能顺利地通过溢流井就近排入水体。

3）在排水区域内，如果雨水可以沿道路的边沟排泄，则可只设污水管道；只有当雨水不宜沿地面径流时才布置合流管渠，截流干管尽可能沿河岸敷设，以便于截流和溢流。

4）必须合理地确定溢流井的数目和位置，以便尽可能减少对水体的污染，减少截流干管的尺寸，缩短排放渠道的长度。虽然截流式合流制管渠系统可截流初期雨水并进行处理，但溢流的混合污水仍会使水体受到污染。因此，为改善水体环境卫生，需要将排入混合污水对水体造成的污染降至最低，溢流井的设置数目宜少，其位置应尽可能设置在水体下游。但从经济角度考虑，增加溢流井的数目，可使混合污水及早溢入水体，因而减少截流干管尺寸。然而，溢流井数目过多会增加溢流井和排放渠道的造价，特别在溢流井离水体较远、施工条件困难时更是如此。当溢流井的溢流堰口标高低于水体最高水位时，需要在排水渠道上设置防潮门、闸门或泵站。为降低泵站造价和便于管理，溢流井应适当集中，不宜设置过多。为降低工程造价以及减少对水体的污染，并不是在每个交汇点上都要设置溢流井。

5）在汛期，因自然水体的水位增高，造成截流干管上的溢流井不能按重力流方式通过溢流管渠向水体排放时，应考虑在溢流管渠上设置闸门，防止洪水倒灌，还应考虑设置排水泵站提升排放，这时宜将溢流井适当集中，以利于排水泵站集中抽升。

6）为了彻底解决溢流对水体的污染问题，又充分利于截流干管的输水能力及污水处理厂的处理能力，可考虑在溢流出口附近设置调蓄池，在降雨时，可利用调蓄池积蓄溢流的混合污水，待雨后将贮存的混合污水再送往污水处理厂处理。此外，调蓄池还可以起到沉淀池的作用，改善溢流污水的水质。但一般所需调蓄池容积较大，而且混合污水的排放需增设泵站。

5.4.2 截流式合流制排水系统的设计流量

截流式合流制排水管渠一般按满流设计。其水力计算方法、水力计算数据（包括设计流速、最小坡度、最小管径、覆土厚度）以及雨水口布置要求与分流制中的雨水管渠设计基本相同。但合流制管渠雨水口设计时应考虑防臭、防蚊蝇滋生等措施。

截流式合流制排水管渠的设计流量在溢流井上游和下游是不同的。溢流井上游合流管渠的计算与雨水管渠的计算基本相同，只是它的设计流量要包括雨水、生活污水和工业废水；溢流井下游管渠则需突出截流式的特征。

1. 第一个溢流井上游管渠的设计流量

图 5-38 中，第一个溢流井上游管渠（1-2 管段）的设计流量为生活污水设计流量（Q_s）、工业废水设计流量（Q_i）与雨水设计流量（Q_r）之和

$$Q = Q_s + Q_i + Q_r \tag{5-33}$$

在实际水力计算中，当生活污水与工业废水量之和比雨水设计流量小很多（如生活污水量与工业废水量之和小于雨水设计流量的 5%）时，其流量一般可以忽略不计，因为生活污水量与工业废水量的计入往往不影响管径和管道坡度的确定。即使生

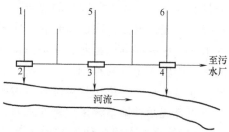

图 5-38　设有溢流井的合流管渠

活污水量和工业废水量较大，也没有必要把三部分设计流量之和作为合流管渠的设计流量，因为这三部分流量同时发生的可能性很小。所以，一般以雨水的设计流量（Q_r）、生活污水的平均流量（$\overline{Q}_s$）、工业废水最大班的平均流量（$\overline{Q}_i$）之和作为合流管渠的设计流量，即

$$Q = \overline{Q}_s + \overline{Q}_i + Q_r \tag{5-34}$$

这里，生活污水的平均流量是对居住区而言的，总变化系数采用 1；对于工业企业内生活污水量和淋浴污水量而言，采用最大班的平均流量，即时变化系数采用 1。

在式（5-34）中，$\overline{Q}_s + \overline{Q}_i$ 为晴天的设计流量，有时称其为旱流流量 Q_f，由于 Q_f 相对较小，因此按该式计算所得的管径、坡度和流速应用晴天的旱流流量 Q_f 进行校核，核算管道在输送旱流流量时是否满足不淤的最小流速要求。

2. 溢流井下游管渠的设计流量

合流制排水管渠在截流干管上设置溢流井后，对截流干管的水流情况影响很大。不从溢流井溢出的雨水量，通常按照旱流流量 Q_f 的指定倍数计算，该指定倍数称为截流倍数 n_0。如果流到溢流井的雨水流量超过 $n_0 Q_f$，则超过的水量由溢流井溢出，并经排放渠道泄入水体。

这样，溢流井下游管渠的雨水设计流量即为

$$Q_r = n_0(\overline{Q}_s + \overline{Q}_i) + Q_1 \tag{5-35}$$

式中　Q_1——溢流井下游排水面积上的雨水设计流量，按相当于此排水面积的集水时间计算而得。

溢流井下游管渠的设计流量是上述雨水设计流量与生活污水平均流量及工业废水最大班平均流量之和，即

$$
\begin{aligned}
Q &= n_0(\overline{Q}_s + \overline{Q}_i) + Q_1 + \overline{Q}_s + \overline{Q}_i + Q_2 \\
&= (n_0 + 1)(\overline{Q}_s + \overline{Q}_i) + Q_1 + Q_2 \\
&= (n_0 + 1)Q_f + Q_1 + Q_2
\end{aligned}
\tag{5-36}
$$

式中　Q_2——溢流井下游排水面积上的生活污水平均流量与工业废水最大班平均流量之和。

　　为节约投资和减少水体的污染点，往往不在每条合流管渠与截流干管的交汇点处都设置溢流井。

5.4.3　截流式合流制排水管渠计算要点

　　截流式合流制排水管渠与雨水管渠系统设计的差异之处主要有以下几点。

1. 截流式合流制管渠的雨水设计重现期

　　合流管渠的雨水设计重现期一般应比同一情况下雨水管渠的设计重现期适当提高，有人认为可提高 10%~25%，因为合流管渠泛滥时溢出的混合污水比雨水管渠泛滥时溢出的雨水所造成的损失要大，为了防止溢流污染，合流管渠的设计重现期和允许的溢流程度一般都需从严掌握。

2. 截流干管和溢流井的计算

　　对于截流干管和溢流井的计算，主要是要合理地确定所采用的截流倍数 n_0。根据 n_0 值确定截流干管的设计流量和通过溢流井泄入水体的流量，然后即可进行截流干管和溢流井的水力计算。

　　从环境保护的角度出发，为使水体少受污染，应采用较大的截流倍数。但从经济方面考虑，截流倍数过大，会大大增加截流干管、提升泵站以及污水处理厂的造价，同时造成进入污水处理厂的污水水质和水量在晴天和雨天的差别过大，给运行管理带来相当大的困难。为使整个合流管渠排水系统的造价合理且便于排水系统的运行管理，宜采用合理的截流倍数。通常，截流倍数 n_0 应根据旱流污水的水质、水量、排放水体的环境容量、水文、气象、经济和排水区域大小等因素经计算确定。英国使用的截流倍数为 5，德国为 4，我国《室外排水设计标准》规定，截流倍数宜采用 2~5，采用的截流倍数必须经当地卫生主管部门的同意，在同一排水系统中可采用不同截流倍数。

　　合流制排水系统宜采取削减雨天排放污染负荷的措施，例如，合流管渠的雨水设计重现期可适当高于同一情况下的雨水管道设计重现期；提高截流倍数，增加截流初期雨水量；有条件的地区可增设雨水调蓄池或初期雨水处理措施。

3. 溢流井的设置

　　溢流井是截流干管上最重要的构筑物。最简单的溢流井是在井中设置截流槽，槽顶与截流干管的管顶相平，如图 5-39 所示。截流槽式溢流井的溢流槽设在溢流井的底部，而溢流槽槽顶低于合流管渠 1 与排放管渠 3 的管底，略高于截流干管 2 的上顶。当合流管渠混

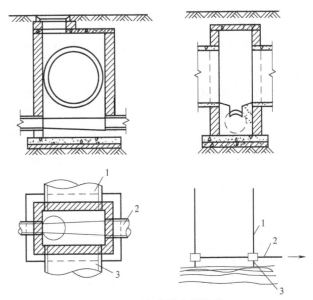

图 5-39　截流槽式溢流井

1—合流管渠　2—截流干管　3—排放管渠

合污水量小于截流干管的设计流量时，混合污水由合流管渠跌入溢流井流槽内，并经溢流井流向截流干管的下游。当合流管渠的流量大于截流干管的设计流量时，就会有多余的混合污水由截流槽的上顶溢出，经溢流井下游的排放管渠排入自然水体。此外，也可采用溢流堰式和跳越堰式溢流井，如图 5-40 和图 5-41 所示。

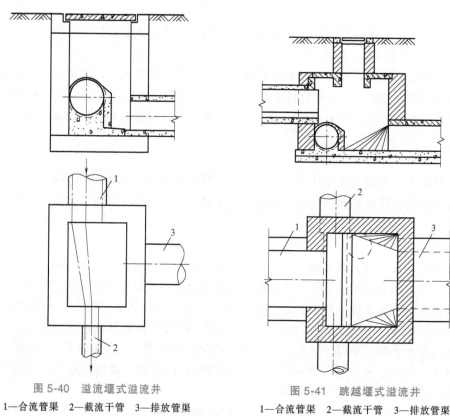

图 5-40　溢流堰式溢流井

1—合流管渠　2—截流干管　3—排放管渠

图 5-41　跳越堰式溢流井

1—合流管渠　2—截流干管　3—排放管渠

在溢流堰式溢流井中，溢流堰的一侧是合流管渠与截流干管衔接的流槽，另一侧是溢流井的排放管渠，当合流管渠的流量小于截流干管的设计流量时，混合污水直接进入截流干管；当混合污水由合流管渠直接排入的流量超过截流干管的设计流量时，混合污水便越过溢流堰，经下游的排放管渠排入水体。

当溢流堰的堰顶线与截流干管中心线平行时，可用下式计算溢流堰的溢出流量：

$$Q = M\sqrt[3]{l^{2.5}h^{5.0}}$$

(5-37)

式中　Q——溢流堰溢出流量（m^3/s）；

　　　l——堰长（m）；

　　　h——溢流堰末端堰顶以上水头高度（m）；

　　　M——溢流堰流量系数，薄壁堰一般可采用 2.2。

跳越堰式溢流井的工作特点是：当雨水流量小时，能够截流初雨污染进入截流干管；当雨水流量大时，由于流速加快，雨水越过隔墙，合流雨污水直接进入排放管渠排入水体。在跳越堰式溢流井中，通常根据射流抛物线的方程式，计算出溢流井工作室中隔墙的高度与距进水合流管渠出口的距离，如图 5-42 所示，射流抛物线外曲线方程式为

$$x_1 = 0.36v^{2/3} + 0.6y_1^{4/7} \tag{5-38}$$

射流抛物线内曲线方程式

$$x_2 = 0.18v^{4/7} + 0.74y_2^{3/4} \tag{5-39}$$

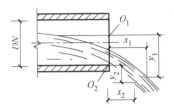

图 5-42　跳越堰计算草图

O_1—外曲线坐标原点　O_2—内曲线坐标原点

式中　v—进水合流管渠中的流速（m/s）；

x_1、x_2——射流抛物线外、内曲线上任一点的横坐标

（m）；

y_1、y_2——射流抛物线外、内曲线上任一点的纵坐标

（m）。

上式的适用条件是：进水合流管渠的直径 $DN \leqslant$
3m、坡度 $i < 0.025$、流速 $v = 0.3 \sim 3\text{m/s}$；当进水合流管渠仅通过旱流流量时，水深小于
0.35m；内曲线纵坐标为 $0.15 \sim 1.5\text{m}$，外曲线纵坐标小于 1.5m。

4. 晴天旱流流量的校核

合流管渠系统应满足晴天旱流流量的最小流速要求，一般不宜小于 $0.35 \sim 0.5\text{m/s}$，当
不能满足最小流速要求时，可修改设计管渠断面尺寸和坡度。值得注意的是，由于合流管渠
中旱流流量相对较小，特别是上游管段，旱流校核时往往满足不了最小流速的要求，这时可
在管渠底部设置缩小断面的流槽，以保证旱流时的流速，或者加强养护管理，利用雨天流量
冲洗管渠，以防淤塞。

5.4.4　城镇旧合流制管渠系统的改造

城镇排水管渠系统一般随城市的发展而相应地发展。最初，城镇往往用合流明渠直接排
除雨水和少量污水至附近水体，随着工业的发展和人口的增加与集中，为保护城镇卫生条
件，便把明渠改为暗渠，污水基本上仍直接排入附近水体。据有关资料介绍，日本有 70%
左右、英国有 67% 左右的城市采用合流制排水管渠系统。我国绝大多数的大城市，其旧的
排水管渠系统一般都采用直排式的合流制排水管渠系统，但随着工业与城镇的进一步发展，
直接排入水体的污水量迅速增加，势必会造成水体的严重污染。为了保护水体，理所当然地
提出了对城镇既有旧合流制排水管渠系统的改造问题。

目前，对城镇旧合流制排水管渠系统的改造，通常有以下几种途径。

1. 合流制改为分流制

将合流制改为分流制可有效减缓混合污水对水体的污染。此方法由于雨水、污水分流，
需要处理的污水量将相对减少，进入污水处理厂的水质、水量变化也相对较小，所以有利于
污水处理厂的运行管理。通常，在具有以下条件时，可考虑将合流制改造为分流制：

1）住房内部有完善的卫生设备，便于生活污水与雨水分流。

2）工厂内部可清浊分流，便于将符合要求的生产污水直接排入城镇污水管渠系统，将
清洁的工业废水排入雨水排水管渠系统或将其回用。

3）城镇街道的横断面有足够的位置，允许设置由于改建成分流制而需增建的污水或雨
水排水管渠，并且在施工中不对城镇的交通造成很大的影响。

4）排水管渠输水能力基本上已不能满足需要，或管渠损坏渗漏已十分严重，需要彻底

改建而设置新管渠。

在一般情况下，将生活污水与雨水分流较容易做到。但是，由于已建车间内工艺设备的平面位置和竖向布置比较固定，因而工厂内部的清浊分流不太容易做到。由于旧城镇的街道比较窄，而城镇交通流量较大，地下管线又较多，使改建工程不仅耗资巨大，而且影响面广，工期相当长，在某种程度上甚至比新建的排水工程更为复杂，难度更大。

2. 保留合流制，修建合流管渠截流管或对溢流污水增加适当处理

由于将合流制改为分流制往往因投资大、施工困难等原因而较难在短期内做到，所以目前旧合流制排水管渠系统的改造多采用保留合流制，修建合流管渠截流干管，即改造成截流式合流制排水管渠系统。这种系统的运行情况已如前述，但是，截流式合流制排水管渠系统并没有杜绝污水对水体的污染。溢流的混合污水不仅含有部分旱流污水，而且夹带有晴天沉积在管底的沉积物，对水体造成的局部或整体污染不容忽视。为保护水体，在规划设计时需考虑根据不同地区的水体稀释与自净能力提高截流倍数的选用值；或对溢流的混合污水进行适当的处理，处理措施包括细筛滤、沉淀以及其他必要的措施。

3. 对溢流的混合污水量进行控制

为减少溢流的混合污水对水体的污染，在土壤有足够渗透性且地下水位较低（至少低于排水管底标高）的地区，可采用提高地表持水能力和地表渗透能力的措施来减少暴雨径流，从而降低溢流的混合污水量。例如，采用透水性沥青路面（OGFC）可削减洪峰流量，也可采用屋顶绿化、植草浅沟、雨水花园、透水砖停车场或雨水塘等滞蓄措施，还可将这些滞蓄措施出水引入干井或渗透沟来削减洪峰流量。

应当指出，城镇旧合流制排水管渠系统的改造是一项很复杂的工作。对于我国来说，这不仅是因为城镇排水管渠系统正处于随城镇发展而进行修建的过程中，管渠材料和技术条件等在不同时期存在差别，还因为新中国成立前排水管渠系统的不合理性。因此，城镇旧排水管渠的改造必须根据当地的具体情况，与城镇规划相结合，在确保水体免受污染的条件下，充分发挥原有管渠系统的作用，使改造方案既有利于保护环境，又经济合理切实可行。

前已述及，一个城镇根据不同的情况可能采用不同的排水体制。这样，在一个城镇中就可能有分流制与合流制并存的情况。在这种情况下，存在两种管渠系统的连接方式问题。当合流制排水管渠中雨天的混合污水能全部经污水处理厂进行处理时，这两种管渠系统的连接方式比较灵活。当雨天合流管渠中的混合污水不能全部经污水处理厂进行处理时，也就是当污水处理厂二级处理设备的能力有限时，或者合流管渠系统中没有储存雨天混合污水的设施，而在雨天必须在污水处理厂二级处理设备之前溢流部分混合污水进入水体时，两种管渠系统之间就必须采用图 5-43a、b 所示的方式连接，而不能采用图 5-43c、b 方式连接。图 5-43a、b 连接方式时合流管渠中的混合污水先溢流，然后再与分流制的污水管道系统连接，两种管渠系统一经汇流后，汇流的全部污水都将通过污水处理厂二级处理后再行排放。图 5-43c、d 连接方式则或是在管道上，或是在初次沉淀池中，两种管渠系统先汇流，然后再从管道上或从初次沉淀池后溢流出部分混合污水进入水体。这无疑会造成溢流混合污水更大程度的污染，因为在合流管渠中已被生活污水和工业废水污染了的混合污水，又进一步受到分流制排水管渠系统中生活污水和工业废水的污染，因此，图 5-43c、d 连接方式不适于保护水体。

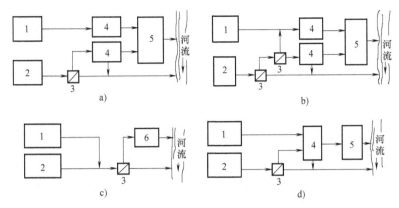

图 5-43 合流制与分流制排水管渠系统的连接方式

1—分流区域 2—合流区域 3—溢流井 4—初次沉淀池 5—曝气池与二次沉淀池 6—污水处理厂

5.4.5 合流制排水管渠水力计算

合流制排水管渠水力计算方法与雨水管渠系统类似，但也有差别。

【例 5-8】 图 5-44 所示为某市一个区域的截流式合流干管的计算平面图。其计算原始数据如下：

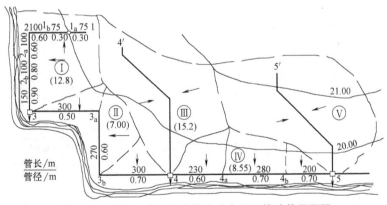

图 5-44 某市一个区域的截流式合流干管计算平面图

1）该市的暴雨强度公式为

$$q = \frac{167(47.17 + 41.66\lg P)}{t + 33 + 9\lg(P - 0.4)}$$

式中 P——设计重现期，采用 2 年；

t——集水时间，地面集水时间按 10min 计算，管内流行时间为 t_2，则 $t = 10 + t_2$。

该设计区域平均径流系数经计算为 0.45，则设计雨水量为

$$Q_r = \frac{167 \times (47.17 + 41.66\lg 2) \times 0.45}{10 + \sum t_2 + 33 + 9\lg(2 - 0.4)} \cdot F = \frac{4487.27}{44.84 + \sum t_2} \cdot F$$

式中 F——设计排水面积（hm^2）。

当 $\sum t_2 = 0$ 时，单位面积的径流量 $q_v = 100.08 L/(s \cdot hm^2)$。

2）人口密度按 200 人/hm^2 计算，生活污水量标准按 100L/（人·d）计，故生活污水比流量为 $q_s = 0.231 L/(s \cdot hm^2)$。

3）截流干管的截流倍数采用 $n_0 = 3$。

4）街道管网起点埋深为 1.70m。

5）河流最高月平均洪水位为 12.00m。

【解】 计算时，先划分各设计管段及其排水面积，计算每块面积大小，如图 5-44 中括号内所示数据；再计算设计流量，包括雨水量、生活污水量及工业废水量；然后根据设计流量查水力计算表（满流）得出设计管径和坡度，本例中采用的管道粗糙系数 $n = 0.013$；最后校核旱流情况。

表 5-23 所示为管段 1-5 的水力计算结果。现对其中部分计算说明如下：

表 5-23 截流式合流干管计算表

管段编号	管长/m	排水面积/hm²			管内流行时间/min		设计流量/(L/s)					设计管径/mm	设计坡度	管道坡降/m
		本段	转输	总计	累计 $\sum t_2$	本段 t_2	雨水	生活污水	工业废水	溢流井转输水量	总计			
1	2	3	4	5	6	7	8	9	10	11	12	13	14	15
1-1ₐ	75	0.60	—	0.60	0.00	1.42	60.05	0.14	1.50	—	61.69	300	0.0040	0.30
1ₐ-1_b	75	1.40	0.60	2.00	1.42	1.23	194.01	0.46	3.10	—	197.57	500	0.0028	0.21
1_b-2	100	1.80	2.00	3.80	2.65	1.26	359.11	0.88	6.40	—	366.39	600	0.0037	0.37
2-2ₐ	80	0.70	3.80	4.50	3.91	1.21	414.25	1.04	8.50	—	423.79	700	0.0021	0.17
2ₐ-2_b	120	4.50	4.50	9.00	5.12	1.54	808.39	2.08	14.50	—	824.97	900	0.0021	0.25
2_b-3	150	3.80	9.00	12.80	6.66	1.71	1115.37	2.97	18.50	—	1136.84	1000	0.0023	0.35
3-3ₐ	300	2.00	0.00	2.00	0.00	4.85	200.16	0.46	0.18	85.88	286.68	600	0.0023	0.69
3ₐ-3_b	270	2.80	2.00	4.80	4.85	4.29	433.45	1.15	0.43	85.88	520.91	800	0.0016	0.43
3_b-4	300	2.20	2.00	7.00	9.14	3.65	581.93	1.61	0.61	85.88	670.03	800	0.0027	0.81
4-4ₐ	230	2.95	0.00	2.95	0.00	3.48	295.23	0.46	0.13	123.16	418.98	700	0.0021	0.48
4ₐ-4_b	280	3.10	2.95	6.05	3.48	3.41	561.82	1.38	0.28	123.16	686.64	800	0.0027	0.76
4_b-5	200	2.50	6.05	8.55	6.89	2.43	741.69	1.98	0.40	123.16	867.23	900	0.0023	0.46

管段编号	设计流速/(m/s)	设计管道输水能力/(L/s)	地面标高/m		管内底标高/m		埋深/m		旱流校核			备注
			起点	终点	起点	终点	起点	终点	旱流流量/(L/s)	充满度	流速/(m/s)	
1	16	17	18	19	20	21	22	23	24	25	26	27
1-1ₐ	0.88	62.00	20.20	20.00	18.50	18.20	1.70	1.80	1.64	—	—	—
1ₐ-1_b	1.02	200.00	20.00	19.80	18.00	17.79	2.00	2.01	3.56	—	—	—
1_b-2	1.32	372.00	19.80	19.55	17.69	17.32	2.11	2.23	7.28	—	—	—
2-2ₐ	1.10	424.00	19.55	19.55	17.22	17.05	2.33	2.50	9.54	0.10	0.48	—
2ₐ-2_b	1.30	830.00	19.55	19.50	16.85	16.60	2.70	2.90	16.58	0.11	0.69	—
2_b-3	1.46	1150.00	19.50	19.45	16.50	16.16	3.00	3.30	21.47	0.10	0.54	3点设溢流井

（续）

管段编号	设计流速/(m/s)	设计管道输水能力/(L/s)	地面标高/m		管内底标高/m		埋深/m		旱流校核			备注
			起点	终点	起点	终点	起点	终点	旱流流量/(L/s)	充满度	流速/(m/s)	
1	16	17	18	19	20	21	22	23	24	25	26	27
3-3$_a$	1.03	292.00	19.45	19.50	16.16	15.47	3.30	4.04	22.11	0.20	0.59	—
3$_a$-3$_b$	1.05	530.00	19.50	19.45	15.27	14.83	4.24	4.62	22.97	0.16	0.50	—
3$_b$-4	1.37	690.00	19.45	19.45	14.83	14.02	4.62	5.43	23.69	0.17	0.50	4 点设溢流井
4-4$_a$	1.10	424.00	19.45	19.45	14.02	13.54	5.43	5.91	31.50	0.19	0.63	4'-4 管段转输
4$_a$-4$_b$	1.37	690.00	19.45	19.50	13.44	12.68	6.01	6.82	32.39	0.16	0.66	q_s=7.10L/s
4$_b$-5	1.37	870.00	19.50	19.50	12.58	12.12	6.92	7.38	33.11	0.14	0.65	—

1）表中第 17 项"设计管道输水能力"是指设计管径在设计坡度条件下的实际输水能力，该值应接近或略大于第 12 项的设计总流量。

2）1-2 管段因旱流流量太小，未进行旱流校核，在施工设计时或在养护管理中应采取适当措施防止淤塞。

3）3 点及 4 点均设有溢流井。

对于 3 点而言，由 1-3 管段流来的旱流流量为 21.47L/s。在截流倍数 $n_0=3$ 时，溢流井转输的雨水量为

$$Q_r = n_0 Q_f = 3 \times 21.47 \text{L/s} = 64.41 \text{L/s}$$

经溢流井转输的总设计流量为

$$Q = Q_r + Q_f = (n_0+1) Q_f = (3+1) \times 21.47 \text{L/s} = 85.88 \text{L/s}$$

经溢流井溢流进入河道的混合废水量为

$$Q_0 = 1136.84 \text{L/s} - 85.88 \text{L/s} = 1050.96 \text{L/s}$$

对于 4 点而言，由 3-4 管段流来的旱流流量为 23.69L/s；由于 4'-4 管段流来的总设计流量为 713.10L/s，其中旱流流量为 7.10L/s。故到达 4 点的总旱流流量为

$$Q_f = 23.69 \text{L/s} + 7.10 \text{L/s} = 30.79 \text{L/s}$$

经溢流井转输的雨水量为

$$Q_r = n_0 Q_f = 3 \times 30.79 \text{L/s} = 92.37 \text{L/s}$$

经溢流井转输的总设计流量为

$$Q = Q_r + Q_f = (n_0+1) Q_f = (3+1) \times 30.79 \text{L/s} = 123.16 \text{L/s}$$

经溢流井溢流入河道的混合废水量为

$$Q_0 = 670.03 \text{L/s} + 713.10 \text{L/s} - 123.16 \text{L/s} = 1259.97 \text{L/s}$$

4）截流管 3-3$_a$、4-4$_a$ 的设计流量分别为

$$Q_{3-3a} = (n_0+1) Q_f + Q_{r(3-3a)} + Q_{s(3-3a)} + Q_{i(3-3a)}$$
$$\approx 85.88 \text{L/s} + 200.16 \text{L/s} + 0.46 \text{L/s} + 0.18 \text{L/s} = 286.68 \text{L/s}$$

$$Q_{4-4a} = (n_0+1) Q_f + Q_{r(4-4a)} + Q_{s(4-4a)} + Q_{i(4-4a)}$$
$$\approx 123.16 \text{L/s} + 295.23 \text{L/s} + 0.46 \text{L/s} + 0.13 \text{L/s} = 418.98 \text{L/s}$$

因为两管段的 Q_s 和 Q_i 相对较小，计算中忽略未计。

5）3 点和 4 点溢流井的堰顶标高按设计计算分别为 17.16m 和 15.22m，均高于河流最高月平均洪水位 12.00m，故河水不会倒流。

5.5 合流制溢流污染控制策略

我国城镇合流制排水管渠系统一般位于中心城区或者老城区，合流制的改造存在较大困难，因此国内外许多城镇现在都还保留着部分合流制排水系统。合流制系统雨天溢流污水对受纳水体造成严重污染，这是世界上许多国家遇到的共同问题。在一些城镇，溢流污染已经成为城镇水体最主要的污染来源之一。为了减少雨季排入水体的合流制溢流污水量，恢复受纳水体水质，世界上采用合流制排水体制的城镇均在积极探索并努力改善合流制系统，通过采取一系列控制措施来减少溢流污染。合流制溢流污染控制是近几十年来乃至今后很长时间内水污染控制领域中的热点问题之一。

要从根本上解决我国溢流污染问题，不能简单地依靠采取分流制系统，或者单纯采取对溢流污水进行截流和处理的策略。我国未来溢流污染控制应充分借鉴发达国家当前所采取的控制策略，将溢流污染控制同城镇暴雨径流控制相结合，综合采用绿色基础设施与传统灰色基础设施相结合，通过全面科学的研究与规划，从源头、中途、终端采取一系列控制措施，改造与完善原有合流制排水系统。通过采取绿色基础设施减少降雨径流的产生，从而减少进入合流制管道系统的雨水量；同时，利用传统灰色基础设施对进入合流制管道系统的合流污水进行截流与处理，从而减少溢流的发生次数与溢流量，将溢流污染降至最低，实现对合流制溢流（CSO）污染的更为经济有效的控制。综合以上内容，提出我国合流制溢流（CSO）污染控制策略，如图 5-45 所示。

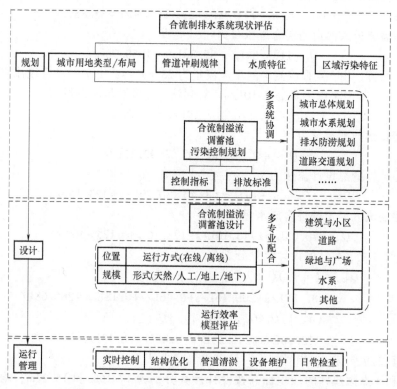

图 5-45　合流制溢流（CSO）污染控制策略示意图

结合图 5-45，我国合流制溢流（CSO）污染控制策略可归结为以下几点：

1）制定 CSO 污染控制目标。基于各城镇降雨特征、城镇发展状况、合流制溢流污染规律、溢流污染负荷和总量，以及地表水体环境容量等理论研究，制定城镇 CSO 污染控制总体目标。

2）CSO 污染控制理念的转变。综合采用绿色基础设施和灰色基础设施，实现经济高效的 CSO 污染控制。同时，尽快制定我国 CSO 污染控制的政策、法规，加强政府、相关职能部门、开发商、公众相互配合等非工程性措施来保障控制理念和各种控制措施的推行。

3）CSO 污染控制规划方案的制定。对于我国这样一个自然条件和地域差异巨大的国家，在 CSO 污染控制中一定要避免"头疼医头，脚疼医脚"现象的发生。各城镇应首先进行综合的研究分析，结合城镇的特殊性，在新的控制理念的指导下，因地制宜地制定 CSO 污染控制规划方案，选择控制措施。

4）CSO 污染控制方案的实施。科学合理地确定控制设施的规模，优化运行管理，保证控制方案的高效实施，最终实现 CSO 污染控制具体目标和总体目标。

思 考 题

1. 在污水管道进行水力计算时，为什么要对设计充满度、设计流速、最小管径和最小设计坡度做出规定？是如何规定的？

2. 污水管道的覆土厚度和埋设深度是否为同一含义？污水管道设计时为什么要限定覆土厚度的最小值？

3. 污水管道定线的一般原则和方法是什么？

4. 什么是污水管道系统的控制点？通常情况下应该如何确定其控制点的高程？

5. 当污水管道的埋设深度已经接近最大允许埋深而管道仍需继续向前埋设时，一般采用什么措施？

6. 污水设计管段之间有哪些衔接方式？衔接时应该注意哪些问题？

7. 计算雨水管渠的设计流量时，应该用与哪个历时 t 相应的暴雨强度 q？为什么？

8. 进行雨水管道设计计算时，在什么情况下会出现下游管段的设计流量小于上一管段设计流量的现象？若出现应如何处理？

9. 雨水管渠平面布置与污水管道平面布置相比有何特点？

10. 排洪沟的设计标准为什么比雨水管渠的设计标准高得多？

11. 试比较分流制与合流制的优缺点。

12. 小区排水系统宜采用分流制还是合流制？为什么？

13. 污水总变化系数、截流倍数如何取值？

习 题

1. 图 5-46 所示为某工厂工业废水干管平面图。图上注明各废水排出口的位置、设计流量、各设计管段的长度，以及检查井处的地面标高。排出口 1 的管底标高为 218.9m，其余各排出口的埋深均不得小于 1.6m。该地区土壤无冰冻。要求列表进行干管的水力计算，并将计算结果标注在平面图上。

2. 试根据图 5-47 所示的小区平面图布置污水管道，并从工厂接管点至污水处理厂进行管段的水力计算，绘出管道平面图和纵断面图。已知：

1）人口密度为 400 人/hm²。

2）生活污水定额为 140L/（人·d）。

3）工厂的生活污水和淋浴污水设计流量分别为 8.24L/s 和 6.84L/s，生产污水设计流量为 26.4L/s，工厂排出口地面标高为 43.5m，管底埋深不小于 2m，土壤冰冻深为 0.8m。

　　4）沿河岸堤坝顶标高为 40m。

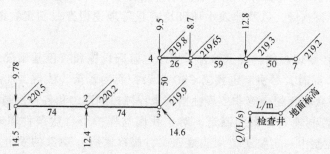

图 5-46　某工厂工业废水干管平面图

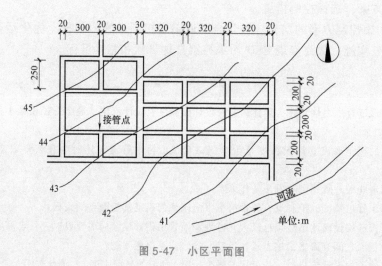

图 5-47　小区平面图

　　3. 从某市一场暴雨自记雨量记录中求得 5min、10min、15min、20min、30min、45min、60min、90min、120min 的最大降雨量分别是 13mm、20.7mm、27.2mm、33.5mm、43.9mm、45.8mm、46.7mm、47.3mm、47.7mm。试计算各历时的暴雨强度 i 及 q。

　　4. 北京市某小区面积共 22hm²，其中屋面面积占该地区总面积的 30%，沥青道路面积占 16%。级配碎石路面的面积占 12%，非铺砌土路面占 4%，绿地面积占 38%。试计算该区的平均径流系数。当采用设计重现期分别为 $P=5$ 年、2 年、1 年及 0.5 年时，其设计降雨历时 $t=20$min 时的雨水设计流量各是多少？

　　5. 雨水管道平面布置如图 5-48 所示，图中各设计管段的本段汇水面积已标注在图上，单位以 hm² 计，假定设计流量均从管段起点进入。已知当重现期 $P=3$ 年时，暴雨强度公式为

$$i = \frac{20.154}{(t+18.768)^{0.784}} \, (\mathrm{mm/min})$$

　　经计算，径流系数 $\Psi=0.6$。取地面集水时间 $t_1=10$min。各管段的长度以 m 计，管内流速以 m/s 计。数据如下：$L_{1\text{-}2}=120$m，$L_{2\text{-}3}=130$m，$L_{4\text{-}3}=200$m，$L_{3\text{-}5}=200$m，$v_{1\text{-}2}=1.0$m/s，$v_{2\text{-}3}=1.2$m/s，$v_{4\text{-}3}=0.85$m/s，$v_{3\text{-}5}=1.2$m/s。试求各管段的雨水设计流量。（计算至小数点后一位）

　　6. 某市一工业区拟采用合流管渠系统，其管渠平面布置如

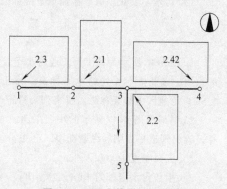

图 5-48　雨水管道平面布置

图 5-49 所示，各设计管段的管长、服务面积及工业废水量见表 5-24，其他原始资料如下：

表 5-24　设计管段的管长和服务面积、工业废水量

| 管段编号 | 管长/m | 排水面积/hm² | | | | 本段工业废水流量/(L/s) | 备注 |
		面积编号	本段面积	转输面积	合计		
1-2	85	I	1.20			20	
2-3	128	II	1.79			10	
3-4	59	III	0.83			60	
4-5	138	IV	1.93			0	
5-6	165.5	V	2.12			35	

1）设计雨水量计算公式：

暴雨强度公式为

$$q = \frac{10020(1+0.56\lg P)}{t+36}$$

设计重现期采用 3 年；地面集水时间 t_1 采用 10min；该设计区域平均径流系数经计算为 0.45。

2）设计人口密度为 300 人/10^4m²，生活污水量标准按照 100L/（人·d）计。

3）截流干管的截流倍数 n_0 取 3。

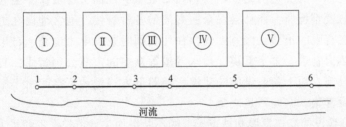

图 5-49　工业区合流排水管渠计算图

试计算：①各设计管段的设计流量；②若在 5 点设置溢流堰式溢流井，则 5-6 管段的设计流量及 5 点的溢流量各为多少？此时 5-6 管段的设计管径可比不设溢流井时的设计管径小多少？

第6章
综合管廊与管线综合设计

6.1 综合管廊设计

综合管廊是指在城市道路、厂区等地下建造的一个隧道空间，将电力、通信、燃气、给水、热力、排水等市政公用管线集中敷设在同一个构筑物内，并通过设置专门的投料口、通风口、检修口和监测系统保证其正常运营，实施市政公用管线的"统一规划、统一建设、统一管理"，以做到城市道路地下空间的综合开发利用和市政公用管线的集约化建设和管理，避免城市道路产生"拉链路"。

城市道路作为都市的交通网络，不仅担负着繁重的地面交通负荷，更为都市提供绿化空间及地震时的紧急避难场所。而社会民众所必需的各种管线，通常埋设在道路的下方。道路红线宽度有限，在有限的道路红线宽度内，往往要同时敷设电力电缆、自来水管道、信息电缆、燃气管道、热力管道、雨水管道、污水管道等众多的市政公用管线，有时还要考虑地铁隧道、地下人防设施、地下商业设施的建设。道路下方浅层地下空间由于施工方便、敷设经济，往往出现建设密集、空间不足之争。

随着我国经济建设的高速发展和城市人口的不断增加，城市规模不断扩大，许多城市出现建设用地紧张、道路交通拥挤、城市基础设施不足、环境污染加剧等问题。解决这些问题的方案有以下两种方式：一种方式是继续扩大城市外延，另一种方式是走内涵式发展的道路，开发利用城市地下空间。外延式的发展方式，靠扩展城市用地面积和向高空延伸，一方面使城市人口密度加大，城市容量膨胀，另一方面也加剧了城市用地的矛盾；内涵式发展方式无论从城市生产、生活设施建设，还是从减轻城市环境、防灾压力方面，都迫切要求向地下空间发展。城市地下空间如能得到充分、合理的开发利用，其利用面积可达到城市地面面积的50%，相当于城市增加了一半的可用面积，这能有效缓解城市发展与我国土地资源紧张的矛盾，对提高土地利用率、扩大城市生存发展空间具有重要的意义。

综合管廊是21世纪新型城市市政基础设施建设现代化的重要标志之一。它避免了由于埋设或维修管线而导致路面重复开挖的麻烦。由于管线不接触土壤和地下水，因此避免了土壤对管线的腐蚀，延长了使用寿命，同时，它还为城市规划发展预留了宝贵的发展空间。它不仅解决了道路的重复开挖问题，同时也解决了地上空间过密化，是一条创造和谐生态环境的新途径。

6.1.1 综合管廊的类型

根据综合管廊所收纳的管线不同，其性质及结构也有所不同，大致可分为干线综合管廊、支线综合管廊、缆线综合管廊（电缆沟）三种，如图6-1所示。

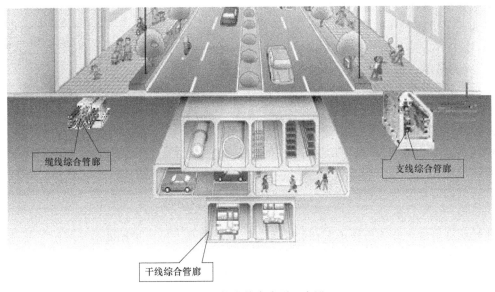

图 6-1　综合管廊类型示意图

1. 干线综合管廊

干线综合管廊主要收纳的管线为电力、通信、给水、燃气、热力等管线，有时根据需要也将排水管线收纳在内。

干线综合管廊的断面通常为圆形或多格箱形，并设置工作通道及照明、通风等设备，如图 6-2 所示。

干线综合管廊的特点主要有：

1）稳定、大流量。

2）高度的安全性。

3）内部结构紧凑。

4）兼顾直接供给到稳定使用的大型用户。

5）一般需要专用的设备。

6）管理及运营相对简单。

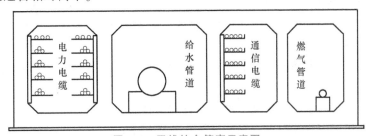

图 6-2　干线综合管廊示意图

2. 支线综合管廊

支线综合管廊主要负责将各种供给从干线综合管廊分配、输送至各直接用户，一般设置在道路的两旁，收纳直接服务的各种管线。

支线综合管廊断面以矩形断面较为常见，一般为单格或双格箱形结构，管廊内一般要求设置工作通道及照明、通风等设备，如图6-3所示。

支线综合管廊的特点主要有：

1）有效（内部空间）断面较小。

2）结构简单、施工方便。

3）设备多为常用定型设备。

4）一般不直接服务大型用户。

3. 缆线综合管廊

缆线综合管廊主要负责将市区架空的电力、通信、有线电视、电路照明等电缆收纳至埋地的管道。缆线综合管廊一般设置在道路的人行道下面，其埋深较浅，一般在1.5m左右。

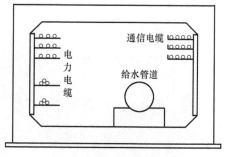

图6-3　支线综合管廊示意图

缆线综合管廊的断面以矩形断面较为常见，一般不要求设置工作通道及照明、通风等设备，仅增设供维修时用的工作手孔即可，如图6-4所示。

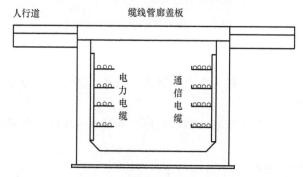

图6-4　缆线综合管廊示意图

6.1.2　综合管廊的特点

综合管廊可将电力电缆、电信电缆、燃气管线、给水管线、供冷供暖管线和排水管线等工程管线纳入其中，也可将管道化的生活垃圾输送管道敷设在综合管廊内。

综合管廊的建设具有以下优势：

1）可避免由于敷设和维修地下管线频繁挖掘道路而对交通和居民出行造成影响和干扰，保持路容完整和美观。

2）可降低路面多次翻修的费用和工程管线的维修费用，保持路面的完整性和各类管线的耐久性。

3）便于各种管线的敷设、增减、维修和日常管理。

4）由于综合管廊内管线布置紧凑合理，有效利用了道路下的空间，节约了城市用地。

5）由于减少了道路的杆柱及各种管线的检查井、室等，美化了城市景观。

6）由于架空管线一起入地，减少了架空线与绿化的矛盾。

综合管廊建设也体现出不足之处：

1）一次性投资大，而且费用分摊问题复杂。

2）由于各类管线的主管单位不同，统一管理难度较大。

3）若不能正确预测远景发展规划，将造成综合管廊容量过大或不足，致使浪费严重或在综合管廊附近仍需敷设直埋管线。

4）在现有道路下建设时，现状管线与规划新建管线交叉造成施工困难，增加工程费用。

5）各类管线组合在一起，容易发生干扰事故，如电力管线打火就有引起燃气爆炸的危险，所以必须制定严格的安全防护措施。

6.1.3　综合管廊规划

1. 规划原则

1）综合管廊工程规划应符合城市总体规划的要求，规划年限应与城市总体规划一致，并应预留远景发展空间。

城市总体规划是对一定时期内城市性质、发展目标、发展规模、土地利用、空间布局以及各项建设的综合部署和实施措施，综合管廊工程规划应以城市总体规划为依据并符合城市总体规划的发展要求，也是城市总体规划对市政基础设施建设要求的进一步落实，其规划年限应与城市总体规划年限一致。由于综合管廊生命周期原则上不少于 100 年，因此，综合管廊工程规划应适当考虑城市总体规划法定期限以外（即远景规划部分）的城市发展需求。

2）综合管廊工程规划应与城市工程管线专项规划及管线综合规划协调一致。

城市新区的综合管廊工程规划中，若综合管廊工程规划建设在先，各工程管线规划和综合管线规划应与综合管廊工程规划相适应；老城区的综合管廊工程规划中，综合管廊应满足现有管线和规划管线的需求，并可依据综合管廊工程规划对各工程管线规划进行反馈优化。

3）综合管廊工程规划应集约利用地下空间，统筹规划综合管廊内部空间，协调综合管廊与其他地上、地下工程的关系。

综合管廊相比于传统管道直埋方式的优点之一是节省地下空间，综合管廊工程规划中应按照管廊内管线设施优化布置的原则预留地下空间，同时与地下和地上设施协调，避免发生冲突。

4）综合管廊工程规划应坚持因地制宜、远近结合、统一规划、统筹建设的原则。

有条件建设综合管廊的城市应编制综合管廊工程规划，且该规划要适应当地的实际发展情况，预留远期发展空间并落实近期可实施项目，体现规划的科学性、系统性。

2. 规划布局

1）综合管廊布局应与城市空间结构、建设用地布局和道路网规划相适应。

综合管廊的布置应以城市总体规划的用地布置为依据，以城市道路为载体，既要满足现状需求，又能适应城市远期发展。

2）综合管廊工程规划应结合城市地下管线现状，在城市道路、轨道交通、给水、雨水、污水、再生水、天然气、热力、电力、通信、地下空间利用等专项规划以及地下管线综合规划的基础上，确定综合管廊的布局。

按照我国目前的规划编制情况，城市给水、雨水、污水、供电、通信、燃气、供热、再生水等专项规划基本由专业部门牵头编制完成，综合管廊工程规划原则上以上述专项规划为依据确定综合管廊的布置及入廊管线种类，并且在综合管廊工程规划编制过程中对上述专项规划提出调整意见和建议；对于上述专项规划编制不完善的城市，综合管廊工程规划应考虑各专业管线现状情况和远期发展需求综合确定，并建议同步编制相关专项规划。

3）综合管廊应与地下交通、地下商业开发、地下人防设施及其他相关建设项目协调。

综合管廊与地下交通、地下商业、地下人防设施等地下开发利用项目在空间上有交叉或者重叠时，应在规划、选线、设计、施工等阶段与上述项目在空间上统筹考虑，在设计施工阶段宜同步开展，并预先协调可能遇到的矛盾。

4）当遇到下列情况之一时，宜采用综合管廊：

① 交通运输繁忙或地下管线较多的城市主干道以及配合轨道交通、地下道路、城市地下综合体等建设工程地段。

② 城市核心区、中央商务区、地下空间高强度成片集中开发区、重要广场、主要道路的交叉口、道路与铁路或河流的交叉处、过江隧道等。

③ 道路宽度难以满足直埋敷设多种管线的路段。

④ 重要的公共空间。

⑤ 不宜开挖路面的路段。

城市综合管廊工程建设可以做到"统一规划、统一建设、统一管理"，减少道路重复开挖的频率，集约利用地下空间。但是，由于综合管廊主体工程和配套工程建设的初期一次性投资较大，不可能在所有道路下均采用综合管廊方式进行管线敷设。结合《城市工程管线综合规划规范》（GB 50289—2016）的相关规定，在传统直埋管线因为反复开挖路面对道路交通影响较大、地下空间存在多种利用形式、道路下方空间紧张、地上地下高强度开发、地下管线敷设标准较高的地段，以及对地下基础设施的高负荷利用的区域，适宜建设综合管廊。

当遇到下列情况时，电力电缆应采用电缆隧道或公用性隧道敷设：

① 同一通道的地下电缆数量众多，电缆沟不足以容纳时应采用隧道。

② 同一通道的地下电缆数量较多，且位于有腐蚀性液体或经常有地面水流溢的场所，或含有 35kV 以上的高压电缆，或穿越公路、铁路等地段，宜用隧道。

③ 受城镇地下通道条件限制或交通流量较大的道路下，与较多电缆沿同一路径有非高温的水、气和通信电缆管线共同配置时，可在公用性隧道中敷设电缆。

5）综合管廊应设置监控中心，监控中心宜与邻近公共建筑合建，建筑面积应满足使用要求。

综合管廊由于配套建有完善的监控预警系统等附属设施，需要通过监控中心对综合管廊及内部设施运行情况实时监控，保证设施运行安全和智能化管理。监控中心宜设置控制设备中心、大屏幕显示装置、会商决策室等。监控中心的选址应以满足其功能为首要原则，鼓励与城市气象、给水、排水、交通等监控管理中心或周边公共建筑合建，便于智慧型城市建设和城市基础设施统一管理。

3. 规划断面

综合管廊断面形式应根据纳入管线的种类及规模、建设方式、预留空间等确定。综合管廊断面应满足管线安装、检修、维护作业所需要的空间要求。综合管廊内的管线布置应根据纳入管线的种类、规模及周边用地功能确定。天然气管道应在独立舱室内敷设。热力管道采用蒸汽介质时应在独立舱室内敷设。热力管道不应与电力电缆同舱敷设。110kV 及以上电力电缆，不应与通信电缆同侧布置。给水管道与热力管道同侧布置时，给水管道宜布置在热力管道下方。进入综合管廊的排水管道应采用分流制，雨水纳入综合管廊可利用结构本体或采用管道排水方式。污水纳入综合管廊应采用管道排水方式，污水管道宜设置在综合管廊的底部。

4. 规划位置

综合管廊位置应根据道路横断面、地下管线和地下空间利用情况等确定。干线综合管廊宜设置在机动车道、道路绿化带下；支线综合管廊宜设置在道路绿化带、人行道或非机动车道下；缆线管廊宜设置在人行道下。

综合管廊的覆土厚度应根据地下设施竖向规划、行车荷载、绿化种植及设计冻深等因素综合确定。

6.1.4 综合管廊总体设计

综合管廊平面中心线宜与道路、铁路、轨道交通、公路中心线平行。综合管廊穿越城市快速路、主干路、铁路、轨道交通、公路时，宜垂直穿越；受条件限制时可斜向穿越，最小交叉角不宜小于 60°。综合管廊管线分支口应满足预留数量、管线进出、安装敷设作业的要求。相应的分支配套设施应同步设计。含天然气管道舱室的综合管廊不应与其他建（构）筑物合建。综合管廊设计时，应预留管道排气阀、补偿器、阀门等附件安装、运行、维护作业所需要的空间。综合管廊顶板处，应设置供管道及附件安装用的吊钩、拉环或导轨。吊钩、拉环相邻间距不宜大于 10m。

1. 空间设计

1）综合管廊穿越河道时应选择在河床稳定的河段，最小覆土厚度应满足河道整治和综合管廊安全运行的要求，并应符合下列规定：

① 在 Ⅰ ~ Ⅴ 级航道下面敷设时，顶部高程应在远期规划航道底高程 2m 以下。

② 在 Ⅵ、Ⅶ 级航道下面敷设时，顶部高程应在远期规划航道底高程 1m 以下。

③ 在其他河道下面敷设时，顶部高程应在河道底设计高程 1m 以下。

2）综合管廊与相邻地下管线及地下构筑物的最小净距应根据地质条件和相邻构筑物性质确定，且不得小于表 6-1 的规定。

表 6-1 综合管廊与相邻地下管线及地下构筑物的最小净距

相 邻 情 况	施工方法	
	明挖施工	顶管、盾构施工
综合管廊与地下构筑物水平净距	1.0m	综合管廊外径
综合管廊与地下管线水平净距	1.0m	综合管廊外径
综合管廊与地下管线交叉垂直净距	0.5m	1.0m

3）综合管廊最小转弯半径应满足综合管廊内各种管线的转弯半径要求。

综合管廊的监控中心与综合管廊之间宜设置专用连接通道，通道的净尺寸应满足日常检修通行的要求。综合管廊与其他方式敷设的管线连接处，应采取密封和防止差异沉降的措施。综合管廊内纵向坡度超过 10% 时，应在人员通道部位设置防滑地坪或台阶。

2. 断面设计

综合管廊标准断面内部净高应根据收纳管线的种类、规格、数量、安装要求等综合确定，且不宜小于 2.4m，标准断面内部净宽应根据收纳的管线种类、数量、运输、安装、运行、维护等要求综合确定。综合管廊通道净宽应满足管道、配件及设备运输的要求，并应符合下列规定：

① 综合管廊内两侧设置支架或管道时，检修通道净宽不宜小于 1.0m。

② 单侧设置支架或管道时，检修通道净宽不宜小于 0.9m。

③ 配备检修车的综合管廊检修通道宽度不宜小于 2.2m。

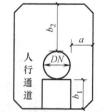

图 6-5　管道安装净距

综合管廊的管道安装净距如图 6-5 所示，且不宜小于表 6-2 所示的要求。

表 6-2　综合管廊的管道安装净距

DN/mm	综合管廊的管道安装净距/mm					
	铸铁管、螺栓连接钢管			焊接钢管、塑料管		
	a	b_1	b_2	a	b_1	b_2
$DN<400$	400	400	800			800
$400 \leqslant DN<800$	500	500		500	500	
$800 \leqslant DN<1000$						
$1000 \leqslant DN<1500$	600	600		600	600	
$\geqslant DN1500$	700	700		700	700	

3. 节点设计

1）综合管廊的每个舱室应设置人员出入口、逃生口、吊装口、进风口、排风口、管线分支口等。

2）综合管廊的人员出入口、逃生口、吊装口、进风口、排风口等露出地面的构筑物应满足城市防洪要求，并应采取防止地面水倒灌及小动物进入的措施。

3）综合管廊人员出入口宜与逃生口、吊装口、进风口结合设置，且不应少于 2 个。

4）综合管廊逃生口的设置应符合下列规定：

① 敷设电力电缆的舱室，逃生口间距不宜大于 200m。

② 敷设天然气管道的舱室，逃生口间距不宜大于 200m。

③ 敷设热力管道的舱室，逃生口间距不应大于 400m；当热力管道采用蒸汽介质时，逃生口间距不应大于 100m。

④ 敷设其他管道的舱室，逃生口间距不宜大于 400m。

⑤ 逃生口尺寸不应小于 1m，当为圆形时，内径不应小于 1m。

5）综合管廊吊装口的最大间距不宜超过 400m。吊装口净尺寸应满足管线、设备、人员进出的最小允许限界要求。

6）综合管廊进、排风口的净尺寸应满足通风设备进出的最小尺寸要求。

7）天然气管道舱室的排风口与其他舱室排风口、进风口、人员出入口以及周边建（构）筑物口部距离不应小于 10m。天然气管道舱室的各类孔口不得与其他舱室联通，并应设置明显的安全警示标识。

8）露出地面的各类孔口盖板应设置在内部使用时易于人力开启，且在外部使用时非专业人员难以开启的安全装置。

6.1.5　综合管廊管线设计

综合管廊中的管线设计应以综合管廊总体设计为依据。

纳入综合管廊的工程管线一般有电力电缆、电信电缆、燃气管线、给水管线、供冷供暖管线和排水管线等，也可将管道化的生活垃圾输送管道敷设在综合管廊内。纳入综合管廊的金属管道应进行防腐设计。管线配套检测设备、控制执行机构或监控系统应设置与综合管廊监控与报警系统联通的信号传输接口。

1. 供水管道（给水管道与再生水管道）

供水管道（给水、再生水管道）设计应符合现行国家标准《室外给水设计标准》和《城镇污水再生利用工程设计规范》（GB 50335—2016）的有关规定。供水管道有一定的压力，因而一般采用钢管、球墨铸铁管、塑料管等。接口宜采用刚性连接。在施工验收阶段用两倍正常工作压力进行试压，以确保管线的安全运行。

压力管道爆管事故具有突发性强、危害大、影响面广的特点，因此综合管廊内应强化管道爆管预警与报警等管线监控设施。

2. 排水管渠（雨水管渠和污水管道）

排水管线（雨水管线和污水管线）排水管线在一般情况下为重力流，管线按一定坡度埋设，埋深一般较大。综合管廊的敷设一般不设纵坡或纵坡很小，而排水管线纳入综合管廊，综合管廊就必须适应雨水、污水管道的坡度要求。还需考虑污水管线纳入综合管廊的防渗漏措施、污水检查井和透气系统设置、管线接入口与综合管廊的衔接等问题。因此，排水管线纳入综合管廊必须考虑其对综合管廊方案的制约、节点的复杂化以及相应的结构规模扩大化等问题。

雨水管渠、污水管道的设计应符合现行国家标准《室外排水设计标准》的有关规定。雨水管渠、污水管道应按规划最高日最高时设计流量确定其断面尺寸，并应按近期流量校核流速。排水管渠进入综合管廊前，应设置检修闸门或闸槽。雨水、污水管道可选用钢管、球墨铸铁管、塑料管等。压力管道宜采用刚性接口，钢管可采用沟槽式连接。

雨水、污水管道系统应严格密闭，管道应进行功能性试验，通气装置应直接引至综合管廊外部安全空间，并应与周边环境相协调。

雨水、污水管道的检查及清通设施应满足管道安装、检修、运行和维护的要求。重力流管道还应考虑外部排水系统水位变化、冲击负荷等情况对综合管廊内管道运行安全的影响。

利用综合管廊结构本体排除雨水时，雨水舱结构空间应完全独立和严密，并应采取防止雨水倒灌或渗漏至其他舱室的措施。

3. 天然气管道

天然气管道纳入综合管廊应在独立舱室内敷设，这种敷设方法在经济性上显然不具优势；由于安全性与经济性的矛盾，出现了另一种敷设方式，即将燃气管线敷设在综合管廊的上方沟槽中。

天然气管道应采用无缝钢管。天然气管道的阀门、阀件系统设计压力应按提高一个压力等级设计。天然气调压装置不应设置在综合管廊内。天然气管道分段阀宜设置在综合管廊外部。当分段阀设置在综合管廊内部时，应具有远程关闭功能。天然气管道进出综合管廊时应设置具有远程关闭功能的紧急切断阀。天然气管道进出综合管廊附近的埋地管线、放散管、天然气设备等均应满足防雷、防静电的接地要求。

4. 热力管道（供暖管道或供冷管道）

供暖及供冷管道纳入综合管廊应采用无缝钢管，不存在技术问题，值得注意的是，这类管道因保温结构设置使得外尺寸较大，进入综合管廊时要占用相当大的有效空间，对综合管廊工程的造价影响明显。当热力管道采用蒸汽介质时，排风管应引至综合管廊外部安全空间，并应与周边环境相协调。

热力管道应采用无缝钢管、保温层及外护管紧密结合成一体的预制管。管道附件必须进行保温，管道及附件保温结构的表面温度不得超过50℃。当同舱敷设的其他管线有正常运行所需环境温度限制要求时，应按舱内温度限定条件校核保温层厚度。

当热力管道采用蒸汽介质时，排风管应引至综合管廊外部安全空间，并应与周边环境相协调。热力管道及配件保温材料应采用难燃材料或不燃材料。

5. 电力电缆

随着城市经济综合实力的提升及对城市环境整治的严格要求，目前在国内许多大中城市都建有不同规模的电力隧道和电缆沟。电力电缆从技术和维护角度而言纳入综合管廊已经没有障碍。

电力电缆纳入综合管廊需要解决的主要问题是防火防灾、通风降温。在工程中，当电力电缆数量较多时，一般将电力电缆单独设置一个舱位，实际就是分隔成为一个电力专用隧道，通过感温电缆、自然通风辅助机械通风、防火分区及监控系统来保证电力电缆的安全运行。

电力电缆应采用阻燃电缆或不燃电缆。应对综合管廊内的电力电缆设置电气火灾监控系统。在电缆接头处应设置自动灭火装置。电力电缆敷设安装应按支架形式设计。

6. 通信线缆

通信线缆纳入综合管廊需要解决信号干扰等技术问题，但随着光纤通信技术的普及，此类问题可以避免。纳入综合管廊的通信线缆应采用阻燃线缆，敷设安装应按桥架形式设计。

6.1.6 综合管廊附属设施设计

1. 消防系统

当舱室内含有两类及以上管线时，舱室火灾危险性类别应按火灾危险性较大的管线确定，其分类情况见表6-3。

表6-3 综合管廊舱室火灾危险性分类

舱室内容纳管线种类		舱室火灾危险性类别
天然气管道		甲
阻燃电力电缆		丙
通信线缆		丙
热力管道		丙
污水管道		丁
雨水管道、给水管道、再生水管道	塑料管等难燃管材	丁
	钢管、球墨铸铁管等不燃管材	戊

天然气管道舱及容纳电力电缆的舱室应每隔200m采用耐火极限不低于3.0h的不燃性

墙体进行防火分隔。防火分隔处的门应采用甲级防火门，管线穿越防火隔断部位应采用阻火包等防火封堵措施进行严密封堵。

干线综合管廊中容纳电力电缆的舱室，及支线综合管廊中容纳 6 根及以上电力电缆的舱室应设置自动灭火系统；其他容纳电力电缆的舱室宜设置自动灭火系统。

综合管廊交叉口及各舱室交叉部位应采用耐火极限不低于 3.0h 的不燃性墙体进行防火分隔，当有人员通行需求时，防火分隔处的门应采用甲级防火门，管线穿越防火隔断部位应采用阻火包等防火封堵措施进行严密封堵。

综合管廊内应在沿线、人员出入口、逃生口等处设置灭火器材，灭火器材的设置间距不应大于 50m。

2. 通风系统

综合管廊宜采用自然进风和机械排风相结合的通风方式。天然气管道舱含有污水管道的舱室应采用机械进风、排风的通风方式。

综合管廊的通风量应根据通风区间、截面尺寸并经计算确定，且应符合下列规定：

1）正常通风换气次数不应小于 2 次/h，事故通风换气次数不应小于 6 次/h。

2）天然气管道舱正常通风换气次数不应小于 6 次/h，事故通风换气次数不应小于 12 次/h。

3）舱室内天然气浓度大于其爆炸下限浓度值（体积分数）的 20% 时，应启动事故段分区及其相邻分区的事故通风设备。

4）综合管廊的通风口处出风风速不宜大于 5m/s。

5）综合管廊的通风口应加设防止小动物进入的金属网格，网孔净尺寸不应大于 10mm。

综合管廊的通风设备应符合节能环保要求。天然气管道舱风机应采用防爆风机。当综合管廊内空气温度高于 40℃ 或需进行线路检修时，应开启排风机，并应满足综合管廊内环境控制的要求。

综合管廊舱室内发生火灾时，发生火灾的防火分区及相邻分区的通风设备应能够自动关闭。综合管廊内应设置事故后机械排烟设施。

3. 监控与报警系统

综合管廊监控与报警系统宜分为环境与设备监控系统、安全防范系统、通信系统、火灾自动报警系统、地理信息系统和统一管理信息平台等。

监控与报警系统的组成及其系统架构、系统配置应根据综合管廊建设规模、纳入管线的种类、综合管廊运营维护管理模式等确定。

监控、报警和联动反馈信号应送至监控中心。监控中心应对通风设备、排水泵、电气设备等进行状态监测和控制；设备控制方式宜采用就地手动、就地自动和远程控制。监控中心应设置与管廊内各类管线配套检测设备、控制执行机构联通的信号传输接口；当管线采用自成体系的专业监控系统时，应通过标准通信接口接入综合管廊监控与报警系统统一管理平台。监控管廊内有毒有害气体探测器应设置在管廊内人员出入口和通风口处。

1）综合管廊应设置安全防范系统，并应符合下列规定：

①综合管廊内设备集中安装地点、人员出入口、变配电间和监控中心等场所应设置摄像机；综合管廊内沿线每个防火分区内应至少设置一台摄像机，不分防火分区的舱室，摄像机设置间距不应大于 100m。

②综合管廊人员出入口、通风口应设置入侵报警探测装置和声光报警器。

③ 综合管廊人员出入口应设置出入口控制装置。

④ 综合管廊应设置电子巡查管理系统，并宜采用离线式。

2）综合管廊应设置通信系统，并应符合下列规定：

① 应设置固定式通信系统，电话应与监控中心接通，信号应与通信网络连通。综合管廊人员出入口或每一防火分区内应设置通信点；不分防火分区的舱室，通信点设置间距不应大于100m。

② 固定式电话与消防专用电话合用时，应采用独立通信系统。

③ 除天然气管道舱，其他舱室内宜设置用于对讲通话的无线信号覆盖系统。

3）天然气管道舱应设置可燃气体探测报警系统，并应符合下列规定：

① 天然气报警浓度设定值（上限值）不应大于其爆炸下限值（体积分数）的20%。

② 天然气探测器应接入可燃气体报警控制器。

③ 当天然气管道舱天然气浓度超过报警浓度设定值（上限值）时，应由可燃气体报警控制器或消防联动控制器联动启动天然气舱事故段分区及其相邻分区的事故通风设备。

④ 紧急切断浓度设定值（上限值）不应大于其爆炸下限值（体积分数）的25%。

4. 排水系统

综合管廊内应设置自动排水系统，排水区间长度不宜大于200m。排水低点应设置集水坑及自动水位排水泵。综合管廊的底板宜设置排水明沟，并应通过排水明沟将综合管廊内积水汇入集水坑，排水明沟的坡度不应小于0.2%。综合管廊的排水应就近接入城市排水系统，并应设置逆止阀。天然气管道舱应设置独立集水坑。综合管廊排出的废水温度不应高于40℃。

5. 标识系统

综合管廊的主出入口内应设置综合管廊介绍牌，并应标明综合管廊的建设时间、规模、收纳管线。纳入综合管廊的管线，应采用符合管线管理单位要求的标识进行区分，并应标明管线属性、规格、产权单位名称、紧急联系电话。标识应设置在醒目位置，间隔距离不应大于100m。

综合管廊的设备旁边应设置设备铭牌，并应标明设备的名称、基本数据、使用方式及紧急联系电话。综合管廊内应设置"禁烟""注意碰头""注意脚下""禁止触摸""防坠落"等警示、警告标识。

综合管廊内部应设置里程标识，交叉口处应设置方向标识。人员出入口、逃生口、管线分支口、灭火器材设置处等部位，应设置带编号的标识。

综合管廊穿越河道时，应在河道两侧醒目位置设置明确的标识。

6.1.7 综合管廊设计案例

某综合管廊工程位于A城核心区。工程含地下综合管廊相关的主体结构工程、排水工程、消防工程等，综合管廊总长度合计约800m，管廊断面为（2.6m+3.4m）×2.9m，覆盖范围约4km²。

设计内容主要包括主体工程和附属工程两部分。主体工程主要包括：综合管廊平面、纵断面设计，综合管廊的标准断面及特殊节点设计。附属工程主要包括：消防设计、排水设计及通风系统设计。

1. 综合管廊主体工程

1）拟建综合管廊为干支线混合型综合管廊，管廊采用现浇钢筋混凝土结构，按闭合框架设计。出线井、进出风井及节点井为局部多层。

2）根据《A市核心区竖向规划》，工程区域内江河防洪按照100年一遇防洪标准，区域内防洪依靠排涝泵站，排涝标准按重现期20年，降雨历时为120min，不会因河道涨水导致地面受淹。

3）综合管廊工程按照规划道路高程提高0.5m设防。

4）综合管廊总长度合计约800m，管廊分为两仓，即水信仓和电仓，水信仓内有$DN600$空调供水和回水管，$DN400$给水管及24孔电信电缆；电仓内有110kV 5回路、10kV 16回路。管廊断面为（2.6m+3.4m)×2.9m，位于道路北侧红线外的绿化带下，管廊中线距道路中线36.90m。

5）该段综合管廊标准管段纵断面设计一般覆土厚度为2.5～3.0m，设计最小坡度≥0.3%，最大坡度≤10.0%。

6）在管廊过交叉路口段及特殊节点位置，根据避让规划市政管线和满足节点的要求，局部覆土加深。

7）根据各种市政管线的需要，沿线设置电力、电信出线口及给水管线、空调管线出线口。各出线口设穿墙套管，管廊完工后需对预留管口进行封堵，并做好防水。给水管预留出线口设法兰穿墙套管，空调管施工前用法兰盖及密封垫片封闭，保证密封。各种管线安装后，应对套管与管线间的缝隙进行填充及防水处理。

8）投料口设置间距不超过200m，共计5个投料口。

2. 综合管廊附属工程

1）排水设计：综合管廊内的积水，除来自通风口或人孔的零星雨水外，还有可能来自沟壁面的渗透水及少量清扫自用水。积水沿地面横坡排入侧面排水沟，再沿管廊纵坡汇集入排水井，排水井内设潜水泵将积水排出综合管廊外。综合管廊内单侧设排水沟，沟宽×深＝200mm×100mm；排水沟纵坡随管廊纵坡变化，且排水沟的纵向坡度不小于0.3%。排水井设置地点选择在管廊最低点处，每个排水井内均设置潜水泵。

2）通风设计：根据路口及相接管廊布置，设计综合管廊全线分为5个防火分区，每个防火分区的最大距离不超过200m，防火隔墙及防火门与通风系统进风井、排风井结合设置。每个防火分区设一座进风井、一座排风井，排风井、进风井的最大间距不大于200m。

3）消防设计：综合管廊综合舱火灾种类为A类，火灾危险等级定为轻危险级。在综合舱每个防火分区内间隔40～50m配置灭火器箱1个，内设置充装量5kg（3A）手提磷酸铵盐干粉灭火器4具，管廊的人员出入口附近配置灭火器箱1个，内设置充装量5kg（3A）手提磷酸铵盐干粉灭火器4具。

3. 综合管廊设计图

综合管廊设计图见附录E，包括综合管廊平面图、道路横断面图、综合管廊断面图以及投料口、节点井、出线井、排水井、风井等大样图。

6.2 管线综合设计

城市工程管线种类很多，其功能和施工时间也不统一，在城市道路有限断面上需要综合安排、统筹规划，避免各种工程管线在平面和竖向空间位置上的互相冲突和干扰，保证城市功能的正常运转。管线综合设计的目的是为合理利用城市用地，统筹安排工程管线在城市地上和地下的空间位置，协调工程管线之间以及城市工程管线与其他各项工程之间的关系。

管线综合设计可分为两个阶段，一是城市总体规划（含分区规划）阶段的工程管线综合设计，二是详细规划阶段的工程管线综合设计。城市工程管线综合设计的主要内容包括：确定城市工程管线在地下敷设时的排列顺序和工程管线间的最小水平净距、最小垂直净距；确定城市工程管线在地下敷设时的最小覆土厚度；确定城市工程管线在架空敷设时管线及杆线的平面位置及周围建（构）筑物、道路、相邻工程管线间的最小水平净距和最小垂直净距。

城市工程管线综合设计应与城市道路交通、城市居住区、城市环境、给水工程、排水工程、热力工程、电力工程、燃气工程、电信工程、防洪工程、人防工程等专业规划相协调。

城市工程管线的敷设方式分为地下敷设和地上架空敷设，地下敷设又分为直埋敷设和综合管廊敷设两种方式。本节主要介绍采用直埋方式时的各类市政管线的排列顺序，通过规定其最小水平净距和最小垂直净距以及最小覆土厚度等参数来满足不同管线在城市空间中位置上的要求，保证城市工程管线顺利施工及正常运转。

6.2.1　管线综合设计基础资料

城市工程管线综合规划的前提是要有较准确、完善的城市基础设施现状资料。据调查，目前我国大约 2/3 以上的城市已具备地下工程管线及相关工程设施较完善的实测 1∶1000、1∶500 地形图，另一部分城市也正在抓紧补测，并实现随着工程建设的实施随时补图，确保了工程管线综合规划的准确性。实践证明，城市基础设施资料越完善，工程管线规划越合理。

各城市的性质和气候不同，规划工程管线种类有可能不同（北方地区需设供热管线）、排水体制不同（污雨水是否分流）、埋设深度不同、敷设系统不同等都将影响城市工程管线的综合规划。作为城市规划的重要组成部分，工程管线规划既要满足城市建设与发展中工业生产与人民生活的需要，又要结合城市特点因地制宜、合理规划，充分利用城市用地。

6.2.2　管线综合设计原则

1）应结合城市道路网规划，在不妨碍工程管线正常运行、检修和合理占用土地的情况下，使线路短捷。

2）应充分利用现状工程管线。当现状工程管线不能满足需要时，经综合技术、经济比较后，可废弃或抽换。

3）平原城市宜避开土质松软地区、地震断裂带、沉陷区以及地下水位较高的不利地带；起伏较大的山区城市，应结合城市地形的特点合理布置工程管线位置，并应避开滑坡危险地带和洪峰口。

4）工程管线的布置应与城市现状及规划的地下铁道、地下通道、人防工程等地下隐蔽性工程协调配合。

5）工程管线综合设计时，应减少管线在道路交叉口处交叉。当工程管线竖向位置发生矛盾时，宜按下列规定处理：压力管线让重力自流管线；可弯曲管线让不易弯曲管线；分支管线让主干管线；小管径管线让大管径管线。

6.2.3　管线综合设计要求

1. 管线直埋敷设

1）严寒或寒冷地区给水、排水、燃气等工程管线应根据土壤冰冻深度确定管线的覆土厚度；热力、电信、电力电缆等工程管线以及严寒或寒冷地区以外的地区的工程管线应根据土壤性质和地面承受荷载的大小确定管线的覆土厚度。

工程管线的最小覆土厚度应符合表 6-4 所示的规定。

表 6-4　工程管线的最小覆土厚度　（单位：m）

序号		1		2		3		4	5	6	7
管线名称		电力管线		电信管线		热力管线		燃气管线	给水管线	雨水排水管线	污水排水管线
		直埋	管沟	直埋	管沟	直埋	管沟				
最小覆土厚度/m	人行道下	0.50	0.40	0.70	0.40	0.50	0.20	0.60	0.60	0.60	0.60
	车行道下	0.70	0.50	0.80	0.70	0.70	0.20	0.80	0.70	0.70	0.70

2）工程管线在道路下面的规划位置，应布置在人行道或非机动车道下面。电信电缆、给水输水、燃气输气、污雨水排水等工程管线可布置在非机动车道或机动车道下面。

3）工程管线在道路下面的规划位置宜相对固定。从道路红线向道路中心线方向平行布置的次序，应根据工程管线的性质、埋设深度等确定。分支线少、埋设深、检修周期短、可燃、易燃和损坏时对建筑物基础安全有影响的工程管线应远离建筑物。其布置次序宜为：电力电缆、电信电缆、燃气配气、给水配水、热力干线、燃气输气、给水输水、雨水排水、污水排水。

4）工程管线在庭院内建筑线向外方向平行布置的次序，应根据工程管线的性质和埋设深度确定，其布置次序宜为：电力、电信、污水排水、燃气、给水、热力。

5）当燃气管线在建筑物两侧中的任一侧引入均满足要求时，燃气管线应布置在管线较少的一侧。

6）沿城市道路规划的工程管线应与道路中心线平行，其主干线应靠近分支管线多的一侧，工程管线不宜从道路一侧转到另一侧。

道路红线宽度超过 30m 的城市干道宜两侧布置给水配水管线和燃气配气管线；道路红线宽度超过 50m 的城市干道应在道路两侧布置排水管线。

7）各种工程管线不应在垂直方向上重叠直埋敷设。

8）沿铁路、公路敷设的工程管线应与铁路、公路线路平行。当工程管线与铁路、公路交叉时，宜采用垂直交叉方式布置；受条件限制时，可倾斜交叉布置，其最小交叉角宜大于 30°。

9）河底敷设的工程管线应选择在稳定河段，埋设深度应按不妨碍河道的整治和管线安全的原则确定。当在河道下面敷设工程管线时，应符合下列规定：在Ⅰ~Ⅴ级航道下面敷设时，应在航道底设计高程 2m 以下；在其他河道下面敷设时，应在河底设计高程 1m 以下；在灌溉渠道下面敷设时，应在渠底设计高程 0.5m 以下。

2. 管线直埋水平净距要求

1）工程管线之间及其与建（构）筑物之间的最小水平净距：当受道路宽度、断面以及现状工程管线位置等因素限制难以满足要求时，可根据实际情况采取安全措施后减少其最小水平净距。

工程管线之间及其与建（构）筑物之间的最小水平净距参照表 6-5 确定。

2）对于埋深大于建（构）筑物基础的工程管线，其与建（构）筑物之间的最小水平距离应按下式计算，并折算成水平净距后与上表的数值比较，采用其较大值。

$$L = \frac{H-h}{\tan\alpha} + \frac{A}{2}$$

式中 L——管线中心至建（构）筑物基础边的水平距离（m）；

H——管线敷设深度（m）；

h——建（构）筑物基础底砌置深度（m）；

A——开挖管沟宽度（m）；

α——土壤内摩擦角（°）。

3）当工程管线交叉敷设时，自地表面向下的排列顺序宜为：电力管线、热力管线、燃气管线、给水管线、雨水排水管线、污水排水管线。

4）工程管线在交叉点的高程应根据排水管线的高程确定。工程管线交叉时的最小垂直净距应符合表 6-6 所示的规定。

3. 管线架空敷设

1）城市规划区内沿围墙、河堤、建（构）筑物墙壁等不影响城市景观地段架空敷设的工程管线应与工程管线通过地段的城市详细规划相结合。

2）沿城市道路架空敷设的工程管线，其位置应根据规划道路的横断面确定，并应保障交通畅通、居民的安全以及工程管线的正常运行。

3）架空线线杆宜设置在人行道上距路缘石不大于 1m 的位置；有分车带的道路，架空线线杆宜布置在分车带内。

4）电力架空杆线与电信架空杆线宜分别架设在道路两侧，且与同类地下电缆位于同侧。

5）同一性质的工程管线宜合杆架设。

6）架空热力管线不应与架空输电线、电气化铁路的馈电线交叉敷设；当必须交叉时，应采取保护措施。

7）工程管线跨越河流时，宜采用管道桥或利用交通桥梁进行架设，并应符合下列规定：

① 可燃、易燃工程管线不宜利用交通桥梁跨越河流。

② 工程管线利用桥梁跨越河流时，其规划设计应与桥梁设计相结合。

③ 架空管线与建（构）筑物等的最小水平净距应符合表 6-7 所示的规定。

④ 架空管线交叉时的最小垂直净距应符合表 6-8 所示的规定。

表 6-5　工程管线之间及其与建（构）筑物之间的最小水平净距　　　　　　　　　（单位：m）

序号	管线名称		1 建（构）筑物	2 给水管 d≤200mm	2 给水管 d>200mm	3 污水、雨水排水管	4 燃气管 低压 P≤0.05MPa	4 中压B 0.05MPa<P≤0.2MPa	4 中压A 0.2MPa<P≤0.4MPa	4 高压B 0.4MPa<P≤0.8MPa	4 高压A 0.8MPa<P≤1.6MPa	5 热力管线 直埋	5 热力管线 地沟	6 电力电缆 直埋	6 电力电缆 地沟	7 电信电缆 直埋	7 电信电缆 地沟	8 乔木（中心）	9 灌木（中心）	10 通信照明及<10kV	10 高压铁塔基础边 ≤35kV	10 >35kV	11 道路侧石边缘	12 铁路钢轨（或坡脚）
1	建（构）筑物		—	1.0	3.0	2.5	0.7	1.5	2.0	4.0	6.0	2.5	0.5	0.5	0.5	1.0	1.5	3.0	1.5	—	—	—	—	0.6
2	给水管	d≤200mm	1.0	—	—	1.0	0.5	0.5	0.5	1.0	1.5	1.5	1.5	0.5	0.5	1.0	1.0	1.5	—	0.5	3.0	3.0	1.5	5.0
3	给水管	d>200mm	3.0	—	—	1.5	1.0	1.2	1.2	1.5	2.0	1.5	1.5	0.5	0.5	1.0	1.5	1.5	—	0.5	1.5	1.5	1.5	5.0
3	污水、雨水排水管		2.5	1.0	1.5	—	1.0	1.2	1.2	1.5	2.0	1.5	1.5	0.5	0.5	1.0	1.0	1.5	—	0.5	1.5	1.5	1.5	5.0
4	燃气管	低压 P≤0.05MPa	0.7	0.5	1.0	1.0	—	—	—	—	—	1.0	1.0	0.5	0.5	0.5	1.0	0.75	—	1.0	1.0	—	1.0	5.0
4	中压 B	0.05MPa<P≤0.2MPa	1.5	0.5	1.2	1.2	—	—	—	—	—	1.0	1.5	0.5	0.5	0.5	1.0	1.2	—	1.0	1.0	—	1.5	5.0
4	中压 A	0.2MPa<P≤0.4MPa	2.0	0.5	1.2	1.2	—	—	—	—	—	1.5	1.5	1.0	1.0	1.0	1.0	1.2	—	1.0	1.0	—	1.5	5.0
4	高压 B	0.4MPa<P≤0.8MPa	4.0	1.0	1.5	1.5	—	—	—	—	—	1.5	2.0	1.0	1.5	1.0	1.0	1.2	—	1.0	0.6	—	1.5	5.0
4	高压 A	0.8MPa<P≤1.6MPa	6.0	1.5	2.0	2.0	—	—	—	—	—	2.0	4.0	1.5	2.0	1.5	1.0	1.2	—	1.0	0.6	—	2.5	5.0
5	热力管线	直埋	2.5	1.5	1.5	1.5	1.0	1.0	1.5	1.5	2.0	—	—	2.0	—	1.0	1.0	1.5	1.0	1.0	2.0	3.0	1.5	3.0
5	热力管线	地沟	0.5	1.5	1.5	1.5	1.0	1.5	1.5	2.0	4.0	—	—	2.0	—	1.0	1.0	1.5	1.0	1.0	2.0	3.0	1.5	3.0
6	电力电缆	直埋	0.5	0.5	0.5	0.5	0.5	0.5	1.0	1.0	1.5	2.0	2.0	—	—	0.5	0.5	1.0	0.5	0.5	0.6	0.6	1.5	3.0
6	电力电缆	地沟	0.5	0.5	0.5	0.5	0.5	0.5	1.0	1.5	2.0	—	—	—	—	0.5	0.5	1.0	0.5	0.5	0.6	0.6	1.5	3.0
7	电信电缆	直埋	1.0	1.0	1.0	1.0	0.5	0.5	1.0	1.0	1.5	1.0	1.0	0.5	0.5	—	—	1.0	0.5	0.5	1.0	1.0	1.5	2.0
7	电信电缆	地沟	1.5	1.0	1.5	1.0	1.0	1.0	1.0	1.0	1.0	1.0	1.0	0.5	0.5	—	—	1.0	0.5	1.0	1.0	1.0	1.5	2.0
8	乔木（中心）		3.0	1.5	1.5	1.5	0.75	1.2	1.2	1.2	1.2	1.5	1.5	1.0	1.0	1.0	1.0	—	—	—	1.5	1.5	0.5	—
9	灌木（中心）		1.5	—	—	—	—	—	—	—	—	1.0	1.0	0.5	0.5	0.5	0.5	—	—	—	1.5	1.5	0.5	—
10	地上杆柱	通信照明及<10kV	—	0.5	0.5	0.5	1.0	1.0	1.0	1.0	1.0	1.0	1.0	0.5	0.5	0.5	1.0	—	—	—	—	—	0.5	—
10	高压铁塔基础边	≤35kV	—	3.0	1.5	1.5	1.0	1.0	1.0	0.6	0.6	2.0	2.0	0.6	0.6	0.5	1.0	1.5	1.5	—	—	—	0.5	—
10		>35kV	—	3.0	1.5	1.5	—	—	—	—	—	3.0	3.0	0.6	0.6	0.6	0.6	—	—	—	—	—	0.5	—
11	道路侧石边缘		—	1.5	1.5	1.5	1.0	1.5	1.5	2.5	2.5	1.5	1.5	1.5	1.5	1.5	1.5	0.5	0.5	0.5	0.5	0.5	—	—
12	铁路钢轨（或坡脚）		6.0	5.0	5.0	5.0	5.0	5.0	5.0	5.0	5.0	3.0	3.0	3.0	3.0	2.0	2.0	—	—	—	—	—	—	—

注：燃气高压管与电力、电信电缆净距，DN≤300mm 时取 0.4m；DN>300mm 时取 0.5m。

表 6-6　工程管线交叉时的最小垂直净距　　　　　（单位：m）

序　号			1	2	3	4	5		6	
			给水管线	污水、雨水排水管线	热力管线	燃气管线	电信管线		电力管线	
							直埋	管沟	直埋	管沟
1	给水管线		0.15	—	—	—	—	—	—	—
2	污水、雨水管线		0.40	0.15	—	—	—	—	—	—
3	热力管线		0.15	0.15	0.15	—	—	—	—	—
4	燃气管线		0.15	0.15	0.15	0.15	—	—	—	—
5	电信管线	直埋	0.50	0.50	0.15	0.50	0.25	0.25	—	—
		管沟	0.15	0.15	0.15	0.15	0.25	0.25	—	—
6	电力管线	直埋	0.15	0.50	0.50	0.50	0.50	0.50	0.50	0.50
		管沟	0.15	0.50	0.15	0.15	0.50	0.50	0.50	0.50
7	沟渠（基础底）		0.50	0.50	0.15	0.50	0.50	0.50	0.50	0.50
8	涵洞（基础底）		0.15	0.15	0.15	0.15	0.25	0.25	0.50	0.50
9	电车（轨底）		1.00	1.00	1.00	1.00	1.00	1.00	1.00	1.00
10	铁路（轨底）		1.00	1.20	1.20	1.20	1.00	1.00	1.00	1.00

注：大于 35kV 直埋电力电缆与热力管线的最小垂直净距应为 1.00m。

表 6-7　架空管线与建（构）筑物等的最小水平净距　　　　　（单位：m）

名　称		建筑物（凸出部分）	道路（路缘石）	铁路（轨道中心）	热力管线
电力	10kV 边导线	2.0	0.5	杆高加 3.0	2.0
	35kV 边导线	3.0	0.5	杆高加 3.0	4.0
	110kV 边导线	4.0	0.5	杆高加 3.0	4.0
电信杆线		2.0	0.5	4/3 杆高	1.5
热力管线		1.0	1.5	3.0	—

表 6-8　架空管线交叉时的最小垂直净距　　　　　（单位：m）

名　称		建筑物（顶端）	道路（地面）	铁路（轨顶）	电信线		热　力　管　线
					电力线有防雷装置	电力线无防雷装置	
电力管线	10kV 及以下	3.0	7.0	7.5	2.0	4.0	2.0
	35~110kV	4.0	7.0	7.5	3.0	5.0	3.0
电信杆线		1.5	4.5	7.0	0.6	0.6	1.0
热力管线		0.6	4.5	6.0	1.0	1.0	0.25

注：横跨道路或与无轨电车馈电线平行的架空电力线距地面应大于 9m。

6.2.4　管线综合设计案例

该管线综合项目全长约 840m，西起规划一路以西约 300m，东至规划二路以东约 100m。

1. 设计内容

规划新建 2 条给水、双排雨水、2 条通信、2 条燃气、1 条电力、1 条污水、1 条预留热力和 1 条再生水等共八种 12 条管线，并预埋 d1200 和 d1500 过街混凝土套管。管线综合总长度约为 10035m。

按道路横断面确定管线布置如下：

1）雨水管线：自规划一路以东规划公路 YD 线以北 15.5m 和 YX 线以南 15.5m 分别新建 d1000～d1350 和 d1000～d1350 雨水管线，自南向北排入规划河道；自规划一路以西规划公路 YD 线以北 15.5m 和 YX 线以南 15.5m 分别新建 d600 雨水管线，自南向北排入规划河道。沿线路口间地块均预留雨水管道支线，雨水管道总长度约为 1560m。

2）污水管线：沿规划公路 YX 线以北 28.5m 分别自东向西和自西向东新建 d400～d1000 污水管线，最终排入规划污水泵站。沿线路口间地块均预留污水管道支线，污水管道总长度约为 880m。

3）给水管线：沿规划公路 YD 线以北 19m 新建 DN800 给水管线；沿规划公路 YX 线以南 19m 新建 DN1000 给水管线。新建给水管道总长度约为 1680m。

4）天然气管线：沿规划公路 YD 线以南 23m 新建 DN400 次高压燃气管线；沿规划公路 YD 线以南 24m 新建 DN300 中压燃气管线。燃气管道总长度约为 1680m。

5）再生水管线：沿规划公路 YX 线以北 32m 预留 DN500 再生水管线位置。再生水管道总长度约为 840m。

6）热力管线：沿规划公路 YX 线以北 35.5m 预留热力管线位置。热力管道总长度约为 840m。

7）电力管线：沿规划公路 YX 线以北 23m 新建 B×H = 1600mm×1000mm 的电力管沟，过沿线相交路口处改为 24-d200 电力管井。沿线路口间地块均预留 6-DN200 电力管道，电力管道总长度约为 840m。

8）通信管线（含有线电视）：沿规划公路 YD 线以南 26m 和 YX 线以北 25.5m 分别新建 12 孔通信管道。沿线路口间地块均预留 12 孔通信管道，通信管道总长度约为 840m。

9）路口预留交通信号管：沿线路口四周均预留 d110 交通信号涂塑钢管 1 根。

10）预埋 d1200～d1500 钢筋混凝土管：规划公路沿线交叉路口两侧及路口间地块均预埋 d1200（局部路口为 d1500）混凝土套管，以方便道路两侧支线过街和接入。在路口两侧分别预留一组 2 根 d1200（局部路口为 d1500）钢筋混凝土管，在路段范围内每隔 200～300m 预留一组 2 根 d1200 钢筋混凝土管。预埋 d1200 和 d1500 钢筋混凝土管道的管线总长度为 875m。

11）管线位置局部随路口渠化和公交港湾设置相应调整，避免与路缘石等发生矛盾，设计图见附录 F。

2. 几点说明

1）图中设计管道交叉点控制高程表达方式为

<u>4.60   管外底或沟外底不低于此控制高程</u>
4.45   管外顶或沟外顶不高于此控制高程

平面尺寸和高程均以 m 为单位，管道断面以 mm 为单位。

2）保留现况管线，请相关单位落实现况管线是否满足新建道路荷载标准，必要时采取相应措施，确保道路及现况管线安全。

3）对于管线综合图中，局部水平和垂直净距不能满足规范要求的管段，应根据专业管线技术要求采取相应的措施，保证管线的安全。

4）现况道路两侧用地多为林地、农田、鱼塘和部分民房，该设计按如下原则考虑：现况地面高程低于 2.6m 时，需填土至 2.6m，现况地面高程高于 2.6m 时，参照现况地面高程处理。

5）由于道路横断面位置紧张，设计确定的部分管线间距较近，当管道构筑物尺寸较大时，相邻管线局部需避让管道构筑物。

思 考 题

1. 综合管廊建设的类型有哪些？各自的主要特点是什么？
2. 综合管廊建设的必要性及优缺点各有哪些？
3. 综合管廊总体设计需要注意哪些方面？
4. 综合管廊中纳入管线的种类如何确定？
5. 综合管廊附属设施设计包含哪些内容？各自有什么功能？
6. 管线综合设计需要注意搜集哪些基础资料？
7. 管线综合设计的原则有哪些？

第7章

给排水系统常用管材及其附属构筑物

7.1 常用管材及配件

7.1.1 管道材料概述

给排水管网的状况在一定程度上代表了城市经济发展的水平，而给排水管材的优劣，是管网运行状况的重要制约条件。随着生产技术的进步，在有机化学工业的推动下，大批新型给排水塑料管材及复合材料相继涌现。从事给排水工程设计、施工、维护管理等工作的技术人员应及时掌握这些新型管材的性能、类型及管道连接方法等应用技能。

给水管材应符合以下条件：能承受所需内压；具备一定的抗外部荷载能力；长期输水后，仍保持相当好的输水能力；和水接触不产生有毒有害物质；安装方便，维修简单；耐腐蚀，使用年限长；造价低等。

而排水管材则应符合以下条件：具有足够的强度，以承受外部荷载和内部水压；具有抵抗污水中杂质的冲刷和磨损的能力；耐腐蚀，以免在污水与地下水的侵蚀作用下迅速破坏；污水管道必须不透水，以防止污水渗出或地下水渗入；排水管道内壁应光滑，使水流阻力尽量减小。

1. 管材的分类

管材的分类有很多种方法，按材质不同可分为金属管和非金属管。由于新管材层出不穷，下面简要介绍常用的管材类别。

（1）钢管 钢管是在给水工程中广泛应用的一种管材，其优点是强度较高、工作压力高、施工敷设方便、适应性强、接口形式灵活、管道渗漏量少、单位管长质量较小，可用于穿越各种障碍（如河流、湿陷地段等）。钢管按轧制工艺分类，可分为热轧钢管和冷轧钢管；按是否有焊缝分类，可分为无缝钢管和焊接钢管。钢管成本较高，耐蚀性较差，内外壁均需做常规防腐处理，在一些土质不良地段敷设时，还需考虑采用加强防腐措施，故一般用于大口径（如管径在800mm以上）生活给水管道和工业给水管道。大口径钢管接口多为焊接，也有法兰接口和各种柔性接口形式。焊接一般采用熔化焊方式，焊条的化学成分、机械强度应与母材相同且匹配，兼顾工作条件和工艺特性，管径大于800mm时，采取双面焊管内焊2遍，管外焊3遍。冬季焊接时，要根据环境温度进行预热处理，不合格的焊缝应返修，但返修次数不得超过3次。法兰接口是传统的刚性接口，通常在地上或一些特殊的场所使用，如与泵、阀门、消火栓等连接时，如图 7-1 所示。

（2）球墨铸铁管　球墨铸铁管具有较大的延伸率（大于 10%）、刚度、抗拉强度，管道柔性较好，具有较强的承受土壤静荷载及地面动荷载的能力，承受局部沉陷能力强，埋地时能与管道周围的土体共同工作。球墨铸铁管耐蚀性好，使用寿命长，可采用柔性接口，配件规格齐全，拆装方便。

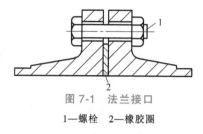

图 7-1　法兰接口

1—螺栓　2—橡胶圈

球墨铸铁管内衬水泥砂浆，可以满足城市供水卫生要求。球墨铸铁管承受内水压力在 2.0MPa 以上，能满足供水管道压力的要求。用于排水系统的球墨铸铁管，能承受较大外压成为其突出的优势。

球墨铸铁管接口种类很多，多为柔性接口，其中，滑入式（T 形）接口安装快捷方便，仅需简单的工具进行安装，采用较多。由于这种接口和相应的 T 形密封胶圈能承受较大的偏转角度和较大的公差，特别适用于在不稳定的地层中和转弯处。T 形接口密封胶圈是一种自密封胶圈，当管道内部压力增加时，胶圈和管道之间的接触压力也随之增加，T 形接口如图 7-2 所示。机械式（K 形）柔性接口如图 7-3 所示，多用于 DN1000 以上管道，其法兰压盖价格较高。K 形柔性接口的标准较为系统，我国 K 形接口标准是参照日本标准建立的。

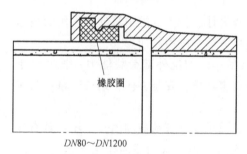

DN80～DN1200

图 7-2　滑入式（T 形）柔性接口

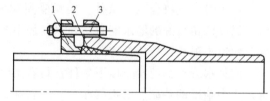

图 7-3　机械式（K 形）柔性接口

1—法兰压盖　2—橡胶圈　3—螺栓

（3）混凝土管　混凝土管包括普通混凝土管、自应力钢筋混凝土管、预应力钢筋混凝土管、预应力钢筒混凝土管。

压力管道中常用自应力钢筋混凝土管、预应力钢筋混凝土管、预应力钢筒混凝土管。

自应力混凝土管是我国自己研制成功的，其原理是自应力水泥在混凝土中产生的膨胀张拉钢筋，使管体呈受压状态，可用于中小管径的给水管道。预应力钢筋混凝土管是人为制造管材内的预应力状态，用以减小或抵消外部荷载所引起的应力，以提高其强度的管材，在同直径的条件下，预应力钢筋混凝土管比钢管节省钢材 60%～70%，并具有足够的刚度。预应力钢筒混凝土管是一种由钢筒与混凝土制成的复合管，管心为混凝土，在其外壁或中部埋入厚 1.5mm 的钢筒，在管芯上缠绕环向预应力钢丝，采用机械张拉缠绕高强度钢丝，并在其外部喷水泥砂浆保护层。该类管材的特点是由于钢套筒的作用，抗渗能力非常好，能承受较高压力并耐腐蚀，是输水量较大时的理想管材。但混凝土管材质量大，运输、施工较困难。

预应力钢筒混凝土管（Prestressed Concrete Cylinder Pipe，PCCP）由混凝土、钢筒、预应力钢丝和水泥砂浆四种基本材料组成（图 7-4），是一种性能良好、抗震性和抗压性强、运行费用低、在国内外应用广泛的新型复合型多用途管材。

混凝土管的接口形式有承插式、平口式、企口式等。承插式接口可设橡胶止水圈（单胶圈或双胶圈），因而止水效果好，安装方便。

无压流管道常用混凝土管或钢筋混凝土管。混凝土管制作方便、造价低，在排水管道中应用很广；但其抗渗性能差，普通排水混凝土管直径不大于 600mm，长度不大于 1m，适用于管径较小的无压管。钢筋混凝土管的直径一般在 500mm 以上，长度为 1~3m，多用在埋深大或地质条件不良的地段。

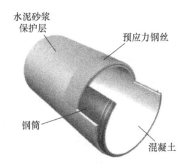

图 7-4　预应力钢筒混凝土管结构

（4）玻璃钢管　玻璃钢管自 20 世纪末从国外引进设备和技术以来，已在国内给排水行业使用多年。该管材具有管道内外壁光滑、质量轻、施工周期短的特点；与钢管、铸铁管等相比，由于玻璃钢管摩阻系数小，相同输水能力所需管径可小一级，从而减少工程量。

目前，国内供水行业中玻璃钢管已有应用，但在大口径、高内压的工况下使用的经验少，而且管材本身由多种材料组成，材质离散性大，并缺乏确定管道使用寿命的长期性能指标，使用风险大于其他管材。因此，在管材原材料选择、管道产品设计制造及管道施工等方面需严格按照国家有关规范和技术规定进行控制。用于排水的玻璃钢管在国外应用较广泛，有用于管径不大于 1000mm 的案例，但在国内排水管领域尚属探讨阶段。

（5）塑料管　在非金属管材中，应用最广泛的是塑料管。塑料管表面光滑，不易结垢，水头损失小，耐腐蚀，质量轻，加工连接方便；但普通塑料管材强度低、性质脆、抗外压和抗冲击性差，因此多用于小口径。国外塑料管使用广泛，在近年新敷设管道中已占 69%，在管径小于 DN200 的管道中占 77%，DN200~DN400 的管道中占 46%。近几年，塑料管在我国许多城市已有大量应用，随着技术的发展，其强度已逐渐增加，管材的环刚度等级可选择。供水工程中主要采用聚丙烯管、给水用硬聚氯乙烯管、给水用高密度聚乙烯管、钢丝网骨架复合管；排水系统中主要采用高密度聚乙烯双壁波纹管、硬聚氯乙烯环形肋管、高密度聚乙烯缠绕结构壁管等。

（6）不锈钢管　不锈钢管强度高，抗蚀性强，韧性好，抗振动冲击性能优良，低温条件下不会变脆，输水过程中不产生对人体有害的金属析出物，可确保不对水质造成影响，适合于对水质变化控制严格的输配水工程选用。不锈钢管材料本身经久耐用，并可再生利用，是优质的给水管材。

（7）输水渠道及大型排水渠道　从水源到水厂的原水输送可以采用渠道，一般在重力输水情况下考虑选用。当排水需要较大口径管道，且预制管管径不满足要求时，可建造大型排水渠道。渠道常用建材有砖、石、混凝土块或现浇钢筋混凝土等，一般多采用矩形、倒拱形等断面，主要在现场浇制，当前有模块化施工的趋势，即全部用混凝土模块铺砌或安装，施工方便、效率高、现场环境好。

2. 管材防腐

管材腐蚀与管道外壁环境（直埋土壤或管廊环境）和管内水流水质有关，根据腐蚀原理，从防止金属材料的氧化腐蚀、细菌腐蚀等方面，采取内、外不同的防腐措施。

（1）覆盖防腐法

1）表面清洁处理。金属表面的处理是做好覆盖防腐蚀的前提，清洁管道表面可采用机械和化学处理的方法。

① 机械处理。

a. 擦锈处理：是最简易的机械处理方法，即用钢丝刷、砂纸等将管外表面的铁锈、氧化皮除去。这种方法通常用于小口径钢管的初步处理。

b. 喷砂处理：采取压力喷射的原理，将研磨材料喷到金属表面。研磨材料有石英砂、钢珠、钢砂等。喷砂法分为干式喷砂法和湿式喷砂法两种。喷射时，用压力为 0.4MPa 以上的空气将砂喷射到管道的表面，每次要消耗 30% 的砂料。这种方法的优点是工时消耗量少，适合工厂化作业，但对操作者身体有害，可用真空吸尘的方式减轻危害，还可以回收研磨材料。

c. 火焰清洁法：用燃烧器将金属管材表面加热，利用氧化皮、铁锈和金属管材的热膨胀性能不同使之脱落，并将油脂和水分烧掉使材料表面干燥。这种方法应注意不使管材受热变形，它适用于局部钢制管件铁锈的去除。

② 化学处理。化学处理是用酸或碱将金属表面附着物溶解除去，这种方法没有噪声和粉尘。化学处理分为脱脂法和酸洗法两类。

a. 脱脂法：是将金属管壁上的油脂脱除。脱脂可用溶剂法、碱液脱脂法、乳剂法、电解法等。

b. 酸洗法：是用酸液溶解管外壁的氧化皮、铁锈的方法。酸洗时，可用醋酸、硫酸、盐酸，有时也用硝酸或磷酸。

2）外防腐处理。

① 小口径钢管及管件的防腐处理。对于小口径钢管及管件，通常是采用热浸镀锌的方法。将酸洗后再用清水冲洗干净的管材浸泡在已加热到 450~480℃ 的溶锌槽中进行浸锌作业，其防腐机理在于锌比钢的电位低，在锌和铁之间形成局部电池，使锌被消耗，从而钢管表面受到保护。

② 大口径钢管的外防腐处理。因为钢管的腐蚀主要是由电化学腐蚀所引起的，根据其原理在管外用绝缘材料做一层保护层，隔绝钢管与其周围土壤中的电解质接触，使之不能形成腐蚀电池，就可达到防止管道腐蚀的目的。通常采用的防腐材料有石油沥青、环氧煤沥青、氯磺化聚乙烯、聚乙烯塑料、聚氨酯涂料及沥青塑料或沥青编织布胶带等。大口径钢管的外防腐处理应根据钢管的不同敷设方式分别选用不同的防腐措施。石油沥青涂料外防腐层结构和环氧煤沥青涂料外防腐层构造见表 7-1 和表 7-2。

（2）外防腐的施工工艺及注意事项

1）石油沥青防腐层的施工工艺。

① 除锈。

② 刷冷底子油两层，要求涂刷均匀、厚度一致。

③ 待冷底子油干燥后，浇涂 180~220℃（石油沥青温度不应低于 160℃ 且不能高于 230℃，沥青熬制时间不能超过 3h）、层厚为 1.5mm 的热沥青或沥青胶泥，在常温下涂冷底子油与浇涂沥青的时间间隔不应超过 24h。

④ 缠绕玻璃丝布：浇涂沥青后，应立即缠绕中碱网状平纹玻璃丝布，玻璃丝布必须干燥、清洁。缠绕时应紧密无褶皱，压边应均匀，压边宽度为 30~40mm，玻璃丝布搭接长度

为 100～150mm。玻璃丝布的沥青浸透率应达 95% 以上，严禁出现大于 50mm×50mm 的空白。

表 7-1　石油沥青涂料外防腐层构造

构　造	厚度/mm	构　造	厚度/mm	构　造	厚度/mm
1. 底漆一层 2. 沥青 3. 玻璃布一层 4. 沥青 5. 玻璃布一层 6. 沥青 7. 聚氯乙烯工业薄膜一层	≥4.0	1. 底漆一层 2. 沥青 3. 玻璃布一层 4. 沥青 5. 玻璃布一层 6. 沥青 7. 玻璃布一层 8. 沥青 9. 聚氯乙烯工业薄膜一层	≥5.5	1. 底漆一层 2. 沥青 3. 玻璃布一层 4. 沥青 5. 玻璃布一层 6. 沥青 7. 玻璃布一层 8. 沥青 9. 玻璃布一层 10. 沥青 11. 聚氯乙烯工业薄膜一层	≥7.0

表 7-2　环氧煤沥青涂料外防腐层构造

二　油		三 油 一 布		四 油 二 布	
构　造	厚度/mm	构　造	厚度/mm	构　造	厚度/mm
1. 底漆 2. 面漆 3. 面漆	≥0.2	1. 底漆 2. 面漆 3. 玻璃布 4. 面漆 5. 面漆	≥0.4	1. 底漆一层 2. 面漆 3. 玻璃布 4. 面漆 5. 玻璃布 6. 面漆 7. 面漆	≥0.6

⑤ 用牛皮纸做外保护层时，应趁热包扎于沥青涂层上；用塑料薄膜包扎，应按照沥青防腐层结构要求，浇涂完最后一道热沥青后，包扎一层聚氯乙烯工业薄膜。为防止薄膜过早老化，待浇涂的沥青冷却到 100℃ 以下时方可包扎。外包的工业薄膜应紧密适宜，无褶皱、脱壳等现象；压边应均匀，压边宽度为 30～40mm，搭接长度宜为 100～150mm。

2）环氧煤沥青防腐层的施工工艺。

① 除锈：要使表面达到无焊瘤、无棱角、光滑无毛刺。

② 涂料配制。环氧煤沥青涂料的配制应按下列要求进行：整桶漆在使用前必须充分搅拌，使整桶漆混合均匀。底漆和面漆必须按厂家规定的比例配制，配制时应先将底漆或面漆倒入容器，然后再缓慢加入固化剂，边加入边搅均匀。配好的涂料需熟化 30min 后方可使用；常温下涂料的使用周期一般为 4～6h。

③ 涂刷底漆：钢管经表面处理合格后应尽快涂刷底漆，间隔时间不得超过 8h，大气环境恶劣（如湿度过高，空气含盐雾）时，还应进一步缩短间隔时间。

④ 刮腻子：如焊缝高于管壁 2mm，用面漆和滑石粉调成稠度适宜的腻子，在底漆表面干燥后抹在焊缝两侧，并刮平成为过渡曲面，避免缠玻璃布时出现空鼓。

⑤ 涂面漆和缠玻璃布：底漆表面干燥或打腻子后，即可涂面漆。涂刷要均匀，不得漏

涂。在室温下，涂底漆与涂第一道面漆的间隔时间不应超过24h。

（3）电化学防腐法

1）排流法。城市管道周围由于地铁、高压电网等造成的杂散电流腐蚀对钢管的局部腐蚀影响巨大。它将使在回流点附近的钢管锈蚀，丧失强度。

通过采用二极管排流法，即在钢管或混凝土钢筋和回流点之间连接二极管进行单回排流，以及牺牲阳极排流法，可以保护钢管不受腐蚀破坏。

2）阴极保护法。阴极保护法是从管的外部给一定的内流电流，由于输水管道上电流的作用，将金属管道表面上的不均匀的电位消除，使之不能产生腐蚀电流，从而达到保护金属不受腐蚀的目的。阴极保护法又分为牺牲阳极法和外加电流法两种。

① 牺牲阳极法。它是用比被保护金属管道电位低的金属材料做阳极，与被保护金属连接在一起，利用两种金属之间固有的电位差，产生防蚀电流的一种防腐方法，如图7-5所示。阳极随着流出的电流而逐渐消耗，所以称之为牺牲阳极。这种阳极消耗较快，安设位置必须便于更换。低电位金属材料有镁、镁合金、纯锌、锌合金、铝合金等。但一般采用镁合金较多，锌仅用于土壤电阻率在$1000\Omega \cdot cm$以下的

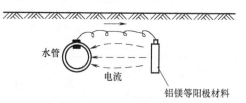

图7-5　牺牲阳极法

低电阻区。这种方法的优点是施工简易，设备费用低；缺点是电压低而不能调整，阳极必须定期更换。

② 外加电流法。它是通过外部的直流电源装置将必要的防腐电流经埋在地下的电极（阳极）流入金属管道的一种方法，如图7-6所示。所用直流电源通常都是交流电源经整流后变为直流的，而所用的阳极必须是非溶性物质，如石墨、高硅铸铁等。将阳极埋于地下，周围填充焦炭或炭末等，降低接地电阻，并扩散产生氧气，在电极更换较方便的地方，可以使用旧钢管、旧钢轨等较大尺寸的电极，而使电源的电压降低。这种方法所用的整流装置由硅整流器和活动电阻组成，也有用恒压稳流器方式的，后者工况要好些，但价格较贵。另外，使用非溶性阳极时，可作为永久性的防腐措施，除电费外无其他费用，其缺点是这种方法对其他地下管道也会造成一定的影响，可能使附近管道某个地方变为阳极，故在市区管道相距较近地区不宜使用。

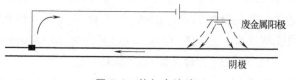

图7-6　外加电流法

用外加电流法时必须使用得当，例如，管道对地电压一般取$-0.8V$，倘若电压相差太大，反而起副作用，由于电流分解了土壤中的地下水，产生了氢气，会破坏管道自身保护层。

（4）管道内衬防腐　对金属水管内壁的防腐多采用覆盖法。最早曾经有把石油沥青、煤沥青等涂于管内壁的做法，但这只能在短时期内起作用，一般3~4年就逐渐削落，且这种做法对水质有一定的影响，在不同程度上对人类健康造成威胁。后有研究提出的无毒防腐油漆，基本解决了对水质有毒性影响的问题，但其在管身的停留时间也不长，而且价格昂贵，难以大量推广。

近年来研制出在管身内壁涂环氧玻璃布做成玻璃钢的方法，以及在管身内壁喷涂环氧粉末、聚乙烯或尼龙等方法，但这些做法的成本较高，可用于小口径的管材，而在大口径管材上则难以推广使用。

水泥砂浆衬里最为实用、可靠，其价格低廉、坚固耐用，特别是对水质无影响，这成为此法的最大优点。目前，大口径管材无论是钢管还是铸铁管，其内防腐大都采用水泥砂浆衬里。

（5）其他措施

1）加缓蚀剂。投加缓蚀剂可在金属管道内壁形成保护膜来控制腐蚀。由于缓蚀剂成本较高及对水质有影响，一般限于在循环水系统中应用。

2）水质的稳定性处理。在水中投加碱性药剂如石灰，以提高 pH 值和水的稳定性，投加石灰后可在管内壁形成保护膜，降低水中 H^+ 浓度和游离 CO_2 浓度，抑制微生物的增长，防止腐蚀的发生。

3）管道氯化法。投氯（或次氯酸钠）可抑制铁、硫细菌，减少"红水""黑水"事故，有效地控制金属管道微生物腐蚀。管网有腐蚀结瘤时，先进行氯消毒，抑制结瘤细菌，然后连续投氯，使管网保持一定的余氯值，待取得相当的稳定效果后，可改为间歇投氯。

3. 管道直径、压力表示方法

（1）管径　管道的直径可分为外径、内径、公称直径。无缝钢管可用符号 D 后附加外径的尺寸和壁厚表示，例如外径为 108mm 的无缝钢管，壁厚为 5mm，用 $D108×5$ 表示；塑料管也用外径表示，如 $De63$，表示外径为 63mm 的管道。各种管材最常用的管径表达方式是公称直径 DN（Nominal Diameter）。

公称直径 DN 是管道元件专用的一个关键参数。《管道元件　公称尺寸的定义和选用》（GB/T 1047—2019）中明确规定，采用 DN 作为管道及元件的尺寸标识。公称直径由字母 DN 和无因次整数数字组成，代表管道组成件的规格。除在相关标准中另有规定外，字母 DN 后面的数字不代表测量值，也不能用于计算目的。例如，公称直径为 100mm 的无缝钢管有 $D102×5$、$D108×5$ 等多种，可见公称直径是接近于内径但又不等于内径的一种管道直径的规格名称。同一公称直径的管道与管道配件、附件均能相互连接，具有互换性。

以球墨铸铁管为例，其公称直径含义如表 7-3 所示。

表 7-3　球墨铸铁管公称直径与管道外径　　　　　（单位：mm）

公称直径 DN	插管外径 DE	公称壁厚 e	
		压力管道用球墨铸铁管	重力管道用球墨铸铁管
80	98	4.4	3.8
100	118	4.4	3.8
125	144	4.5	3.8
150	170	4.5	3.9
200	222	4.7	3.9
250	274	5.5	4.7
300	326	6.2	5.4
350	378	6.3	6.0

（续）

公称直径 DN	插管外径 DE	公称壁厚 e	
		压力管道用球墨铸铁管	重力管道用球墨铸铁管
400	429	6.5	
450	480	6.9	
500	532	7.5	
600	635	8.7	
700	738	8.8	
800	842	9.6	
900	945	10.6	
1000	1048	11.6	
1100	1152	12.6	
1200	1255	13.6	
1400	1462	15.7	
1500	1565	16.7	
1600	1668	17.7	
1800	1875	19.7	
2000	2082	21.8	
2200	2288	23.8	
2400	2496	25.8	
2600	2702	27.9	

（2）管道的公称压力 PN、工作压力和设计压力　公称压力 PN 与管道系统元件的力学性能和尺寸特性相关，是由字母和数字组合的标识。它由字母 PN 和后跟无因次的数字组成。字母 PN 后跟的数字不代表测量值，不应用于计算目的，除非在有关标准中另有规定。管道元件允许压力取决于元件的 PN 数值、材料和设计以及允许工作温度等，允许压力应在相应标准的压力和温度等级表中给出。

工作压力是指给水管道正常工作状态下作用在管内壁的最大持续运行压力，由管网水力计算而得出。不包括水的波动压力。设计压力是指给水管道系统作用在管内壁上的最大瞬时压力，一般采用工作压力及残余水锤压力之和。一般而言，管道的公称压力大于等于工作压力；化学管材的设计压力是其工作压力的 1.5 倍。

城镇埋地给排水管道的使用年限不应低于 50 年。对城镇埋地给水管道的工作压力，应按长期使用要求达到的最高工作压力，而不能按修建管道时初期的工作压力考虑。管道结构设计应根据《给水排水工程管道结构设计规范》（GB 50332—2002）的规定采用管道的设计内水压力标准值。

7.1.2　管配件

管件是指与主材连接部分的成型零件或现场的制作件，它用于管道的走向或口径的变化、开口、与阀门等附件或附属设施连接等处，如弯头、三通、四通、短管、伸缩器等。它是有压管道的重要组成部分。

常见的管件根据其材质的不同，一般可分为铸铁管件、钢制管件和非金属管件。材质的好坏直接影响工程费用的大小、工程施工质量和管道整体的使用寿命等。

1. 铸铁管件

铸铁管件一般采用定型铸铁件。目前，国内一般采用高级铸铁或球墨铸铁铸造，但也有采用灰铸铁铸造的。铸铁管件适用于铸铁管道连接，也可用于钢筋混凝土管道连接。

采用灰铸铁翻铸管件时，管件壁厚比同口径的管材壁厚增加 10%～20%，壁厚尺寸的增加应保证管承口内径和管插口外径符合管材的标准尺寸。

管件的外侧应铸有规格、承压能力、制造日期和商标等标识。管件内壁涂衬水泥砂浆，外壁涂刷热沥青。

球墨铸铁管件名称及符号如表 7-4 所示。

2. 钢制管件

钢制管件一般是用优质碳素钢或不锈耐酸钢经特制模具压制成形而制成的管件。它属于钣金工的技术范畴，钢制管道配件在实际工程中应用较多，现场加工也较多，部分钢制管件如图 7-7～图 7-11 所示。

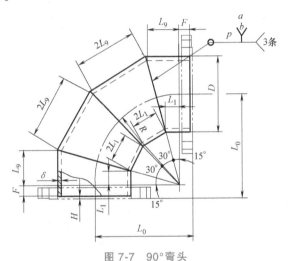

图 7-7　90°弯头

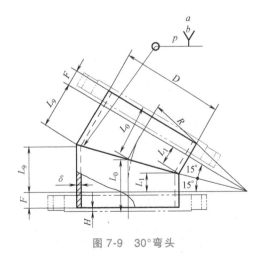

图 7-8　60°弯头

图 7-9　30°弯头

表 7-4　球墨铸铁管件名称和符号

序号	名称		图示符号	公称直径
1	承接管件	盘承		$DN40 \sim DN2600$
2		盘插		$DN40 \sim DN2600$
3		承套		$DN40 \sim DN2600$
4		双承和承插 90°（1/4）弯管		$DN40 \sim DN2600$
5		双承和承插 45°（1/8）弯管		$DN40 \sim DN2600$
6		双承和承插 22°30′（1/16）弯管		$DN40 \sim DN2600$
7		双承和承插 11°15′（1/32）弯管		$DN40 \sim DN2600$
8		全承三通		$DN40 \sim DN2600$
9		双承单支盘三通		$DN40 \sim DN2600$
10		双承渐缩管		$DN50 \sim DN2600$
11		双承一丝丁字管		$DN80 \sim DN300$
12		双承和承插乙字管		$DN100 \sim DN700$
13		双承丁字管		$DN100 \sim DN1400$
14		全承四通		$DN100 \sim DN1400$
15	盘接管件	双盘 90°（1/4）弯管		$DN40 \sim DN1000$
16		双盘 90°（1/4）鸭掌弯管		$DN40 \sim DN1000$
17		双盘 45°（1/8）弯管		$DN40 \sim DN2600$
18		全盘三通		$DN40 \sim DN2600$
19		双盘渐缩管		$DN50 \sim DN2600$
20		PN10 盲板法兰		$DN40 \sim DN2000$
21		PN16 盲板法兰		$DN40 \sim DN2000$
22		PN25 盲板法兰		$DN40 \sim DN600$
23		PN40 盲板法兰		$DN40 \sim DN600$
24		PN10 减径法兰		$DN200 \sim DN1000$
25		PN16 减径法兰		$DN200 \sim DN1000$
26		PN25 减径法兰		$DN200 \sim DN400$
27		PN40 减径法兰		$DN200 \sim DN400$
28	法兰盘	PN10 法兰盘		$DN80 \sim DN1600$
29		PN16 法兰盘		$DN80 \sim DN1600$
30		PN25 法兰盘		$DN80 \sim DN1600$
31		PN40 法兰盘		$DN80 \sim DN600$

注：DN 为公称直径，单位 mm；PN 为公称压力，单位 10MPa。

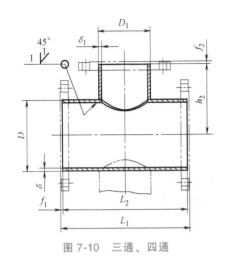

图 7-10　三通、四通

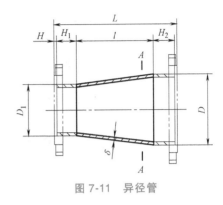

图 7-11　异径管

7.2　给水管网附件及附属构筑物

7.2.1　给水管网附件

城镇给水管网是给水系统中的"动脉"，其纵横交错，相互环接形成一个不规则的管网。在管网中很多位置都设置阀门，为保证管网的正常运行起着至关重要的作用。城镇给水管网往往还承担室外消防任务，因此给水管网中设置消火栓以保障与消防设施连接。

1. 阀门

阀门属于管道系统中的附件，用来改变供水量和水流方向，是控制送水的一种设备。总体来讲，其用途可概括为：

1）接通或截断管路，如闸阀、蝶阀等，其使用数量约占全部阀门总数的 80%。

2）调节、控制管路中水的流量和压力，如闸阀、蝶阀、减压阀、安全阀等。

3）阻止水倒流，如各种不同结构的止回阀、底阀等。

4）其他特殊用途，如排气阀、泄水阀等。

阀门种类较多，重点介绍如下几种：

（1）闸阀　闸阀是指关闭件（闸板）由阀杆带动，沿管道轴线的垂直方向做升降运动的阀门。按闸板的构造，即根据闸板密封面与管道轴线的垂直中心线是平行还是呈一定角度，可分为平行式闸阀和楔式闸阀（图 7-12）；按阀杆的构造，即根据阀杆螺母是在阀体外还是阀体内，可分为明杆式闸阀和暗杆式闸阀等。闸阀适用于不需要经常启闭且需保持闸板全开或全闭的工况。

闸阀具有流体阻力小、开闭所需外力较小、介质的流向不受限制等优点；但其存在外形尺寸和开启高度都较大，安装所需空间较大，水中有杂质落入阀座后不能关闭严密，关闭过程中密封面间的相对摩擦容易引起划伤等现象。

（2）蝶阀　蝶阀是指启闭件（蝶板）绕固定轴旋转的阀门，如图 7-13 所示，包括对夹式、偏心式、中线式等类型。蝶阀的蝶板安装于管道的直径方向，在蝶阀阀体圆柱形通道内，圆盘形蝶板绕着轴线旋转，旋转角度为 0°~90°。蝶阀结构简单、体积小、质量轻、操作简单、阻力小，但蝶板占据一定的过水断面，增大水头损失，且易挂积杂物和纤维。

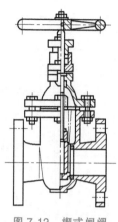

图 7-12　楔式闸阀

图 7-13　蝶阀

（3）止回阀　止回阀又称单向阀，只允许介质向一个方向流动，包括旋启式止回阀和升降式止回阀，如图 7-14 所示。止回阀通常是自动工作的，靠水流的压力达到自行关闭或开启的目的。一般安装在水泵出水管、用户接管或水塔进水管处，以防止水的倒流。

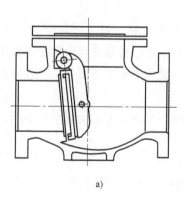

a)

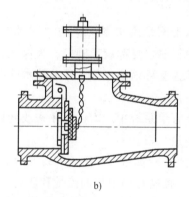

b)

图 7-14　止回阀

a）旋启式止回阀　b）升降式止回阀

升降式止回阀应安装在水平方向的管道上，旋启式止回阀既可安装在水平管道上又可安装在垂直管道上。安装止回阀要使阀体上标注的箭头与水流方向一致，不可倒装。

大口径水管应采用多瓣止回阀或缓闭止回阀，使各瓣的关闭时间错开或缓慢关闭，以减轻水锤的破坏作用。

（4）排气阀和泄水阀　在间歇性使用的给水管网的末端和最高点应设置自动排气阀；给水管网有明显起伏可能积聚空气的管段，在其峰点也应设置自动排气阀。排气阀的形式及安装如图 7-15 所示。

泄水阀的作用是排出给水管网中的水，以利于管道维修。泄（排）水阀的直径可根据放空管道中泄（排）水所需时间计算确定。输水管（渠）、配水管网低洼处及阀门间管段低处，可根据工程的需要设置泄（排）水阀井。

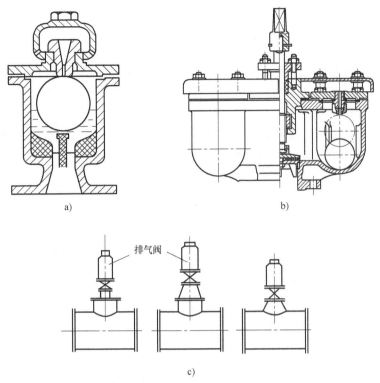

图 7-15　排气阀的形式及安装

a）单口排气阀　b）双口排气阀　c）排气阀安装

2. 消火栓

消火栓分为地上式和地下式，后者适用于气温较低的地区，其安装情况如图 7-16 所示。每个消火栓的流量为 10～15L/s。地上式消火栓一般布置在交叉路口消防车可以驶近的地方；地下式消火栓安装在阀门井中。

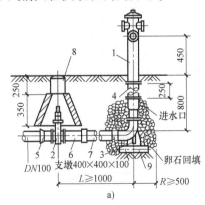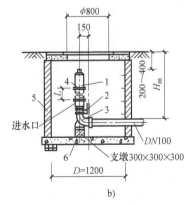

1—SS100/65 地上式消火栓　2—闸阀　3—弯管底座　　　　　1—SX100/65 地下式消火栓　2—蝶阀　3—弯管底座

4—法兰接管　5—短管甲　6—短管乙　7—直管　　　　　　4—法兰接管　5—圆形立式阀门井　6—混凝土支墩

8—阀门套筒　9—混凝土支墩

图 7-16　消火栓的安装

a）地上式　b）地下式

7.2.2 给水管网附属构筑物

1. 阀门井

阀门井是安装压力管道中阀门等管道附件的场所，如图 7-17 所示。阀门井的平面尺寸应满足阀门操作和安装拆卸井内附件所需的最小尺寸，井深由设计确定，井底到管道承口或法兰盘底的距离至少为 0.10m，法兰盘到井壁的距离宜大于 0.15m，承口外缘到井壁的距离应在 0.30m 以上，以便于接口施工。阀门井可为圆形或方形，可采用砖砌、石砌或钢筋混凝土建造，同时应考虑地下水及寒冷地区的防冻因素。

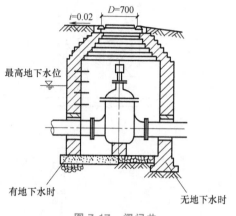

图 7-17　阀门井

2. 支墩

承插式接口的压力管道，在弯管处、三通处、水管尽端的堵头上以及缩管处，都会产生拉力，接口可能因阀门松动脱节而使管道漏水，因此在这些部位需设置支墩，以承受拉力和防止事故。另外，在明管上每隔一定距离或阀门等处也应设支墩，以减少管道的应力。但当管径小于 300mm 或转弯角度小于 10°且压力不超过 980kPa 时，因接口本身足以承受拉力，可不设支墩。墩体材料常用 C10 混凝土，也可采用砖、浆砌石块，水平方向弯管支墩做法如图 7-18 所示。

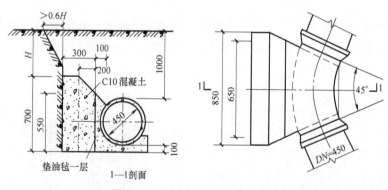

图 7-18　水平方向弯管支墩做法

3. 套管

金属类压力管道、井壁洞圈应预设套管，管道外壁与套管的间隙应四周均匀一致，其间隙宜采用柔性或半柔性材料填嵌密实。

7.2.3 给水管网节点详图

给水管网设计过程中，需在管网图上合理布置阀门、消火栓等主要附件，并选定节点上的管配件，用符号表示各管件与管道的连接方式，如图 7-19 所示。

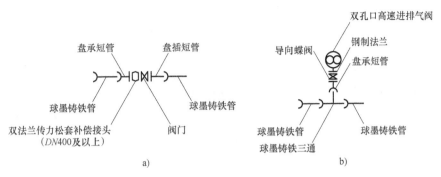

图 7-19　节点详图示例

a) 阀门（球墨铸铁管）　　b) 排气阀（球墨铸铁管）

7.3　排水管渠系统附属构筑物

　　排水管渠系统除了有输送污水、废水的管渠外，还有收集、连接、检修用的附属构筑物。因排水管渠系统大多为重力流，其管道连接方式与压力管道系统不同，其附属构筑物主要有检查井、雨水口、连接暗井、溢流井、跌水井、水封井、换气井、倒虹井、冲洗井、防潮门、出水口等。

　　1. 检查井、雨水口、连接暗井、溢流井

　　（1）检查井　检查井的位置应设在管道交汇处、转弯处、管径或坡度改变处、跌水处以及直线管段上每隔一定距离处。检查井以圆形为主，还有矩形及扇形。检查井由井盖、井身和井底组成，如图 7-20 所示。其材料有砖、石、混凝土或钢筋混凝土。检查井在直线管段的最大间距应根据疏通方法等具体情况确定，一般宜按表 7-5 的规定取值。

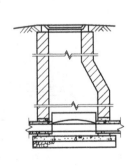
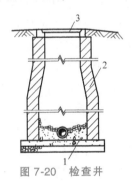
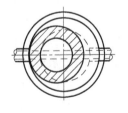

图 7-20　检查井

1—井底　2—井身　3—井盖

表 7-5　检查井在直线管段的最大间距

管径或暗渠净高/mm	最大间距/m	
	污水管道	雨水（合流）管道
200 ~ 400	40	50
500 ~ 700	60	70
800 ~ 1000	80	90
1100 ~ 1500	100	120
1600 ~ 2000	120	120

检查井各部分尺寸应符合下列要求：

1）检查井由井口、井筒和井室等构成，各部分的尺寸应便于养护和检修，爬梯和脚窝的尺寸、位置应便于检修和上下安全。

2）井室也称为检修室，其高度宜为 1.8m（在管道埋深大时则需依埋深确定），污水检查井由流槽顶算起，雨水（合流）检查井由管底算起。

3）检查井井底宜设流槽，污水检查井流槽顶可与 0.85 倍大管管径处相平，雨水（合流）检查井流槽顶可与 0.5 倍大管管径处相平。在管道转弯处，检查井内流槽中心线的弯曲半径应按转角大小和管径大小确定，但不宜小于大管管径。检查井底流槽的形式如图 7-21 所示。

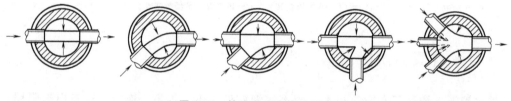

图 7-21 检查井底流槽的形式

（2）雨水口 雨水口是设于地面低洼处，用来收集地面雨水径流的构筑物。雨水口的形式、数量和布置应按汇水面积所产生的流量、雨水口的泄水能力和道路形式确定。

雨水口的形式主要有立算式和平算式两类。平算式雨水口水流通畅，但暴雨时易被树枝等杂物堵塞，影响收水能力。立算式雨水口不易堵塞，但有的城镇因逐年维修道路，路面加高，使立算断面减小，影响收水能力。常用的构造形式有平算式和平立联合式，如图 7-22、图 7-23 所示。雨水口由进水算、井筒及连接管组成。进水算材料有铸钢、混凝土和塑料，井筒为砖砌或预制。井底可根据需要设置沉泥槽（沉泥井），如图 7-24 所示，设有沉泥槽的雨水口可截留雨水夹带的砂砾，避免造成管道淤塞，但沉泥槽积水影响环境卫生，增加了养护工作量，通常仅在路面较差、地面积秽较重处才采用有沉泥槽的雨水口。

立算式雨水口的宽度和平算式雨水口的开孔长度及开孔方向应根据设计流量、道路纵坡和横坡等参数确定。雨水口宜设置污物截留设施，合流制系统中的雨水口应采取防止臭气外溢的措施。

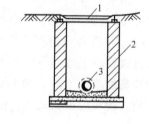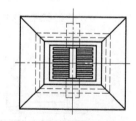

图 7-22 平算式雨水口
1—进水算 2—井筒 3—连接管

雨水口通过连接管与街道排水管渠的检查井相连。连接管的最小管径为 200mm，坡度一般为 0.01，长度不宜超过 25m，接在同一连接管上的雨水口一般不宜超过 3 个。

（3）连接暗井 当街道排水管直径大于 800mm 时，可在雨水口连接管与街道排水管连接处设连接暗井，如图 7-25 所示。

（4）溢流井 在截流式合流制管渠系统中，通常在合流管渠与截流干管的交汇处设置溢流井，溢流井是截流干管上最重要的构筑物。常见的溢流井形式有截流槽式、溢流堰式和跳越堰式等。截流槽式溢流井是在井中设置截流槽，槽顶与截流干管的管顶相平，是最简单

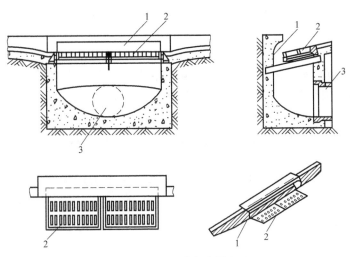

图 7-23 平立联合式雨水口

1—边石进水箅 2—边沟进水箅 3—连接管

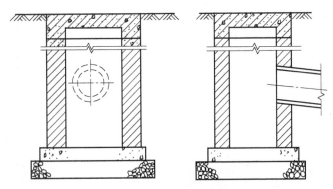

图 7-24 有沉泥槽的雨水口

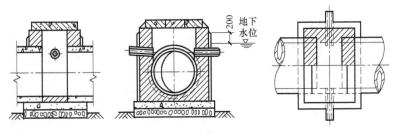

图 7-25 连接暗井

的溢流井,如图 5-39 所示。溢流堰式溢流井是在流槽的一侧设置溢流堰,流槽中的水面超过堰顶时,超量的水溢过堰顶,进入溢流管道后流入水体,如图 5-40 所示。跳越堰式溢流井可以更好地保护水环境,但其工程费用较大,目前使用不多,适用于污染较严重地区,如图 5-41 所示。

2. 跌水井、水封井

(1) 跌水井 跌水井是设有消能设施的检查井,因地势或其他因素的影响,造成排水管道在某些地段需要跌水。当管道跌水水头在 1.0m 以内时，可不设跌水井，但需在检查井井底做成斜坡。跌水井不宜设在管道的转弯处。

目前，常用的跌水井（图 7-26）有竖管式、溢流堰式和阶梯式。竖管式跌水井适用于管径≤400mm 的管道，其一次允许跌落高度随管径不同而异，当管径小于 200mm 时，一次落差不宜超过 6m；当管径为 300~400mm 时，一次落差不宜超过 4m。当管径大于 400mm 时，可采用溢流堰式跌水井，其跌水水头高度、跌水方式及井身长度应通过水力计算确定；也可采用阶梯式跌水井，其跌水部分为多级阶梯，逐步消能。跌水井的井底及阶梯要考虑水流的冲刷影响，采用必要的加强措施。

（2）水封井　水封井是设有水封设施的检查井，如图 7-27 所示。水封设施的作用在于阻隔易燃、易爆气体的流通，阻隔水面游火，防止火势蔓延，使排水管渠在尽可能遇火的场地时不致引起火灾或爆炸。

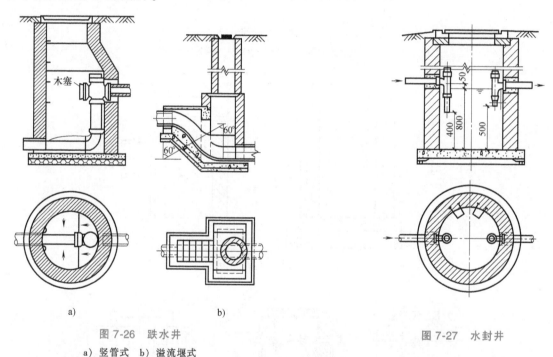

图 7-26　跌水井
a）竖管式　b）溢流堰式

图 7-27　水封井

当工业废水中含有易产生爆炸或火灾的气体时，其废水管道系统中应设水封井。水封井的位置应设在生产装置储罐区、原料储运场地、成品仓库、容器洗涤车间、废水排出口处及干管上。水封井不宜设置在车行道和行人众多的地段，并应远离产生明火的场地。

3. 冲洗井、潮门井

（1）冲洗井　当污水在管道内的流速不能保证自清时，为防止淤积可设置冲洗井。冲洗井有两种类型：人工冲洗井和自动冲洗井。自动冲洗井一般采用虹吸式，其构造复杂，造价高，目前已经很少采用。人工冲洗井的构造简单，是一个具有一定容积的检查井。其出流管上设有阀门井，内设有溢流管以防止井中水深过大。冲洗水可利用污水、中水或自来水。用自来水时，供水管的出口必须高于溢流管管顶，以免污染自来水。

冲洗井一般适用于管径不大于 400mm 的管道。冲洗管道长度一般为 250m 左右。

（2）潮门井 临海、临河城市的排水管道往往会受到潮汐和水体水位的影响，为防止涨潮时潮水或洪水倒灌进入管道，应在排水管道出水口上游的适当位置上设置装有防潮门的检查井，即潮门井，如图 7-28 所示。

防潮门一般采用铁制，略带倾斜地安装在井中上游管道出口处，其倾斜度一般为 1：10～1：20。防潮门只能单向开启。当排水管道中无水或水位较低时，防潮门靠自重密闭；当上游排水管道来水时，水流顶开防潮门排入下游水体；当涨潮时，防潮门靠下游潮水压力密闭，使潮水不会倒灌入排水管道中。潮门井井口应高出最高潮水位或最高河水位，井口应用螺栓和盖板密封，以防止潮水或河水从井口倒灌入市区。为使潮门井工作安全有效，应加强维护和管理工作，经常清除潮门井座上的污物。

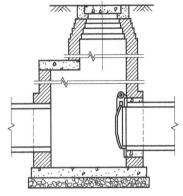

图 7-28 潮门井

4. 倒虹管

排水管渠遇到河流、山洞、洼地或地下构筑物等障碍物时，不能按原有的坡度埋设，可按下凹的折线方式从障碍物下通过，这种管道称为倒虹管。倒虹管由进水井、下行管、平行管、上行管和出水井组成，如图 7-29 所示。

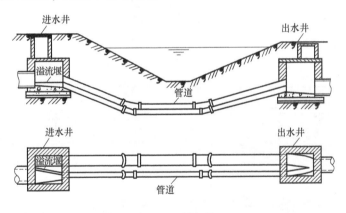

图 7-29 倒虹管

倒虹管的设计应符合相关要求，如通过河道的倒虹管不宜少于两条；通过谷底、旱沟或小河的倒虹管可采用一条；通过障碍物的倒虹管，尚应符合与该障碍物相交的相关规定。倒虹管的最小管径宜为 200mm，管内设计流速应大于 0.9m/s，并应大于进水管内的流速，当管内设计流速不能满足上述要求时，应增加定期冲洗措施，冲洗时流速不应小于 1.2m/s。倒虹管的管顶距规划河底的距离一般不宜小于 1.0m，通过航运河道时，其位置和管顶距规划河底的距离应与当地航运管理部门协商确定，并设置标志，遇冲刷河床应考虑防冲措施。倒虹管宜设置事故排出口。合流制管道设置倒虹管时，应按旱流污水量校核流速。倒虹管进、出水井的检修室净高宜大于 2m；进、出水井较深时，井内应设检修台，其宽度应满足检修要求。当倒虹管为复线时，井盖的中心宜设在各条管线的中心线上。倒虹管进、出水井内应设闸槽或闸门；进水井的前一检查井应设置沉泥槽。

5. 出水口

排水管渠出水口位置、形式和出口流速应根据受纳水体的水质要求、水体的流量、水位变化幅度、水流方向、波浪状况、稀释自净能力、地形变迁和气候特征等因素确定。出水口的形式有淹没式、一字式、八字式等，如图 7-30 所示。雨水出水口内顶最好不低于多年平均洪水位，一般应在常水位以上。污水出水口应尽可能淹没在水体水面以下，当河流等水体的水位变化很大，管道的出水口离常水位较远时，出水口的构造就复杂，因而造价较高，此时宜采用集中出水口布置形式。

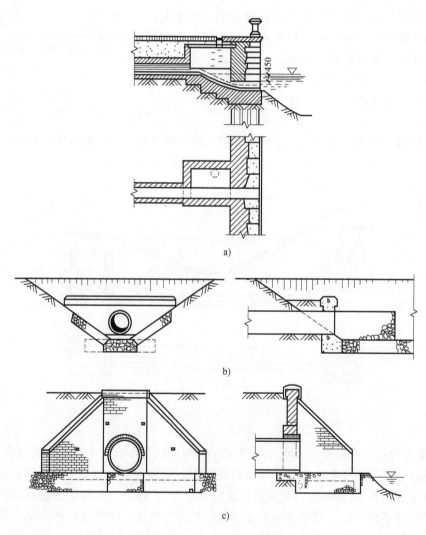

图 7-30　出水口的形式
a）淹没式　b）一字式　c）八字式

当管道将雨水排入池塘或小河时，其水位变化小，出水口构造简单，宜采用分散出水口。图 7-31 所示为江心分散式出水口。

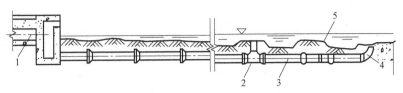

图 7-31　江心分散式出水口

1—进水管渠　2—T 形管　3—渐缩管　4—弯头　5—石堆

思　考　题

1. 常用给水管材、排水管渠材料有哪些？各有什么优缺点？

2. 给水铸铁管有哪些主要配件？各在何种情况下使用？

3. 阀门起什么作用？有几种主要形式？各安装在哪些部位？

4. 排气阀和泄水阀应在哪些情况下设置？

5. 阀门井起什么作用？它的大小和深度如何确定？检查井起什么作用？

6. 哪些情况下给水支管要设支墩？应放在哪些部位？

7. 排水管渠常用的接口类型有哪些？其适用范围如何？

8. 排水管渠系统附属构筑物有哪些？其各自的功能是什么？

第 8 章

给排水管道系统的管理与维护

8.1 给排水管道技术信息管理系统

为了维持管网的正常工作，保证安全供水，必须做好日常的管网养护管理工作，其内容包括：

1）建立技术档案。

2）检漏和修漏。

3）水管清垢和防腐蚀。

4）用户接管的安装、清洗和防冰冻。

5）管网事故抢修。

6）检修阀门、消火栓、流量计和水表等。

为了做好上述工作，必须熟悉管线的情况、各项设备的安装部位和性能、用户接管的地点等，以便及时处理。平时要准备好各种管材、阀门、配件和修理工具等，以便于抢修。

8.1.1 给水管网技术资料整理

1. 管网建立档案的必要性

城市给水管网技术档案是在管网规划、设计、施工、运行、维修和改造等技术活动中形成的技术文献，它具有科学管理、科学研究、接续和借鉴、重复利用和技术转让、技术传递及历史利用等多项功能。它由设计、竣工、管网现状三部分组成，其日常管理工作包括建档、整理、鉴定、保管、统计、利用六个环节。

建档是档案工作的起点，城市给水管网的运行可靠性已成为城市发展的一个制约因素，因此它的设计、施工及验收情况，必须要有完整的图样档案。并且在历次变更后，档案应及时反映它的现状，使它能方便地为给水事业服务，为城市建设服务，这是给水管网技术档案的管理目的，也是城市给水管网实现安全运行和现代化管理的基础。

随着近年来我国经济的飞速发展以及人民生活水平的不断提高，给水系统日趋完善，但仍然有很多普遍存在的问题，如设计、施工和管理水平低，重大事故较多，技术水平差，运行效率低，决策失误，大量资金浪费等。出现这些情况的原因，就是因为没有充分发挥管网技术档案的作用，找不到管网出毛病的准确原因。管网安全运行所采取的技术措施针对性较差，也就不会收到好的效果。因此，要想利用有限的资金，解决旧系统的运行困难以及新系统的合理建设，兼顾近期和远期效益，迫切需要建立完善的给水管网技术档案。

2. 给水管网技术资料的主要内容

给水管网技术资料的内容包括以下几部分。

(1) 设计资料 设计资料是施工标准又是验收依据，竣工后则是查询的依据。其内容有设计任务书、输配水总体规划、管道设计图、管网水力计算图、建筑物详图等。

(2) 施工前资料 在管网施工时，按照住房和城乡建设部颁布的《市政工程施工技术资料管理规定》及省市关于建设工程竣工资料归档的有关要求，市政给水管道应按标准及时归档，归档内容包括：开工令，监理规划，监理实施细则，监理工程师通知，质量监督机构的质检计划书及质量监督机构的其他通知及文件，原材料、成品、半成品的出厂合格证证明书，工序检查记录，测量复核记录等。

(3) 竣工资料 竣工资料应包括管网的竣工报告，管道纵断面上标明管顶竣工高程，管道平面图上标明节点竣工坐标及大样、节点与附近其他设施的距离。竣工情况说明包括：完工日期，施工单位及负责人，材料规格、型号、数量及来源，槽沟土质及地下水情况，同其他管沟、建筑物交叉时的局部处理情况，工程事故处理说明及存在隐患的说明；各管段水压试验记录，隐蔽工程验收记录，全部管线竣工验收记录；工程预、决算说明书以及设计图样修改凭证等。

(4) 管网现状图 管网现状图是说明管网实际情况的图样，反映了随着时间推移管道的减增变化，是竣工修改后的管网图。

1) 管网现状图的内容。总图：包括输水管道的所有管线，管道材质、管径、位置、阀门、节点位置及主要用户接管位置，比例为 1:2000~1:10000。

方块现状图：是现状资料的详图，应详细地标明支管与干管的管径、材质、坡度、方位、节点坐标、位置及控制尺寸、埋设时间、水表位置及口径，比例一般为 1:500。

用户进水管卡片：卡片上应有附图，标明进水管位置、管径、水表现状、检修记录等，要有统一编号，专职统一管理，经常检查，及时增补。

阀门和消火栓卡片：要对所有的消火栓和阀门进行编号，分别建立卡片，卡片上应记录地理位置、安装时间、型号、口径及检修记录等。管道越过河流、铁路等的结构详图。

2) 管网现状图的整理。要完全掌握管网的现状，必须将随时间推移所发生的变化、增减及时标到综合现状图上。现状图主要标明管道材质、直径、位置、安装日期和主要用水户支管的直径、位置，包括供规划、行政主管部门作为参考的详图。

在建立符合现状的技术档案的同时，还要建立节点及用户进水管情况卡片，并附详图。资料管理人员每月要对用户卡片进行校对、修改，对事故情况进行分析、记录，并将管道变化、阀门消火栓增减等整理存档。

为适应快速发展的城市建设需要，已逐步开始采用供水管网图形与信息的计算机存储管理，以代替传统的手工方式。

8.1.2 给水管网地理信息系统

1. 地理信息系统简介

地理信息系统（Geographical Information System，GIS）是计算机硬件、软件和不同的方法组成的系统，该系统设计用来支持空间数据的采集、管理、处理、分析和现实，以便解决复杂的规划和管理问题。

（1）地理信息系统的含义

1）地理信息系统由若干个相互关联的子系统构成，如数据采集子系统、数据管理子系统，数据处理和分析子系统、可视化表达与输出子系统等。

2）地理信息系统的技术优势在于它有效的数据集成、独特的地理空间分析能力、快速的空间定位搜索和复杂的查询功能、强大的图形可视化表达手段，以及空间决策支持功能等。

3）地理信息系统与地理学和测绘学有着密切的关系。地理学为地理信息系统提供了有关空间分析的基本观点与方法，是地理信息系统的基础理论依托。

（2）地理信息系统的组成　一个实用的地理信息系统，要支持对空间数据的采集、管理、处理、分析、建模和显示等功能，其基本组成一般包括系统硬件、系统软件、空间数据、应用人员和应用模型五个主要部分。

（3）地理信息系统的功能　由计算机技术与空间数据相结合而产生的地理信息系统技术，包含了处理信息的各种高级功能，它的基本功能是数据的采集、管理、处理、分析和输出。地理信息系统依托这些基本功能，通过利用空间分析技术、模型分析技术、网络技术、数据库和数据集成技术、二次开发环境等，演绎出丰富多彩的系统应用功能，满足用户的广泛需求。

2. 给水管网地理信息系统的功能与组成

地理信息系统在水务领域的分支被称为给水管网地理信息系统。给水管网地理信息系统图形与数据（如管线类型、长度、管材、埋设年代、权属单位、所在道路名称等）之间可以双向访问，即通过图形可以查找其相应的数据，通过数据也可以查找其相应的图形，图形与数据可以显示于同一屏幕上，使查询、增列、删除、改动等操作直观、方便。

许多专家在地理信息系统技术应用于给水管网档案管理方面做了大量的研究，一些城市已建立了给水管网图形信息管理系统，并积累了不少实际操作经验。

（1）给水管网地理信息系统的功能　通过地理信息系统技术建立的给水管网信息系统一般可实现以下功能：

1）资料的电子化管理。利用计算机存储供水管网的建设、维修保养等工程竣工资料，可以避免纸质资料的遗失损坏，同时实现资料的动态管理。大城市的供水网络纵横交错，管线数量庞大，管网管理难度大。以前大量的竣工资料和图标采取人工管理，存档在资料室。随着管网建设的不断发展和管理水平要求的不断提高，手工管理很难做到科学高效，各种资料容易损坏丢失，信息检索查阅也非常不方便，遇到紧急情况无法及时得到相关准确信息。传统的手工资料管理方式已不适应给水行业的发展需要。给水管网地理信息系统将管线的地理位置信息与属性信息相结合，通过资料输入、数据储存、数据库连接、信息查询、资料输出等一系列操作，可以给行业各部门提供高效准确的信息服务。

2）管网的查询、统计、计算和分析。利用地理信息系统可以方便地对各种信息进行查询，如地名、管径、安装年限等。

3）管网故障分析与处理。当涉及管道作业时往往需要进行停水作业，这时必须认真查询信息系统上的用户信息，正确了解受影响的用户分布。通过模拟管网停水的关阀方案，可以准确显示停水区域图，给出停水预处理方案并帮助客户服务部门准确及时地通知受影响的用户，告知其停水的起止时间，提高服务水平。

4）地理信息系统是其他信息系统的基础，如水力模型等。水力模型的建立需要大量与实际相符的用户信息和管网信息，地理信息系统可以为水力模型的建立提供重要的数据支持。

（2）给水管网地理信息系统的信息组成　给水管网地理信息系统的信息包括地理信息、管网信息、设备信息、维护信息。

1）地理信息：包括管道所在的区号、街道名、下水道井盖位置以及用户接口所在的建筑物门牌号等。

2）管网信息：包括管网位置信息、管道特性信息（直径、材料、连接口类型、支撑物类型、管道状况、支撑物状况、连接口状况、核对日期、核对性质、长度、敷设时间、敷设动因、更新日期、更新的性质、项目编号等）以及管道之间的连接关系。

3）设备信息：包括设备类型、直径、详细信息、编号、状态等。

4）维护信息：即管网的维修养护信息，包括时间、地点、维修内容、竣工图等。

3. 给水管网水力模型系统

管网水力模型系统是以管网地理信息系统作为基础建立起来的管网仿真系统，借助数据采集与监控（Supervisory Control And Data Acquisition，SCADA）系统、供水营销服务系统的数据对其定期进行校核，实现对管网的水力运行状态在线模拟，对管网多工况的延时校验和对管网未来的调度决策进行预测模拟。

建立管网的静态连续数学模型，并进行静态连续模拟，可以判断管网的运行工况和设计规划的合理程度，了解运行规律，实现设计和运行管理的科学化。

管网水力模型是进行管网分析计算的基础，其基于对管网拓扑结构、管网中节点、管段、水泵、阀门、水库等组件的水力分析，可以较为详细地表达管网中各管段、节点、水泵、水库、阀门的水力要素和水力状态。它对管网规划、调度方案的优化、管网日常运行管理等都具有相当重要的作用。

8.1.3　排水管网地理信息系统

地理信息系统能够描述与空间和地理分布有关的数据，基于地理信息系统技术的排水管网信息管理系统将基础地理信息和排水管网有效地融合为一体，以实现对排水管网的动态管理和维护。

建立排水管网地理信息系统首先需要对辖区排水管网进行普查，获取基础数据，数据的准确性、全面性是以后各项工作的基础。排水管网普查主要采用物探、测量等方法查明排水管道现状，包括的内容有：排水管线和窨井的空间位置、埋深、形状、尺寸、材质、窨井及附属设施的大小等。我国较早开展了地下管线普查的工作，经过多年的发展和积累，管线普查已经形成了成熟的技术标准和规范，为排水管网普查和数据采集奠定了基础。排水管网普查是涉及物探、测绘、计算机、地理信息等多专业的综合性系统工程，包括排水管线探查、排水管线测量、建立排水管线数据库、编制排水管线图、工程监理和验收等部分。排水管网系统数据库的主要内容见表 8-1。

表 8-1　排水管网系统数据库的主要内容

图　　名	雨水系统图	污水系统图	排水管详图
内容	服务面积	服务面积	管径
	设计雨水量	设计污水量	管道长度
	设计暴雨重现期	人均日排水量	管材
	平均径流系数	服务人口	管道断面形状
	泵站容量	泵站容量	接口种类
	主管道长度	主管道长度	施工方法
	设计单位	设计单位	检查井资料
	施工单位	施工单位	地面和管底高程
	竣工时间	竣工时间	竣工时间

　　建立基于地理信息系统的排水管网信息管理系统。排水管网信息系统是在硬件、软件和网络的支持下，对排水管线普查信息进行存储、分析管理和提供用户应用的技术系统，是体现普查后实现管网数据科学化的管理保证。排水管网信息管理系统包含的功能有：数据检查、数据入库和编辑、地图管理、查询与统计、空间分析、排水管道检测管理、管道养护管理、数据输出、用户管理等。

　　由英国 Wallingford 公司研制的 InfoNet 系统是目前应用较广的基于地理信息系统的排水管网信息管理系统之一，该系统有效地集成了排水管网资产数据、测量数据、模型数据、养护数据，可实现排水管网日常维护规划和管理、排水管网规划分析、管网运行报告等功能。

8.2　给水管道系统维护与管理

8.2.1　给水管道清垢

1. 结垢的主要原因

　　（1）水中含铁量过高　水中的铁主要以酸式碳酸盐、碳酸亚铁等形式存在。以酸式碳酸盐形式存在的铁最不稳定，其分解出二氧化碳，而生成碳酸亚铁，经水解生成氢氧化亚铁，氢氧化亚铁与水中溶解的氧发生氧化作用，转为絮状沉淀的氢氧化铁。铁细菌是一种特殊的自养菌类，它依靠铁盐的氧化，顺利地利用细菌本身生存过程中所产生的能量而生存。由于铁细菌在生存过程中能排出超过其本身体积近 500 倍的氢氧化铁，所以若干年后能使管道过水断面严重堵塞。

　　（2）生活污水、工业废水的污染　由于生活污水和工业废水未经处理大量泄入河流，河水渗透补给地下水，地下水的水质逐年变差。个别水源检出有机物、金属指标超标率严重。这些水源水经处理后已不符合生活饮用水水质标准，因此，管网的腐蚀和结垢现象更为严重。

　　（3）水中碳酸钙（镁）沉淀　在所有的天然水中几乎都含有钙（镁）离子，同属水中的酸式碳酸根离子转化成二氧化碳和碳酸根离子，这些钙（镁）离子和碳酸根离子化合成碳酸钙（镁），难溶于水而变为沉渣。

2. 管道清垢的方式

　　结垢的管道输水阻力加大，输水能力减小，为了恢复管道应有的输水能力，需要刮管涂衬。管道清洗也就是管内壁涂衬前的刮管工序，清洗管内壁的方式分为水力冲洗、机械清洗和化学清洗三种方式。

（1）水力冲洗

1）水冲洗。管内结垢有软有硬，清除管内松软结垢的常见方法是用压力水对管道进行周期性冲洗，冲洗的流速应大于正常运行速度的 1.5~3 倍。能用压力水冲洗掉的管内松软结垢，是指悬浮物或铁盐引起的沉积物，虽然它们沉积于管底，但同管壁间附着得不牢固，可以用水清洗清除。

为了有利于管内结垢的清除，在需要冲洗的管段内放入冰球、橡皮球、塑料球等，利用这些球可以在管道变小了的断面上造成较大的局部流速，冰球放入管内后是不需要从管内取出来的。对于局部结垢较硬的管道，可在管内放入木塞，木塞两端用钢丝绳连接，来回拖动木塞以加强清除效果。

2）高压射流冲洗。利用 5~30MPa 的高压水，靠喷水向后射出所产生向前的作用力推动运动，管内结垢脱落、打碎、随水流排掉。此种方法适于中、小管道，一般采用的高压胶管长度为 50~70m。

3）气压脉冲法清洗。该法的设备简单、操作方便、成本不高，进气和排水装置可安装在检查井中，因而无须断管或开挖路面，如图 8-1 所示。

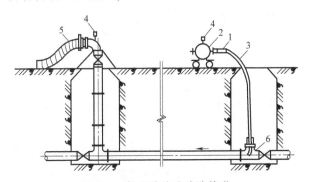

图 8-1　气压脉冲法冲洗管道

1—脉冲装置　2—贮气罐　3—橡胶管　4—压力表　5—排水管　6—喷嘴

（2）机械清洗　管内壁形成了坚硬结垢，仅仅用水力冲洗是难以解决问题的，这时就要采用机械刮除。

刮管器有多种形式，对于较小口径水管内的结垢刮除，是由切削环、刮管环和钢丝刷等组成的，用钢丝绳在管内使其来回拖动，先由切削环在水管内壁结垢上刻划深痕，然后由刮管环把管垢刮下，最后用钢丝刷刷净，如图 8-2 所示。

（3）化学清洗　把一定浓度（质量分数 10%~20%）的硫酸、盐酸或食醋灌进管道内，经过足够的浸泡时间（约 16h），使各种结垢溶解，然后把酸类排走，再用高压水流把管道冲洗干净。

8.2.2　阀门的管理

1. 阀门井的安全要求

阀门井是地下构筑物，处于长期封闭状态，空气不能流通，造成氧气不足。所以井盖打开后，维修人员不可立即下井工作，以免发生窒息或中毒事故。应首先使其通风半小时以上，待井内有害气体散发后再行下井。阀门井设施要保持清洁、完好。

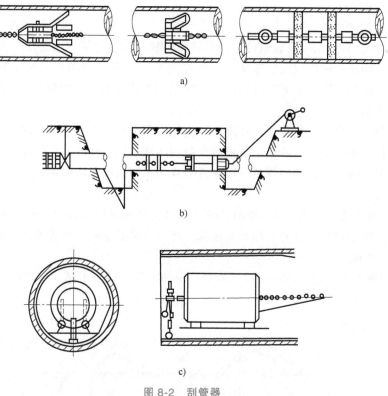

图 8-2 刮管器

a）普通刮管器 b）刮管器安装 c）旋转法刮管器

2. 阀门的启闭

水厂（站）内的阀门、给水管网的阀门管理均应有明确的管理责任人和操作规章。阀门应处于良好状态，为防止水锤的发生，启闭应缓慢进行。管网中的普通阀门仅作检修启闭用，开则全开，关则关严，以降低水头损失。

3. 阀门故障及原因

阀门使用过程中，可能会出现多种故障，如阀杆端部和启闭钥匙之间打滑，其主要原因是规格不吻合或阀杆端部棱边损坏；阀门关不严，其主要原因是阀体底部有杂物沉积，可在来水方向装设沉渣槽清除杂物；阀杆无法转动，可能是因其长期处于水中，造成锈蚀所致。因钢制杆件易锈蚀，为避免锈蚀卡死，阀门应经常活动，每季度一次为宜，若阀杆用不锈钢杆件，阀门螺母用铜合金制作，则可减轻锈蚀。

4. 阀门的技术管理

阀门现状图样应长期保存，其位置和登记卡必须一致。每年要核查图、物、卡。工作人员要在图、卡上标明阀门所在位置、控制范围、启动转数、启闭所用工具等。

阀门启闭完好率应为100%。对阀门应按规定的巡视计划进行周期巡视，每次巡视时，对阀门的维护、部件的更换、油漆等均应做好记录。启闭阀门要由专人负责，其他人员不得启闭阀门。管网控制阀门的启闭，应在夜间进行，以防影响用户用水稳定。对管网末端管段，要定期排水冲洗，以确保管道内水质良好。要经常检查排气阀的运行状况，以免负压和水锤现象发生。

8.2.3　给水管网监测

1. 监测管网压力、流量的重要性

管网测压、测流是加强管网管理的重要内容，由此可系统地掌握输配水管网的工作状况、节点压力变化、管道内水的流向、流量等，是城市给水系统日常调度的基础。长期收集、分析管网测压、测流资料，进行管道粗糙系数 n 值的测定，可作为改善管网经营管理的依据。通过测压、测流及时发现和解决环状管网中的疑难问题。

通过对各段管道压力、流量的测定，可核定管道中的阻力变化，查明管道中结垢严重的管段，从而有效地指导管网养护检修工作，必要时对某些管段进行刮管涂衬的大修工程，使管道恢复较优的水力条件。当新敷设的主要输配水干管投入使用前后，通过对全管网或局部管网进行测压、测流，还可判断新建管道对管网输配水的影响程度。管网的改建与扩建也需要以积累的测压、测流数据为依据。

2. 管道压力监测

管道压力监测应选择有代表性的测压点，在同一时间测读各点水压值。测压点的选定既要反映实际水压情况，又要均匀合理布局，使每一测压点能代表附近地区的水压情况。测压点以设在大中口径的干管上为主，一般设在输配水干管的交叉点附近，大型用水户的分支点附近，水厂、加压站及管网末端等处。当测压、测流同时进行时，测压孔和测流孔可合并设立。

测压时可将压力表安装在消火栓或给水嘴上，定时记录水压，若有自动记录压力仪则更好，可以得出 24h 的水压变化曲线。绘制节点水压等值线图以反映各条管段的负荷，绘制服务水头等值线图以反映管网内是否存在低水压区。在城市给水系统的调度中心，为了及时掌握管网控制节点的压力变化，往往采用远传指示的方式把管网各节点压力数据传递到调度中心。

管道压力测定的常用仪表是压力表，有单圈弹簧管压力表，电阻式、电感式、电容式、应变式、压阻式、压电式、振频式等远传压力表。单圈弹簧管压力表常用于压力的就地显示，远传压力表可通过压力变送器将压力转换成电信息，用有线或无线的方式把信息传递到终端（调度中心）显示、记录、报警、自控或数据处理等。

3. 管道流量监测

管道流量监测是指测定管段中水的流向、流速和流量。在环状管网每一个管段上应设测流孔，当管段较长，引接分支管较多时，常在管段两端各设一个测流孔；当管段较短且无支管时，可设一个测流孔，若管段中有较大的分支输水管，可适当增加测流孔。测流孔设在直线管段上，距离分支管、弯管、阀门应有一定间距，有些城市规定测流孔前后直线管段长度为 30~50 倍管径值。测流孔应选择在交通不频繁、便于施测的地段，并砌筑在井室内。

流量监测可用不同形式的流量计，如超声波流量计、插入式流量计等。

8.2.4　给水管网漏损控制管理

1. 给水管网漏水的原因

城市给水管网漏水损耗是相当严重的，其中绝大部分为地下管道的接口暗漏所致。

据多年的观察和研究，漏水有以下几个原因：

1）管材质量不合格。

2）接口质量不合格。

3）施工质量问题：管道基础不好，接口填料问题，支墩后座土壤松动，水管弯折角度偏大，易使接头坏损或脱开，埋设深度不够。

4）水压过高时水管受力相应增加，爆管漏水概率也相应增加。

5）温度变化。

6）水锤破坏。

7）管道防腐不佳。

8）其他工程影响。

9）道路交通负载过大。如果管道埋没过浅或车辆过重，会增加对管道的动荷载，容易引起接头漏水或爆管。

2. 给水管网漏损控制指标

衡量管网漏损水平常用指标是漏损率 R_{WL} 和漏失率 R_{RL}。

1）漏损率也称漏耗率或损失率，按下式计算：

$$R_{WL}=\frac{Q_s-Q_a}{Q_s}\times100 \tag{8-1}$$

式中　R_{WL}——漏损率（%）；

　　　Q_s——年供水总量（万 m^3/a）；

　　　Q_a——注册用户年用水量（万 m^3/a）。

2）漏失率按下式计算：

$$R_{RL}=\frac{Q_{r1}+Q_{r2}+Q_{r3}+Q_{r4}}{Q_s}\times100 \tag{8-2}$$

式中　R_{RL}——漏失率（%）；

　　　Q_{r1}——年明漏水量（万 m^3/a）；

　　　Q_{r2}——年暗漏水量（万 m^3/a）；

　　　Q_{r3}——年背景漏失水量（万 m^3/a）；

　　　Q_{r4}——水箱、水池的年渗漏和溢流水量（万 m^3/a）。

国际上评价漏损控制管理水平也有用供水管网漏失指数（ILI）、不可避免年漏失水量（UARL）、经济的漏失水平（ELL）等评价指标。供水管网漏失指数（ILI）是指当年真实漏损水量（CAPL）与可达到的年最小真实漏损水量（MAAPL）的比值，即 ILI = CAPL/MAA-PL，是衡量配水系统控制真实漏失管理水平的指标。

3. 给水管网漏损控制管理技术

（1）独立计量区（DMA）　DMA 是指供水管网中具有永久性边界的、相对独立的供水区域，一般通过关闭阀门使区域内管网独立于其他市政管网，进出区域的流量都用流量计计量。典型的供水管网 DMA 分区如图 8-3 所示。

DMA 技术产生于 20 世纪 80 年代，并首先在英格兰和威尔士获得广泛应用。20 世纪 90

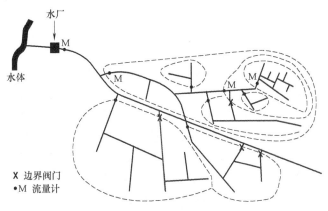

图 8-3 典型的供水管网 DMA 分区

年代早期，英国实施国家漏损控制模式，规定必须实施分区计量。2003 年，国际水协（International Water Association，IWA）漏损控制特别小组连续发表了 8 篇系列文章介绍由英国主导的漏损控制策略。2007 年发布了 DMA 指导手册，用于指导世界各地的 DMA 管理。

受到英国漏损控制策略效果的鼓舞，许多国家和地区的供水企业也开始逐步对供水管网实施 DMA 管理并取得显著成效。但由于国内城市供水管网多为环状，对供水管网进行 DMA 划分存在一定困难，DMA 技术在国内还没有得到大规模应用。

（2）区域压力控制　区域压力控制是指将市政供水管网整体区域压力通过水力模型模拟或实地测量的方法，结合城市道路与供水主干线进行合理分区，在满足区域最不利配水点压力、确保水质安全的情况下，通过安装自动减压装置或调整闸门开启度的方式，实现区域压力调整、优化管网运行工况的一种管网调控方法。

供水压力过高导致管网渗漏水量增加、爆管事故发生的概率增大，影响管网的正常运行。区域压力控制是节水减漏的重要手段，它作为一项成熟技术，在许多地区得到应用，并取得显著成效。

（3）传统漏水检测方法　传统漏水检测常采用音频检漏方法。

当水管有漏水口时，压力从小口喷出，水就会与空气发生摩擦，能量汇集在孔口处，孔口处就形成振动。音频检漏法分为阀栓听音和地面听音两种，前者用于漏水点预定位，后者用于精确定位。漏水点预定位法主要分为阀栓听音法和噪声自动监测法。

1）漏水点预定位法。

① 阀栓听音法：阀栓听音法使用听漏棒或电子放大听漏仪直接在管道暴露点（如消火栓及暴露的管道等）听测由漏水点产生的漏水声，从而确定漏水管道，缩小漏水检测范围。

② 噪声自动监测法：漏水噪声记录仪是由多台数据记录仪和一台数据采集器组成的整体化声波接收系统。只要将记录仪放在管网的不同地点，如消火栓、阀门及其他管道暴露点等，按预设时间（如深夜 2∶00~4∶00）同时自动开、关记录仪。数据采集器在漏水噪声记录仪附近时，可以通过无线方式接收漏水噪声记录仪的监测和分析结果，从而快速探测装有记录仪的管网区域内是否存在漏水。

2）漏水点精确定位法。当通过预定位方法确定漏水管段后，用电子放大听漏仪在地面听测地下管道的漏水点，并进行精确定位。听测方式为沿着漏水管道走向以一定间距逐点听测比较，当地面拾音器越靠近漏水点时，听测到漏水声越强，在漏水点上方达到最大。

3）相关检漏法。相关检漏法是当前最先进、最有效的一种检漏方法，特别适用于环境干扰噪声大、管道埋设太深或不适宜用地面听漏法的区域。用相关仪可快速准确地测出地下管道漏水点的精确位置。一套完整的相关仪是由一台相关仪主机（无线电接收机和微处理器等组成）、两台无线电发射机（带前置放大器）和两个高灵敏度振动传感器组成。其工作原理为：当管道漏水时，在漏水口处会产生漏水声波，该波沿管道向远方传播，当把传感器放在管道或连接件的不同位置时，相关仪主机可测出该漏水声波传播到不同传感器的时间差 t，只要给定两个传感器之间管道的实际长度 L 和声波在该管道的传播速度 v，漏水点的位置 L_x 就可根据式（8-3）计算出来，其中，漏水声波在管道中的传播速度 v 取决于管材、管径和管道中的介质，单位为 m/s，可全部存入相关仪主机中。

$$L_x = \frac{L - vt}{2} \qquad (8\text{-}3)$$

4）区域装表法。图8-4所示为区域装表法。该方法把整个给水管网分成小区域，凡是和其他地区相通的阀门全部关闭，小区域内暂停用水，然后开启装有水表的一条进水管上的阀门，使小区域进水。如小区域内的管网漏水，水表指针将会转动，由此可读出漏水量。

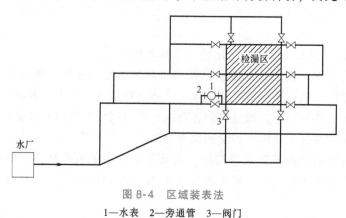

图8-4 区域装表法
1—水表 2—旁通管 3—阀门

5）质量平衡检漏法。质量平衡检漏法的工作原理为：在一段时间 Δt 内，测量的流入质量可能不等于测得的流出质量。

6）水力坡降线法。水力坡降线法的技术较复杂。这种方法是根据上游站和下游站的流量等参数，计算出相应的水力坡降，然后分别按上游站出站压力和下游站进站压力作图，其交点就是理想的泄漏点。但是这种方法要求准确测出管道的流量、压力和温度值。

7）统计检漏法。是一种不带管道模型的检漏系统。该系统根据在管道的入口和出口测取的流体流量和压力，连续计算泄漏的统计概率。对于最佳检测时间的确定，使用序列概率比试验方法。当测漏确定后，可通过测量流量和压力及统计平均值估算泄漏量，用最小二乘算法进行泄漏定位。

8）基于人工神经网络的检漏方法。基于人工神经网络检测管道泄漏的方法，能够运用自适应能力学习管道的各种工况，对管道运行状况进行分类识别，是一种基于经验的类似人类的认识过程的方法。试验证明，这种方法是十分灵敏和有效的。这种检漏方法能够迅速准确预报出管道运行情况，检测管道运行故障并且有较强的抗恶劣环境和抗噪声干扰的能力。

（4）管网漏水的处理　针对管道的渗漏问题，应从以下几个方面进行预防：

1）材料的采购过程应加以严格控制，仔细检查。施工中对于各个批次的管材、管件的使用情况做好记录，一旦发现问题，应及时更换。

2）对于已经施工完成的管道应做好保护措施。管道安装后，应和其他工种的作业人员加强沟通，在管道和其他管道、设备交叉处标示管道的位置，避免施工安装时对管道造成损坏。定期巡检，发现有管道损坏应及时维修。

3）对施工人员进行相关技术培训，交代技术要点，把相关责任落实到个人。

4）对于塑料管材安装，应对其伸缩性采取相应措施进行预防。对于非直埋管道的敷设，热胀冷缩变形比较明显，应考虑采用相应的技术措施予以处理。

如果出现渗漏问题，首先要寻找漏水点，然后分析漏水原因，根据漏水原因采取相应措施进行处理，常用的方法有：对于材料不合格的要更换管材、管件；对于施工操作不合格引起的质量问题一概要求返工，重新安装；而对于由于热胀冷缩造成的渗漏，则可考虑采用上述技术措施进行整改。

8.2.5　给水管网水质管理和供水调度

城市供水系统一般由取水设施、净水厂、送水泵站（配水泵站）和输配水管网构成。供水系统从水源取水，送入净水厂进行净化处理，经泵站加压，将符合国家水质标准的清洁水通过管网送至用户。城市供水系统通常是由若干座净水厂向配水管网供水。每座净水厂的送（配）水泵站设有数台水泵（包括调速水泵），根据需水量进行调配。此外，某些给水区域内的地形和地势对配水压力影响较大时，在配水管网上可设置增压泵站、调蓄泵站或高地水池等调压设施，以保证为用户安全、可靠和低成本供水。

城市供水系统的调度工作主要是掌握各净水厂送水量、配水管网特征点的运行状态，根据预订配水需求计划方案进行生产调度，并且进行供水需求趋势预测、管网压力分布预期估算与调控和水厂运行的宏观调控等。

1. 城市供水调度的目的与任务

城市供水调度的目的是安全可靠地将符合水压和水质要求的水送往每个用户，并最大限度地降低供水系统的运行成本。既要全面保证管网的水压和水质，又要降低漏水损失和节省运行费用；不仅要控制水泵（包括加压泵站的水泵）、水池、水塔、阀门等的协调运行，并且要能够有效地监视、预报和处理事故；当管网服务区域内发生火灾、管道损坏、管网水质突发性污染、阀门等设备失控等意外时，能够通过水泵、阀门等的控制，及时改变部分区域的水压，隔离事故区域，或者启动水质净化或消毒等设备。

供水管网水质控制是城市供水调度的一项新内容，受到越来越多的重视。我国《生活饮用水卫生标准》对出厂水和管网水质提出了严格的要求，这使得通过运行调度手段来保证管网水质变得非常必要。供水管网水质保护和控制的主要对象是管道中水的物理、化学变化过程和水的流经时间，合理调度管网系统，控制管道中水流速度，是保证管网水质稳定和安全的重要措施。

城市的供水管网往往随着用水量的增长而逐步形成多水源的供水系统，通常在管网中设有中间水池和加压泵站。对于多水源供水系统，调度管理部门或调度中心应及时了解整个供水系统的生产运行情况，采取有效的科学方法和强化措施，执行集中调度的任务。通过管网的集中调度，各水厂泵站不再只根据本水厂水压大小来启闭水泵，而是由调度中心按照管网控制点的水压确定各水厂和泵站运行水泵的台数。这样，既能保证管网所需的水压，又可避免因管网水压过高而浪费能量。通过综合调度管理，可以改善运转效果，降低供水的耗电量和生产运行成本。

调度管理部门是整个管网也是整个供水系统的管理中心，不仅要负责日常的运行管理，还要在管网发生事故时，立即采取措施。要做好调度工作，必须熟悉各水厂和泵站的设备，掌握管网的特点，了解用户的用水情况。

2. 我国城市供水调度的现状及发展方向

目前，国内大多数城市的供水管网系统仍采用传统的人工经验调度方式，其主要依据为区域水压分布，利用增加或减少水泵开启的台数，使管网中各区域水的压力能保持在设定的服务压力范围之内。许多自来水公司在调度中心对各测点的工艺参数集中检测，并用数字显示、连续监测和自动记录，还可发现和记录事故情况。不少城市的水厂已建立城市供水的数据采集和监控系统，即 SCADA 系统，并通过在线的、离线的数据分析和处理系统以及水量预测预报系统等，逐渐向优化调度的方向发展。

随着现代科学技术的快速发展，仅凭人工经验调度已不能符合现代化管理的要求。现代城市供水调度系统越来越多地采用四项基础技术，即计算机技术、通信技术、控制技术和传感技术，简称 3C+S 技术或信息与控制技术。在此基础上的应用技术包括：管网模拟、动态仿真、优化调度、实时控制和智能决策等，正在逐步得到应用。随着我国供水企业技术资料的积累和完善，管理水平的提高，应用条件将逐步具备，应用效益也会逐渐明显地体现出来。

根据技术应用的深度和系统完善程度，可以将管网运行调度系统分为如下三个发展阶段：人工经验调度、计算机辅助优化调度、全自动优化调度与控制。

城市供水调度发展的方向是：实现调度与控制的优化、自动化和智能化；实现与水厂过程控制系统、供水企业管理系统的一体化。充分利用计算机信息化和自动控制技术，包括管网地理信息系统（GIS）、管网压力、流量及水质的遥测和遥讯系统等，通过计算机数据库管理系统和管网水力及水质动态模拟软件，实现供水管网的程序逻辑控制和运行调度管理。供水系统的中心调度机构须有遥控、遥测、遥讯等成套设备，以便统一调度各水厂和泵站的动态平衡。对管网中有代表性的测压点及测流点进行水压和流量遥测，对所有水库和水塔进行水位遥测，对各水厂和泵站的出水管进行流量遥测，对所有泵站的水泵机组和主要阀门进行遥控，对泵站的电压、电流和运转情况进行遥讯。根据传示的情况，结合地理信息管理与专家分析系统，综合考虑水源与制水成本，实现全局优化调度是城市供水调度的最高目标。

3. 城市供水调度系统的组成

现代城市供水调度系统就是应用自动检测、现代通信、计算机网络和自动控制等现代信息技术，对影响供水系统全过程各环节的主要设备、运行参数进行实时监测、分析，提出调度控制依据或拟定调度方案，辅助供水调度人员及时掌握供水系统实际运行工况，并实施科学调度控制的自动化信息管理系统。

目前，国内供水行业应用现代信息技术的调度系统，多数仍为由自动化信息管理系统辅助调度人员实施调度控制工作，属于一种开放信息管理控制系统（即半自动控制系统）。只有当供水调度管理系统满足基础档案资料完备且准确，检测、通信、控制等技术及设备可靠，检测、控制点分布密度合理，与地理信息管理、专家分析系统有机结合后，才有可能实现真正的全自动化计算机调度。

城市供水调度系统由硬件系统和软件系统组成，可分为以下几个组成部分：

（1）数据采集与通信网络系统　包括检测水压、流量、水质等参数的传感器、变送器；信号隔离、转换、现场显示、防雷、抗干扰等设备；数据传输（有线或无线）设备与通信网络；数据处理、集中显示、记录、打印等软硬件设备。通信网络应与水厂控制系统、供水企业生产调度中心等连通，并建立统一的接口标准与通信协议。

（2）数据库系统　即调度系统的数据中心，与其他三部分具有紧密的数据联系，具有规范的数据格式（数据格式不统一时，要配置接口软件或硬件）和完善的数据管理功能。一般包括：地理信息系统（GIS），存放和处理管网系统所在的地形、建筑、地下管线等图形数据；管网模型数据，存放和处理管网图及其构造和水力属性数据；实时状态数据，如各监测点的压力、流量、水质等数据，包括从水厂过程控制系统获得的水厂运行状态数据；调度决策数据，包括决策标准数据（如控制压力、水质等）、决策依据数据、计算中间数据（如用水量预测数据）、决策指令数据等；管理数据，即通过与供水企业管理系统接口获得的用水抄表、收费、管网维护、故障处理、生产核算成本等数据。

（3）调度决策系统　它是系统的指挥中心，又分为生产调度决策系统和事故处理系统。生产调度决策系统具有仿真、状态预测、优化等功能；事故处理系统则具有事件预警、侦测、报警、损失预估及最小化、状态恢复等功能，通常包括爆管事故处理和火灾事故处理两个基本模块。

（4）调度执行系统　该系统由各种执行设备或职能控制设备组成，可以分为开关执行系统和调节执行系统。开关执行系统控制设备的开关、启停等，如控制阀门的开闭、水泵机组的启停、消毒设备的运停等；调节执行系统控制阀门的开度、电机转速、消毒剂投量等，有开环调节和闭环调节两种形式。调度执行系统的核心是供水泵站控制系统，多数情况下，它也是水厂过程控制系统的组成部分。

以上划分是根据城市供水调度系统的功能和逻辑关系进行的，有些为硬件，有些则为软件，还有一些既包括硬件也包括软件。初期建设的调度系统不一定包括上述所有部分，根据情况，有些功能被简化或省略，有时不同部分可能共用软件，如用一台计算机进行调度决策兼数据库管理等。

4. 给水管网的集成化数据采集与监控系统

集成化的数据采集与监控（SCADA）系统，又称计算机四遥，即遥测、遥控、遥讯、遥调技术，在城市供水调度系统中得到了广泛应用。它建立在 3C+S 技术基础上，与地理信息系统（GIS）、管网仿真模拟系统、优化调度等软件配合，可以组成完善的城市供水调度管理系统。

（1）城市供水调度 SCADA 系统组成　现代 SCADA 系统不但具有调度和过程自动化的功能，也具有管理信息化的功能，而且向着决策智能化方向发展。现代 SCADA 系统一般采用多层体系结构，一般可以分为 3~4 层。

1）设备层：包括传感检测仪表、控制执行设备和人机接口等。设备层的设备安装于生产控制现场，直接与生产设备和操作人员相联系，感知生产状态与数据，并完成现场指示、显示与操作。在现代 SCADA 系统中，设备层也在逐步走向智能化和网络化。

城市供水调度 SCADA 系统的设备层具有分散程度高的特点，往往需要使用一些自带通信接口的智能化检测与执行设备。

2）控制层：负责调度与控制指令的实施。控制层向下与设备层对接，接受设备层提供的工业过程状态信息，向设备层给出执行指令。对于具有一定规模的 SCADA 系统，控制层往往设有多个控制站（又称控制器或下位机），控制站之间联成控制网络，可以实现数据交换。控制层是 SCADA 系统可靠性的主要保证者，每个控制站应做到可以独立运行，至少可以保证生产过程不中断。

城市供水 SCADA 系统的控制层一般由可编程控制器（PLC）或远方终端（RTU）组成，有些控制站属于水厂过程控制系统的组成部分。

3）调度层：实现监控系统的监视与调度决策。调度层往往是由多台计算机联成局域网组成的，一般分为监控站、维护站（工程师站）、决策站（调度站）、数据站（服务器站）等。其中，监控站向下连接多个控制站，调度层各站可以通过局域网透明地使用各控制站的数据与画面；维护站可以实时地修改各监控站及控制层的数据与程序；决策站可以实现监控站的整体优化和宏观决策（如调度指令）等；数据站可以与信息层共用计算机或服务器，也可以设专用服务器。供水调度 SCADA 系统的调度层可与水厂过程控制系统的监控层合并建设。

4）信息层：提供信息服务与资源共享，包括与供水企业内部网络共享管理信息和水厂过程控制信息。信息层一般以广域网（如互联网）作为信息载体，使得 SCADA 系统的所有信息可以发布到全世界的任何地方，也可以从全世界任何地方进行远程调度与维护。也可以说，全世界信息系统、控制系统可以联成一个网。这是现代 SCADA 系统发展的大趋势。

（2）管网测压点的布置　管网中的测压点是 SCADA 系统的重要组成部分，合理布置测压点的位置和数量不仅可以节省投资，而且是供水服务质量的一个重要保证。

供水管网服务压力必须达到一定的水平，而管网压力又与漏失量直接相关，在其他外部条件相同的情况下，管网漏水率随服务压力的增大而增大。因此，管网系统中测压点的位置和数量应合理布置，以达到全面反映供水系统的管网服务压力分布状况，及时显示供水系统异常情况发生的位置、程度及其影响范围，监测管网运行工况，据此评估管网运行状态的目的。

为此，管网测压点应能够覆盖整个管网，每一测压点都能代表附近地区的水压情况，真实反映管网的实际工作状况。由于供水支管水压往往受局部供水条件的影响，不能反映该地区的供水压力实际情况，所以测压点须设在大中口径供水主干管上，不宜设在进户支管或有大量用水的用户附近，一般在以下地区设置管网测压点：

1）每 $10km^2$ 供水面积需设置一处测压点，供水面积不足 $10km^2$ 的，最少要设置两处。

2）水厂、加压站等水源点附近地区。

3）供水管网压力控制点、供水条件最不利点处，如干管末梢、地面标高特别高的地点。

4）水源供水管网的供水分界线附近。

5）水压力较易波动的集中大量用水地区。

6）用水有特定要求的国家要害部门。

5. 管网水质污染

从水厂出来的水在管网内部可流动数小时乃至数天时间，有足够时间与管壁表面进行充分接触，管壁在与水接触时会渗漏出一些化学物质，污染饮用水；同时，某些管材所释放的有机物能促进微生物在管内生长，这些都成为管网水质污染的原因。

（1）管材本体对供水水质的影响

1）金属管材（铸铁管、球墨铸铁管和钢管）。水是一种电解质，铁在水中的腐蚀大多是化学腐蚀，易生成锈垢。由于管道内锈垢的存在，自来水不是沿着管壁流动而是沿着垢层流动，它们的存在不仅降低了管道的有效过水面积，当管网中水的流速发生剧变或在其他因素的影响下，厚而不规则的锈垢将从管网中排出，对供水水质构成污染。

2）石棉水泥管和水泥管。石棉水泥管中的水泥为高炉矿渣水泥和普通水泥，或者是火山和熟石灰水泥。水泥中有多于 100 种化合物已被认识并检出。石棉是一系列纤维状硅酸盐矿物的总称，这些矿物有着不同的金属含量、纤维直径、柔软性、抗拉强度和表面性质。石棉对人体健康有着严重影响，它可能是一种致癌物质。石棉水泥管中水泥基质的破裂，可能导致石棉纤维向水中渗入，从石棉水泥管释放石棉纤维到自来水中。研究表明，当使用石棉水泥管时，从水源到管网，石棉纤维都有不同程度的增加。水泥管由水泥、沙子、石子、水和钢筋所构成，小的裂缝能自发地与渗入的腐蚀产物形成碱性物质，并从水泥中浸出。

3）塑料管。塑料在水中可能发生溶解反应，使化学物质从塑料中浸出，污染在塑料管中流动的水。在塑料管中，聚合物及基质树脂分子也可能被分子链破裂、氧化及取代反应等因素所改变，从而使管的性质发生不可逆的变化，这也可能污染在管中流动的水。铅作为一种稳定剂被广泛地应用于塑料生产中。当含铅稳定剂的 PVC 管首次与水接触时，铅将从 PVC 管道渗出，造成铅污染。因此，含有铅稳定剂的 PVC 管不宜用作给水管道。

（2）管壁涂层对水质的影响　资料表明，一些城市的铸铁管内壁仍使用沥青涂料，较大城市已推行管内壁衬水泥砂浆的措施。

1）沥青涂层。沥青主要为高分子脂肪烃物质，通常表现为惰性，并在水中无溶解性，但沥青中所含的多环芳烃（PAH）会对人体健康构成一定危害。实验表明，在涂有沥青涂料的管道中，水中含有一定的 PAH，当管网中水的流动速度较缓慢时，水中的酚、苯含量剧增，这将严重危害人体健康。

2）水泥砂浆衬里。水泥砂浆衬里是国内外最常见的给水管道内衬涂料。它可有效地防止管网内壁腐蚀，并阻止"红水"现象的产生。但砂浆衬里会受到水中酸性物质的侵蚀，从而导致腐蚀，并发生脱钙现象，进而污染水质。

（3）二次供水引起的水污染问题　自来水二次污染是指自来水在输送到用户使用过程中受到的污染。自来水供配水系统由输水管、管网、泵站和调节构筑物等组成。供水环节中可能引起水质污染的原因很多，找出主要原因有利于从根本上找到解决问题的对策。

自来水的二次污染主要由以下原因引起：

1）用户配水嘴停用较长时间后，随着自来水在用户管道滞留时间的增加，水质逐渐恶化。

2）钢板、玻璃钢、钢筋混凝土等不同材质的供水调节设施，一般理化指标和毒理指标无明显变化，但二次供水的铁质水箱中铁锰含量略有增大。

3）二次加压设施多为容器类的设施，易存死水，更易繁殖微生物，产生有害物质，污染水质。

4）二次污染的其他原因有：溢流管设置不合理，无卫生防护措施；水池池口防护设施不到位，易造成淤泥聚积、地面污水污染；蓄水池内衬材料和结构不符合卫生要求；缺乏合格的卫生管理人员；卫生管理制度及卫生设施不健全等。

消除供水二次污染，应当针对污染原因合理选择管材，采取有效防范措施，加强管理，健全和完善操作规范，加强宣传及培训工作，强化预防性卫生监督，建立健全卫生监督监测制度等。

6. 管网水质的维持措施

为维持管网内的水质，可采取以下具体措施：

1）新建管道的冲洗和消毒。管道试压合格后，应进行冲洗，用含氯 20~40mg/L 的氯水进行消毒，再用清水冲洗后，方可投入使用。

2）运行管道定期冲洗和检测。在运行管道上利用排泥口和消火栓对管网进行冲洗，并定期进行水质化验。为了消除死角带来的污染，应该定期对管网进行排污，确保水质符合国家卫生规范。特别是在居民区管网末端，或者相对用水量较少的区域，应间隔设立排污阀，以便将某区段的水尽可能排除干净，避免死水、锈蚀、水垢、滋生细菌而污染水质。

3）旧管道的更新改造。旧管道腐蚀和结垢严重，影响管网水质。更换管道时，应考虑尽量减少管道本身被腐蚀的可能性，杜绝氧化、锈蚀等现象对水质的影响。

4）消灭管网死端。管网死端易造成通水不畅，细菌繁殖而导致水质污染，应尽早消灭管网死端。

5）采取分质供水。应将优质水供给居民，将水质较低但符合工业用水水质要求的水供给工业企业。某些用水量大的工业企业，其用水量 80% 为循环用水和冷却用水，对水质要求低于饮用水，通常都设有两套供水系统。

市政供水管网严格禁止与循环用水、锅炉回水等其他管道相连接。单位的自备井供水系统无论其水质状况如何，均不得与市政供水系统直接连通。以市政自来水为备用水源的单位，其自备水源的供水管道也不得与市政管道相连，以防止其污染市政管道水质。

8.3　排水管渠系统维护

目前，我国大部分城市的排水运行管理水平较低，很多城市仍然沿用传统人力维护和经验管理的模式，机械化和信息化程度较低，无法体现排水管网复杂的网络特征。一部分发达城市已经采用了基于地理信息系统（GIS）的管理模式，但专业分析功能通常较弱，系统仅体现了排水管网的地理特征，实现了基本的地图显示和查询功能，仍缺少网络分析、动态模拟和优化分析等专业功能，不能为排水管网安全运行提供科学的决策支持。

8.3.1　排水管网存在的问题

随着我国城市化进程的加快，城市排水管网系统快速增长，其规模持续扩大，管理的难度也越来越大。长期以来，我国排水管网系统管理中存在的问题主要包括以下五个方面：

1）排水管网系统重建设、轻维护的情况普遍存在，管网维护技术十分落后，与日益发展的城镇建设和水环境改善要求不相适应。

2）缺乏全面完整、科学有效的管理养护计划和措施，难以制订高效的管道养护计划，排水管网及排水设施的管理养护随意性与主观性大，养护效果也较难评估。

3）大部分城市排水管网数据资料管理方式分散、不系统，排水管网数据不完整、不准确，管理法规和相关技术标准不完善，缺乏完善可靠的排水管网数字化管理技术规范。

4）缺乏有效的管网状态评估和运行检测手段，不能及时准确地掌握管网运行状况的变化，基于在线数据的全管网分析和动态模拟管理模式鲜有应用案例。

5）排水管网的调度控制分析、布局优化和应急事故分析缺乏科学依据，流域级别的综合管理模式无法实现，在应对防汛抢险等危机事件过程中，现有的管理调度手段常显得无力。

8.3.2 排水管网维护

排水管网日常维护的最终目的是：管道设施完好无损、管通水畅，保障城市排水、交通（包括车辆、人员）安全。

排水管网日常维护工作主要包括管道的巡视和检查，检查井及雨水口的清掏，沟渠的疏通作业，损坏设施的修复，排水用户接管检查等。

1. 检查井、雨水口养护

检查井是排水管中连接上下游管道并供养护工人检查、维护和进入管内的构筑物。检查井的养护内容包括对井盖安全性的检查，井内沉泥的清除等。

雨水口是用于收集地面雨水的构筑物。雨水算是安装在雨水口上部带格栅的盖板，它既能拦截垃圾、防止坠落，又能让雨水通过。在合流制地区，雨水口异臭是影响城镇环境的一个突出问题。国外的解决方法是在雨水口内安装防臭挡板或水封。安装水封也有两种做法，一是采用带水封的预制雨水口；二是给普通雨水口加装塑料水封。水封的缺点是在少雨的季节里会因缺水而失效。

2. 清掏作业

排水管道及附属构筑物的清掏作业工作量很大，通常要占整个养护工作的 60% ~ 70%。管道、检查井和雨水口内不得留有石块等阻碍排水的杂物。我国清掏检查井和雨水口的技术十几年来几乎没有大的改变，除少数发达城市外，大部分城镇依旧沿用大铁勺、铁铲等手工工具，工作效率低，劳动强度大，安全隐患多。在有条件的地方，检查井和雨水口的清掏宜采用吸泥车、抓泥车等机械作业。

3. 管道疏通

管道疏通离不开疏通工具，通沟器（俗称通沟牛）是一种在钢索的牵引下，用于清除管道积泥的除泥工具，其形式有桶形、铲形、圆刷形等。《城镇排水管渠与泵站运行、维护及安全技术规程》（CJJ 68—2016）规定了各种疏通方法和适用条件。

4. 管道封堵

在进行管道检测、疏通、修理等施工作业之前，大多需要封堵原有管道。传统的封堵方法（如麻袋封堵、砖墙封堵等）存在工期长、工作条件差、封堵成本高、拆除困难等缺点。近年来，充气管塞的研制和应用在国外发展很快。

充气管塞使用方便，只需清除管底污泥，将管塞放入管口，充气，然后加上防滑动支撑。在一般情况下，封堵一个 1500mm 的管道只需半个多小时。拆除封堵则更加方便，也不会留下断墙残坝影响管道排水。充气管塞主要由橡胶加高强度尼龙线制成，配有充气嘴、阀门、胶管、压力表等。按膨胀率不同，充气管塞可分为单一尺寸和多尺寸两种；按功能不同，充气管塞还可分为封堵型、过水型（又称旁通型）和检测型几种。

5. 井下作业

井下清淤作业宜采用机械作业方法，并严格控制人员进入管道内作业。井下作业必须严格执行作业制度，履行审批手续，下井作业人员必须经过专业安全技术培训、考核，具备下井作业资格，并应掌握人工急救技能和防护用具、照明、通信设备的使用方法。严格按照现行行业标准《城镇排水管道维护安全技术规程》（CJJ 6—2009）的规定操作、执行。井下作业前，应开启作业井盖和其上下游井盖进行自然通风，且通风时间不应小于 30min。当排水管道经过自然通风后，井下的空气氧的体积分数不得低于 19.5%，否则应进行机械通风。管道内机械通风的平均风速不应小于 0.8m/s。有毒有害、易燃易爆气体浓度变化较大的作业场所应连续进行机械通风。

下井作业前，应对作业人员进行安全交底，告知作业内容和安全防护措施及自救互救方法，做好管道的降水、通风以及照明通信等工作，检测管道内有害气体。作业人员应佩戴供压缩空气的隔离式防毒面具和安全带、安全绳、安全帽等防护用品。

井下作业时，必须配备气体检测仪器和井下作业专用工具，并培训作业人员掌握正确的使用方法。井下作业时，必须进行连续气体检测，井室内应设置专人呼应和监护。下井人员连续作业时间不超过 1h。

6. 排水管道检查

排水管道检查可分为管道状况巡查、移交接管检查和应急事故检查等。管线日常巡查的内容主要包括及时发现和处理污水冒溢、管道塌陷、违章占压、违章排放、私自接管等情况，以及影响排水管道运行安全的管线施工、桩基施工等。对完成新建、改建、维修或新管接入等工程措施的排水管道，在向排水管道管理单位移交投入使用之前，应进行接管检查，结构完好、管道畅通的，接管单位可接管并正式投入使用。排水管道应急事故时，经检修、清通后，管理维护部门也须对管道内的状况进行应急检查。管道检查项目可分为功能状况和结构状况两类；功能状况检测是对管道畅通度的检测；结构状况检测是对管道结构完好程度的检查，如管道接头、管壁、管基础情况等，与管道的结构强度和使用寿命密切相关。管道主要检查项目应包括表 8-2 中的内容。

表 8-2 管道主要检查项目

功 能 状 况	结 构 状 况	功 能 状 况	结 构 状 况
管道积泥	裂缝	检查井积泥	变形
雨水口积泥	腐蚀	排放口积泥	错口
泥垢和油脂堵塞	脱节	树根穿透	破损与孔洞
水位和水流异常	渗漏		

注：表中的积泥包括泥沙、碎砖石、固结的水泥浆及其他异物。

管道功能状况检查的方法相对简单，加上管道积泥情况变化较快，所以功能性状况的普查周期较短；管道结构状况变化较慢，检查技术复杂且费用较高，故检查周期较长，德国一般采用 8 年，日本采用 5~10 年。在实施结构性检测前应对管道进行疏通清洗，管道内壁应无泥土覆盖。

排水管道检查可采用声呐检测、影像检查、反光镜检查、人员进入管道检查、水力坡降检查、潜水检查等方法进行。管道检查方法及适用范围见表 8-3。

表 8-3 管道检查方法及适用范围

检 查 方 法	中小型管道	大型以上管道	倒 虹 管	检 查 井
人员进入管内检查	—	√	—	√
反光镜检查	√	√	—	√
影像检查	√	√	√	√
声呐检查	√	√	√	—
潜水检查	—	√	—	√
水力坡降检查	√	√	√	—

8.4 给排水管道非开挖修复技术

随着重要路段（如穿越河流、高速公路、铁路干线、机场跑道等）不允许开挖敷设地下管线的工程日益增多，现代非开挖技术开始引入中国。1896 年，美国首次施工采用顶管法，在铁路下顶进一根混凝土管。1953 年，北京市在市政工程中首次使用顶管法，成为我国最早使用的非开挖施工法，此后逐渐推广到全国，并在 1998 年成立了中国非开挖技术协会。非开挖技术（Trenchless Technology，又称 No-dig）在管道修复中的应用越来越多。

随着城市的发展，城市地下管网的规模在不断扩大，但大批的地下管道由于敷设时间久远，现已达到或接近使用年限。管道的修复技术日益引起各方面的关注。传统的开挖修复和更换管道技术，不但导致施工成本居高不下，而且给施工区域的居民与社区生活带来了严重的干扰和影响。基于传统技术种种弊端的显现，非开挖技术应运而生。非开挖技术是在地表不开槽的情况下探测、检查、敷设、更换或修复各种地下管线的技术或科学。排水管道非开挖修复技术是非开挖施工技术领域中的一部分，是指在地表不开挖或少开挖的情况下对地下排水管道进行修复的技术。非开挖施工技术具有少破坏环境、少影响交通、施工周期短、综合成本低、社会效益显著等优点，越来越受到用户的青睐。

目前工程实际中常用的管道非开挖修复方法主要由现场固化（Cured In Place Pipe，CIPP）翻转内衬法、非开挖高密度聚乙烯（High Density Polyethylene，HDPE）管穿插牵引法、螺旋缠绕制管法等。

1. CIPP 翻转内衬法修复技术

CIPP 法是应用较广泛的非开挖修复技术，从 CIPP 出现至今，已有超过 15500km 的排水管道通过此法修复。1971 年，Insituform 公司发明了现场固化法（翻转法），并成功地在英国伦敦进行了一段排水管道的修复。1991 年，Insituform 公司重新对这段管道进行检测，结果表明，经过 20 年的使用，该段 CIPP 管的物理强度基本未发生变化，腐蚀和破损等管道缺陷也很少。1984 年，Eric Wood 在英国发明了 CIPP 紫外光固化法。1990 年后，气翻转工法和蒸汽固化法也陆续被开发出来。20 世纪末，现场固化法传入我国，并在北京、天津和上海等大城市进行试验性修复应用。现场固化法适用范围广，质量好，对交通环境影响小，是目前世界上使用最多的一种非开挖修复方法。现场固化法不但可用于圆形管道的修复，而且对于卵形、马蹄形甚至方形管道的修复都有很好的适用性，经过准确的设计计算可以保证 CIPP 内衬管与旧管道完全紧贴在一起，保证较高的物理强度，单次连续修复长度超过 200m，尤其适用于交通繁忙的城市中心地下排水管道的修复。

CIPP 翻转内衬法是将浸满热固性树脂的毡制软管通过注水翻转将其送入旧管内后再加热固化，在管内形成新的内衬管的一种非开挖管道修复方法，如图 8-5 所示。由于 CIPP 法使用的树脂在未固化前是黏稠材料，内衬管能够紧贴原管道内壁形成与原管道完全相同的形状，当被修复管道在短距离内出现较大起伏或拐弯点时能够顺利通过，完成非开挖内衬修复。

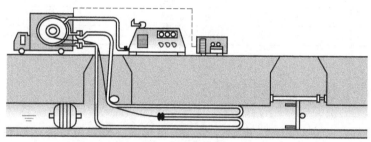

图 8-5　CIPP 修复技术示意图

CIPP 翻转内衬法的工艺是将无纺毡布或有纺尼龙粗纺与聚乙烯或聚氯乙烯、聚氨酯薄膜复合成片材，根据介质不同选择工艺膜，然后根据被修管道内径，将薄膜向外缝制成软管，并用相同品种薄膜条封住缝合口，排除软管内空气、加入树脂，经过加压使树脂与软管浸渍均匀，然后利用水或气将软管翻转进入被修管道内，此时软管内树脂面翻出并紧贴在已清洗干净的被修管道内，经过一段时间，软管固化成刚性内衬管，从而达到堵漏、提压、减阻的目的。常用的树脂材料有三种：非饱和聚合树脂、乙烯酯树脂和环氧树脂。非饱和聚合树脂由于性能好，价格经济，使用最广；环氧树脂能耐蚀、耐高温，主要用于工业管道和压力管道。通过 CIPP 翻转内衬实现内衬管与外管道的复合结构，改善了原管道的结构与输送状态，使修复后的管道能恢复甚至加强了输送功能，从而延长了管道的使用寿命。

2. HDPE 管道穿插牵引修复

非开挖高密度聚乙烯（HDPE）管道穿插牵引修复技术如图 8-6 所示，是将一条新的管径略小于或等于旧管道的 HDPE 管，通过专用设备将横截面变为 U 形拉入管道，然后利用水压、高温水或高压蒸汽的作用将变形的管道复原并与原有管道内壁紧贴在一起，形成 HDPE 管的防腐性能与原管道的力学性能合二为一的一种"管中管"复合结构。该方法操作简单易行，修复后的管道运行可靠性高。对于直管段，只需在两端各开挖一个操作坑，即可实现穿插 HDPE 管道修复，最长可一次穿插 1000m，可以用于 $DN100 \sim DN1000$ 的各种材质管线的内衬修复。

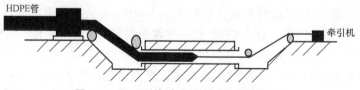

图 8-6　HDPE 管道穿插牵引修复示意图

3. 螺旋缠绕制管法

该工艺是将专用制管材料（如带状聚氯乙烯 PVC）放在现有的检查井底部，通过专用的缠绕机，在原有的管道内螺旋旋转缠绕成一条固定口径的结构性防水新管，并在新管和旧管之间的空隙灌入水泥砂浆完成修复。

思 考 题

1. 为了管理管网，平时应该积累哪些技术资料？
2. 如何发现管网漏水部位？
3. 旧水管如何恢复输水能力？
4. 保持管网水质可采取哪些措施？
5. 给水管道结垢的原因有哪些？
6. 给水管流量测定方法有哪些？各有什么特点？
7. 简述给水管道漏水的原因，并说明如何进行漏损控制。
8. SCADA 是什么意思？其作用是什么？
9. 非开挖修复技术有哪些？各自有什么特点？

附　录

附录 A　用水定额

表 A-1a　最高日居民生活用水定额　　　　　[单位:L/(人・d)]

城市类型	超大城市	特大城市	Ⅰ型大城市	Ⅱ型大城市	中等城市	Ⅰ型小城市	Ⅱ型小城市
一区	180~320	160~300	140~280	130~260	120~240	110~220	100~200
二区	110~190	100~180	90~170	80~160	70~150	60~140	50~130
三区	—	—	—	80~150	70~140	60~130	50~120

表 A-1b　平均日居民生活用水定额　　　　　[单位:L/(人・d)]

城市类型	超大城市	特大城市	Ⅰ型大城市	Ⅱ型大城市	中等城市	Ⅰ型小城市	Ⅱ型小城市
一区	140~280	130~250	120~220	110~200	100~180	90~170	80~160
二区	100~150	90~140	80~130	70~120	60~110	50~100	40~90
三区	—	—	—	70~110	60~100	50~90	40~80

表 A-1c　最高日综合生活用水定额　　　　　[单位:L/(人・d)]

城市类型	超大城市	特大城市	Ⅰ型大城市	Ⅱ型大城市	中等城市	Ⅰ型小城市	Ⅱ型小城市
一区	250~480	240~450	230~420	220~400	200~380	190~350	180~320
二区	200~300	170~280	160~270	150~260	130~240	120~230	110~220
三区	—	—	—	150~250	130~230	120~220	110~210

表 A-1d　平均日综合生活用水定额　　　　　[单位:L/(人・d)]

城市类型	超大城市	特大城市	Ⅰ型大城市	Ⅱ型大城市	中等城市	Ⅰ型小城市	Ⅱ型小城市
一区	210~400	180~360	150~330	140~300	130~280	120~260	110~240
二区	150~230	130~210	110~190	90~170	80~160	70~150	60~140
三区	—	—	—	90~160	80~150	70~140	60~130

注：1. 超大城市指城区常住人口 1000 万及以上的城市，特大城市指城区常住人口 500 万以上 1000 万以下的城市，Ⅰ型大城市指城区常住人口 300 万以上 500 万以下的城市，Ⅱ型大城市指城区常住人口 100 万以上 300 万以下的城市，中等城市指城区常住人口 50 万以上 100 万以下的城市，Ⅰ型小城市指城区常住人口 20 万以上 50 万以下的城市，Ⅱ型小城市指城区常住人口 20 万以下的城市。以上包括本数，以下不包括本数。

2. 一区包括：湖北、湖南、江西、浙江、福建、广东、广西、海南、上海、江苏、安徽；二区包括：重庆、四川、贵州、云南、黑龙江、吉林、辽宁、北京、天津、河北、山西、河南、山东、宁夏、陕西、内蒙古河套以东和甘肃黄河以东的地区；三区包括：新疆、青海、西藏、内蒙古河套以西和甘肃黄河以西的地区。

3. 经济开发区和特区城市，根据用水实际情况，用水定额可酌情增加。

4. 当采用海水或污水再生水等作为冲厕用水时，用水定额相应减少。

表 A-2　工业企业内工作人员淋浴用水量

级别	车间卫生特征			用水量 /[L/(人·d)]
	有毒物质	生产粉尘	其　他	
1级	极易经皮肤吸收引起中毒的剧毒物质(如有机磷、三硝基甲苯、四乙基铅等)	—	处理传染性材料,动物原料(如皮毛、肉类、骨加工、生物制品等)	60
2级	易经皮肤吸收或有恶臭的物质,或高毒物质(如丙烯腈、吡啶、苯酚)	严重污染全身或对皮肤有刺激性的粉尘(如炭黑、玻璃棉等)	高温作业,井下作业	60
3级	其他毒物	一般粉尘(如棉尘)	重作业	40
4级	不接触有毒物质或粉尘,不污染或轻度污染身体(如仪表、机械加工、金属冷加工等)			40

表 A-3　城镇和居住区同一时间内的火灾起数和一起火灾灭火设计流量

人数 N/万人	同一时间内的火灾起数/起	一起火灾灭火设计流量/(L/s)
$N \leqslant 1.0$	1	15
$1.0 < N \leqslant 2.5$		20
$2.5 < N \leqslant 5.0$	2	30
$5.0 < N \leqslant 10.0$		35
$10.0 < N \leqslant 20.0$		45
$20.0 < N \leqslant 30.0$		60
$30.0 < N \leqslant 40.0$		75
$40.0 < N \leqslant 50.0$		
$50.0 < N \leqslant 70.0$	3	90
$N > 70.0$		100

注：工业园区、商务区等消防给水设计流量,宜根据其规划区域的规模和同一时间的火灾起数,以及规划中的各类建筑室内外同时作用的水灭火系统设计流量之和经计算分析确定。建筑物室外消火栓设计流量,应根据建筑物的用途功能、体积、耐火等级、火灾危险性等因素综合分析确定,不应小于表 A-4 的规定。

表 A-4　建筑物室外消火栓设计流量　　　　　(单位：L/s)

耐火等级	建筑物名称及类别			建筑物体积 V/m³					
				$V \leqslant 1500$	$1500 < V \leqslant 3000$	$3000 < V \leqslant 5000$	$5000 < V \leqslant 20000$	$20000 < V \leqslant 50000$	$V > 50000$
一、二级	工业建筑	厂房	甲、乙	15	20	25	30		35
			丙	15	20	25	30		40
			丁、戊	15					20
		仓库	甲、乙	15		25		—	
			丙	15		25	35		45
			丁、戊	15					20

（续）

耐火等级	建筑物名称及类别			建筑物体积 V/m^3					
				$V \leqslant 1500$	$1500 < V \leqslant 3000$	$3000 < V \leqslant 5000$	$5000 < V \leqslant 20000$	$20000 < V \leqslant 50000$	$V > 50000$
一、二级	民用建筑	住宅	普通	15					
		公共建筑	单层及多层	15			25	30	40
			高层	—			25	30	40
	地下建筑(包括地铁)、平战结合的人防工程			15			20	25	30
	汽车库、修车库[独立]			15					20
三级	工业建筑	乙、丙		15	20	30	40	45	—
		丁、戊		15			20	25	35
	单层及多层民用建筑			15		20	25	30	
四级	丁、戊类工业建筑			15		20	25	—	
	单层及多层民用建筑			15		20	25		

注：1. 成组布置的建筑物应按消火栓设计流量较大的相邻两座建筑物的体积之和确定。

2. 火车站、码头和机场的中转库房，其室外消火栓设计流量应按相应耐火等级的丙类物品库房确定。

3. 国家级文物保护单位的重点砖木、木结构的建筑物室外消火栓设计流量，按三级耐火等级民用建筑物消火栓设计流量确定。

4. 宿舍、公寓等非住宅类居住建筑的室外消火栓设计流量，应按表 A-4 中的公共建筑确定。

5. 耐火等级和生产厂房的火灾危险性详见《建筑设计防火规范》。

附录 B　经济因素 f

　　管网的优化设计应该考虑到四个方面，即保证供水所需的水量和水压、水质安全、可靠性（保证事故时水量）和经济性。管网技术经济计算就是以经济性为目标函数，而将其余要求作为约束条件的表达式，以求出最优的管径或水头损失。由于水质安全性不容易定量地进行评价，正常供水时和事故供水时用水量会发生变化、二级泵房的运行和流量分配等有不同方案，所有这些因素都难以用数学式表达，因此，管网技术经济计算主要是在考虑各种设计要求的前提下，求出一定设计年限内，管网建造费用和管理费用之和为最小时的管段直径或水头损失，也就是求出经济管径或经济水头损失。

　　管网建造费用中主要是管线的费用，包括水管及其附件费用和挖沟埋管、接口、试压、管线消毒等施工费用。由于泵站、水塔和水池所占费用相对较小，一般忽略不计。

　　管理费用中主要是供水所需动力费用，管网的技术管理和检修等费用并不大，可忽略。动力费用根据泵站的流量和扬程而定，扬程则决定于控制点要求的最小服务水头，以及输水管和管网的水头损失等。水头损失又和管材、管段长度、管径、流量有关。管网定线后，管段长度已定，因此，建造费用和管理费用仅决定于流量或管径。

　　目前，在管网技术经济计算时，先进行流量分配，然后采用优化的方法，写出以流量、管径（或水头损失）表示的费用函数式，求得最优解。

1. **管网年折算费用**（年费用折算值）

管网年折算费用是按年计的管网建造费用和管理费用，它是管网技术经济计算时的目标函数，可用下式表示：

$$W = \frac{C}{t} + M \tag{B-1}$$

式中　W——管网年折算费用，或称管网年费用折算值（元/年）；

　　　C——管网建造费用（元）；

　　　t——投资偿还期（年）；

　　　M——管网年运行管理费（元），$M = M_1 + M_2$；

　　　M_1——动力费（元）；

　　　M_2——折旧大修费（元）。

单位长度管线的建造费用为

$$C_0 = a + bD_{ij}^{\alpha} \tag{B-2}$$

式中　C_0——单位长度管线的造价（元/m）；

　a、b、α——单位长度管线造价公式中的系数和指数，随管材和施工条件而异；

　　　D_{ij}——管径（m）。

每年运行管理费用 M 中，动力费 M_1 和折旧大修费 M_2 分别为

$$M_1 = 0.01 \times 24 \times 365 \beta E \frac{\rho g Q H_p}{1000 \eta} = 0.01 \times 8.76 \beta E \frac{\rho g Q (H_0 + \sum h_{ij})}{\eta} \tag{B-3}$$

$$M_2 = \frac{p}{100} \sum (a + bD_{ij}^{\alpha}) l_{ij} \tag{B-4}$$

式中　ρ——水的密度，$\rho = 1 \text{kg/L}$；

　　　g——重力加速度，$g = 9.81 \text{m/s}^2$；

　　　Q——输入管网的总流量（L/s）；

　　　H_p——二级泵站扬程（m）；

　　　η——泵站效率，一般为 $0.55 \sim 0.85$，水泵功率小的泵站效率较低；

　　　H_0——水泵静扬程（m）；

　$\sum h_{ij}$——从管网起点到控制点的任一条管线的水头损失总和（m）；

　　　β——供水能量变化系数。中型城市可参照：网前水塔的输水管或无水塔的管网为 $0.1 \sim 0.4$，网前水塔的管网为 $0.5 \sim 0.75$；

　　　E——电费［分/(kW·h)］；

　　　p——每年扣除的折旧和大修费，以管网造价的百分数计（%）；

　　　l_{ij}——管段长度（m）。

将式（B-2）、式（B-3）、式（B-4）带入式（B-1）中得

$$W = \left(\frac{p}{100} + \frac{1}{t}\right) \sum (a + bD_{ij}^{\alpha}) l_{ij} + 0.01 \times 8.76 \beta E \frac{\rho g Q (H_0 + \sum h_{ij})}{\eta} \tag{B-5}$$

式（B-5）中，右边的第一项为管网全部管线的年投资折算值和折旧大修费用之和；第二项为供水动力费用，取决于流量和管网起点到控制点的任一条管线的水头损失。

2. 经济因素概念

经济因素 f 是包括当时当地多种经济指标的综合参数，是影响管网年费用折算值的重要参数。

$$f = \frac{mPk}{\left(p+\dfrac{100}{t}\right)\alpha b} = \frac{8.76\beta E\rho gkm}{\left(p+\dfrac{100}{t}\right)\alpha b\eta} \tag{B-6}$$

$$P = 8.76\beta E\frac{\rho g}{\eta} \tag{B-7}$$

式中　f——当地的经济因素，其中包含了影响管网年折算费用 W 的主要参数；

　　m、k——水头损失公式 $h_{ij} = \dfrac{kq_{ij}^{n}l_{ij}}{D_{ij}^{m}}$ 中的指数和系数；

其他符号含义同前。

3. 单位长度管线建造费用

单位长度管线建造费用公式 $C_0 = a + bD^{\alpha}$ 中，系数 a、b、α 值的求法举例如下：

将管径和造价的对应关系点绘制在方格纸上，如图 B-1 所示，将各点连成光滑曲线，并延伸到和纵坐标相交，交点处的 $D=0$，$C_0=a$，因此，系数 $a=12$。

将 $C_0 = a + bD^{\alpha}$ 两边取对数，得 $\lg(C_0 - a) = \lg b + \alpha\lg D$ 的关系，将对应的 D 和 $C_0 - a$ 值绘制在双对数坐标纸上，得图 B-2 所示的直线，从相应于 $D=1$ 时的 $C_0 - a$ 值，可得 b，直线斜率为 α，从而得出单位长度管线的建造费用公式。

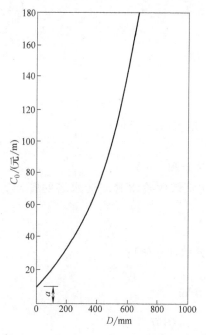

图 B-1　求管线建造费用公式中的系数 a 值

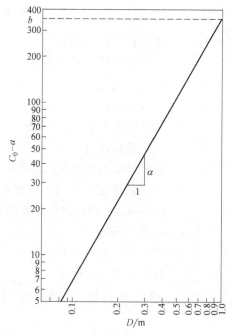

图 B-2　求管线建造费用公式中的系数 b，α 值

附录 C　水力计算图

1. 钢筋混凝土圆管计算图（不满流，$n=0.014$）（图 C-1~图 C-12）

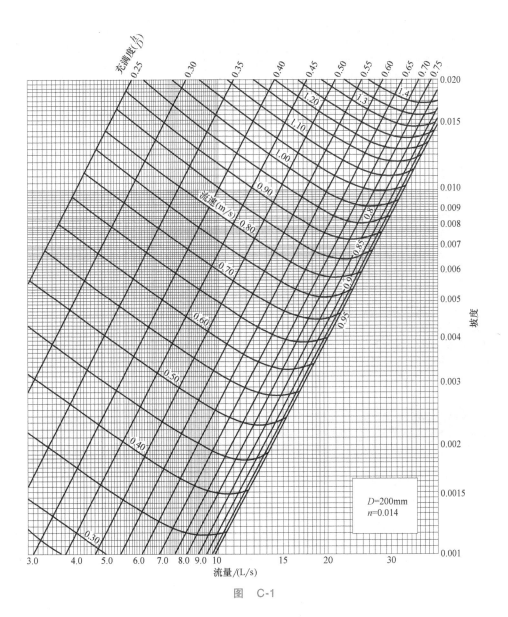

图　C-1

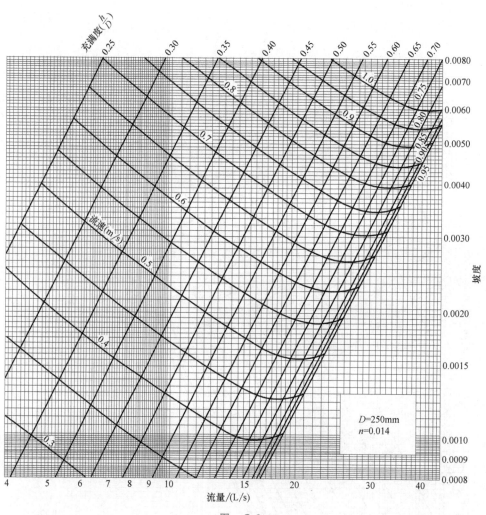

图　C-2

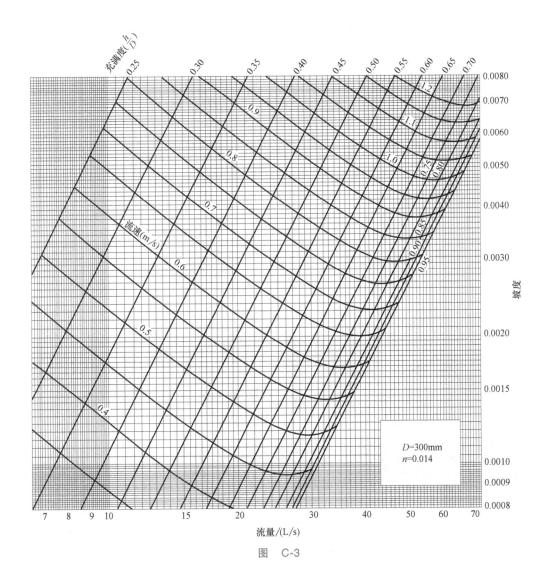

图　C-3

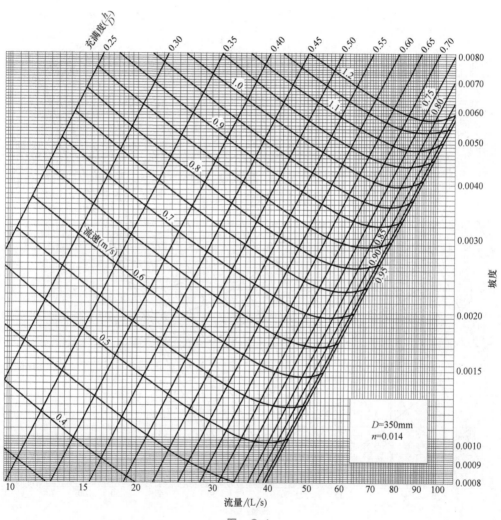

图 C-4

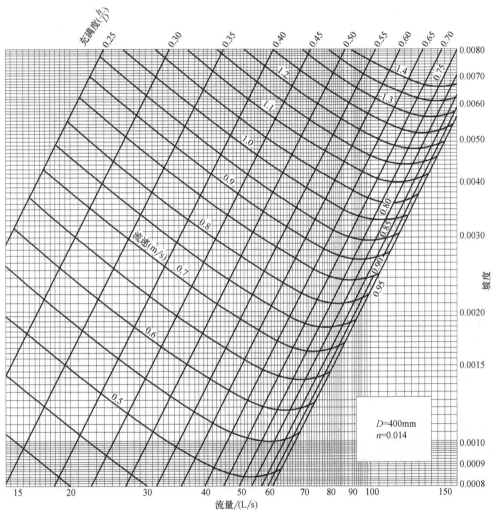

图　C-5

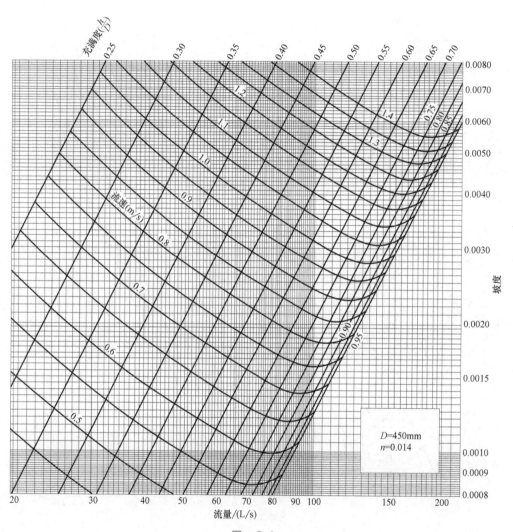

图 C-6

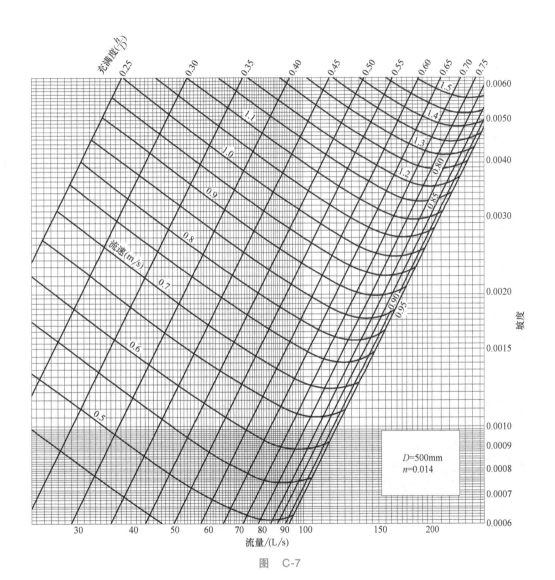

图　C-7

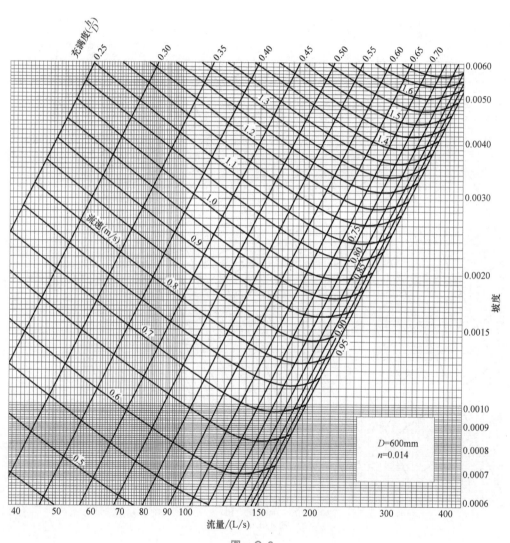

图 C-8

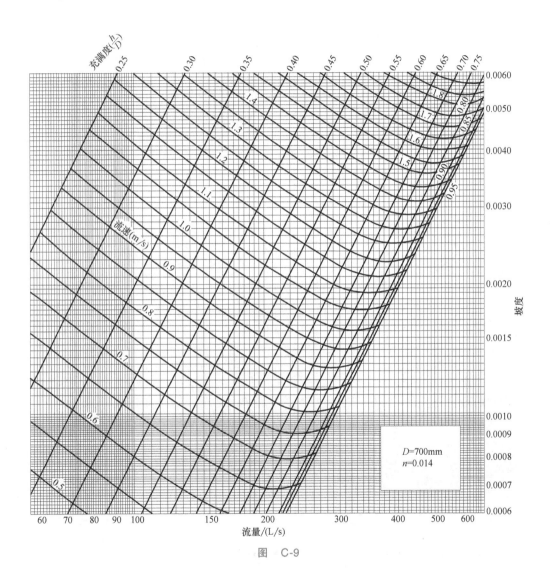

图　C-9

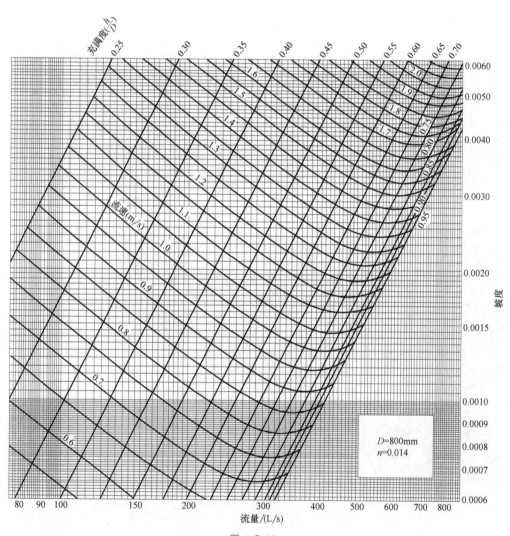

图 C-10

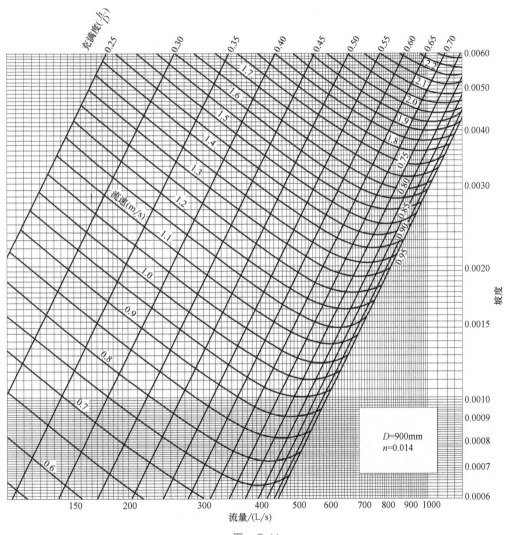

图　C-11

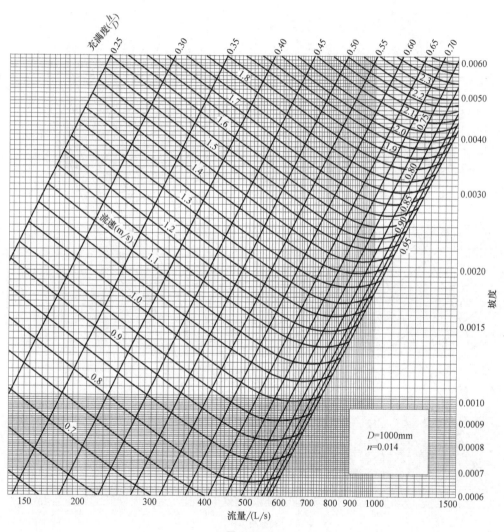

图 C-12

2. 钢筋混凝土圆管计算图（满流，$n=0.013$）（图 C-13）

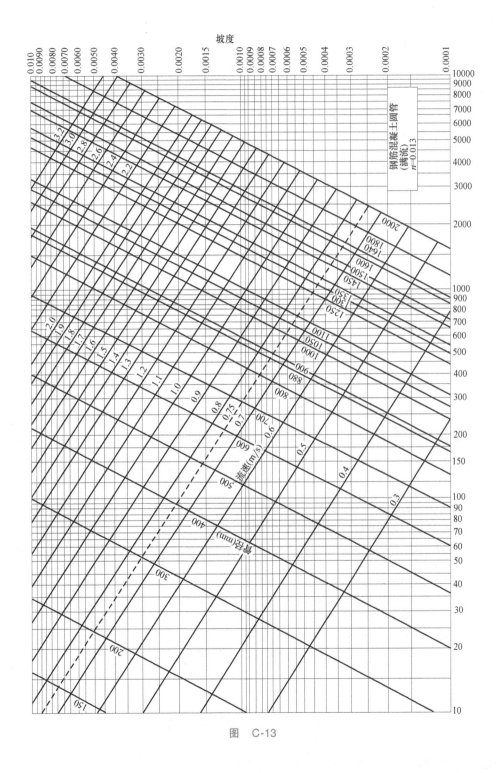

图　C-13

附录 D 排水管道与其他管线（构筑物）的最小净距

表 D-1 排水管道与其他管线（构筑物）的最小净距

名　称	水平净距/m	垂直净距/m	名　称	水平净距/m	垂直净距/m
建筑物	见注 3	—	乔木	见注 5	—
给水管	见注 4	0.15 见注 4	地上柱杆	1.5	—
排水管	1.5	0.15	道路侧石边缘	1.5	—
煤气管　低压	1.0	—	铁路	见注 6	—
煤气管　中压	1.5	—	电车路轨	2.0	轨底 1.2
煤气管　高压	2.0	—	架空管架基础	2.0	—
煤气管　特高压	5.0	—	油管	1.5	0.25
热力管沟	1.5	0.15	压缩空气管	1.5	0.15
电力电缆	1.0	0.5	氧气管	1.5	0.25
			乙炔管	1.5	0.25
通信电缆	1.0	直埋 0.5	电车电缆	—	0.50
		穿埋 0.15	明渠渠底	—	0.50
			涵洞基础底	—	0.15

注：1. 表列数字除注明者外，水平净距均指外壁净距，垂直净距指下面管道的外顶与上面管道基础底间净距。

2. 采取充分措施（如结构措施）后，表列数字可以减小。

3. 与建筑物的水平净距：管道埋深浅于建筑物基础时，不宜小于 2.5m；管道埋深深于建筑物基础时，按计算确定，但不应小于 3.0m。

4. 与给水管的水平净距：给水管道管径小于或等于 200mm 时，不小于 1.5m；给水管管径大于 200mm 时，不得小于 3.0m。与生活给水管道交叉时，污水管道、合流管道在生活给水管道下面的垂直净距不应小于 0.4m。当不能避免在生活给水管道上面穿越时，必须予以加固，加固长度不应小于生活给水管道的外径加 4m。

5. 与乔木中心距离不小于 1.5m；当遇高大乔木时，则不小于 2.0m。

6. 穿越铁路时，应尽量垂直通过；沿单行铁路敷设时，应距路堤坡脚或路堑坡顶不小于 5m。

附录 E 综合管廊设计案例

图 E-1、图 E-2 和图 E-5~图 E-11 见书后插页。

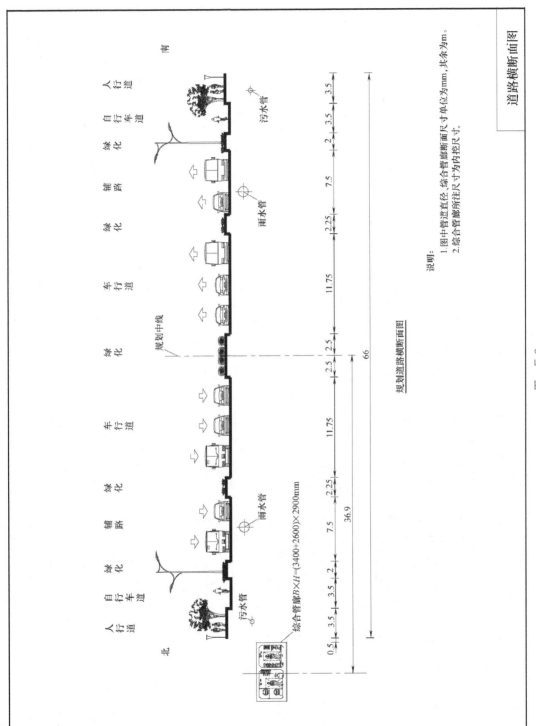

规划道路横断面图

图 E-3

道路横断面图

说明：
1. 图中管道直径，综合管廊断面尺寸单位为mm，其余为m。
2. 综合管廊所注尺寸为内控尺寸。

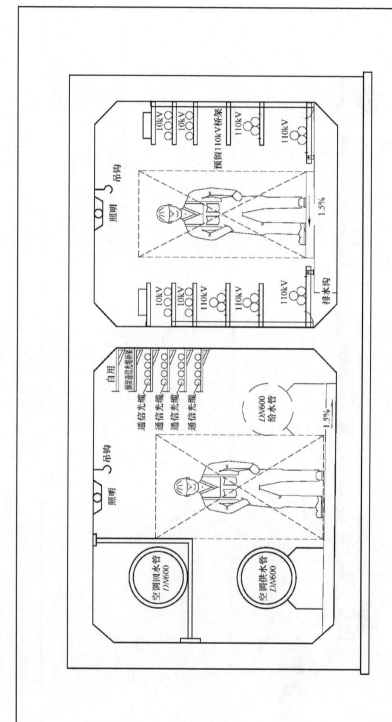

说明：1. 图中管道直径、综合管廊断面尺寸
单位为 mm，其余为 m。
2. 综合管廊所注尺寸为内标尺寸。

综合管廊断面图

综合管廊断面图

图 E-4

附录 F　管线综合设计案例

图 F-1～图 F-3 见书后插页。

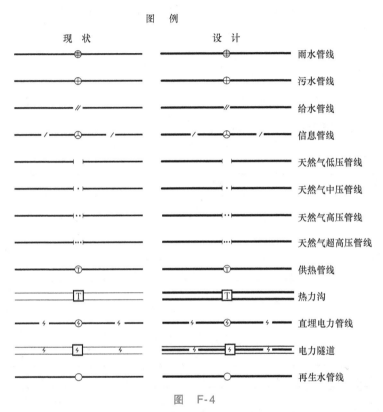

图　例

图　F-4

附录 G 部分习题参考答案

第 2 章

1. (1) 最高日最高时流量 7965 m^3/h，最高日平均时流量 6250 m^3/h。

(2) 略。

(3) 略。

2. 清水池调节容积 29700 m^3。

3. 最大时污水设计流量 4710 m^3/h。

4. 当 5min 中最大降雨量为 13mm 时：$i = \dfrac{H}{t} = \dfrac{13mm}{5min} = 2.6mm/min$

计算结果如下表所示：

最大降雨量/mm	降雨历时/min	$i = H/t/$ (mm/min)
13	5	2.60
20.7	10	2.07
27.2	15	1.81
33.5	20	1.68
43.9	30	1.46
45.8	45	1.02
46.7	60	0.78
47.3	90	0.52
47.7	120	0.40

因此，各历时的最大平均暴雨强度为 2.60mm/min。

5. 观测年数为 20 年（$N = 20$），取 100 项，则每年选取的平均雨样为 5 个（$M = 5$）。

(1) $i_{20} = 2.12mm/min$ 在第二项，因此 $m = 2$，其重现期为：$P = \dfrac{NM+1}{mM} = \dfrac{20 \times 5 + 1}{2 \times 5} = 10.1a$。

(2) 当 $P = 10a$ 时，$P = \dfrac{NM+1}{mM} = 10 = \dfrac{20 \times 5 + 1}{m \times 5}$，$m = 2.02$，因此该值排在第 3 项

当 $P = 5a$ 时，$P = \dfrac{NM+1}{mM} = 5 = \dfrac{20 \times 5 + 1}{m \times 5}$，$m = 4.04$，因此该值排在第 5 项

当 $P = 2a$ 时，$P = \dfrac{NM+1}{mM} = 2 = \dfrac{20 \times 5 + 1}{m \times 5}$，$m = 10.1$，因此该值排在第 11 项

第 4 章

1. 节点数(J) = 15，管段数(P) = 20，环数(L) = 6，所以 $P = J + L - 1$

2. 节点方程先拟定节点水压，这样就符合了能量方程，然后用管段的水压降求出管段流量，再写出 $J-1$ 个流量方程，当方程不符合连续性要求时，求出该节点的校正压力。再算出管段校正后的压力降，重新计算管段流量，重新判断节点流量方程是否符合连续性要求。如此反复，直到达标。

（1）确定起点和控制点水压为：1 点水压标高为 12.0m，4 点水压标高为 10.0m。

（2）拟定其余各节点水压为：2 点水压标高 11.0m，3 点水压标高 11.0m。

（3）如果管段压力降与流量的关系为：$h_{ij} = H_i - H_j = s_{ij} q_{ij}^2$

则各管段流量：$q_{12} = \sqrt{\dfrac{H_1 - H_2}{s_{12}}} = \sqrt{\dfrac{12-11}{s_{12}}} = s_{12}^{-\frac{1}{2}}$

$$q_{24} = \sqrt{\dfrac{H_2 - H_4}{s_{24}}} = \sqrt{\dfrac{11-10}{s_{24}}} = s_{24}^{-\frac{1}{2}}$$

$$q_{13} = \sqrt{\dfrac{H_1 - H_3}{s_{13}}} = \sqrt{\dfrac{12-11}{s_{13}}} = s_{13}^{-\frac{1}{2}}$$

$$q_{34} = \sqrt{\dfrac{H_3 - H_4}{s_{34}}} = \sqrt{\dfrac{11-10}{s_{34}}} = s_{34}^{-\frac{1}{2}}$$

（4）节点 2 的流量方程：$7 + q_{24} - q_{12} = 7 + s_{24}^{-\frac{1}{2}} - s_{12}^{-\frac{1}{2}} \neq 0$

节点 3 的流量方程：$5 + q_{34} - q_{13} = 5 + s_{34}^{-\frac{1}{2}} - s_{13}^{-\frac{1}{2}} \neq 0$

（5）节点 2 的校正压力为：$\Delta H_2 = \dfrac{-2 \times \left(7 + s_{24}^{-\frac{1}{2}} - s_{12}^{-\frac{1}{2}}\right)}{\dfrac{1}{\sqrt{s_{12} h_{12}}} + \dfrac{1}{\sqrt{s_{24} h_{24}}}}$

节点 3 的校正压力为：$\Delta H_3 = \dfrac{-2 \times \left(5 + s_{34}^{-\frac{1}{2}} - s_{13}^{-\frac{1}{2}}\right)}{\dfrac{1}{\sqrt{s_{13} h_{13}}} + \dfrac{1}{\sqrt{s_{34} h_{34}}}}$

（6）节点 2 水压标高：$H_2^{(1)} = 11 - \dfrac{2 \times \left(7 + s_{24}^{-\frac{1}{2}} - s_{12}^{-\frac{1}{2}}\right)}{\dfrac{1}{\sqrt{s_{12} h_{12}}} + \dfrac{1}{\sqrt{s_{24} h_{24}}}}$

节点 3 水压标高为：$H_3^{(1)} = 11 - \dfrac{2 \times \left(5 + s_{34}^{-\frac{1}{2}} - s_{13}^{-\frac{1}{2}}\right)}{\dfrac{1}{\sqrt{s_{13} h_{13}}} + \dfrac{1}{\sqrt{s_{34} h_{34}}}}$

校正压力后管段流量分别为：

$$q_{12}^{(1)} = \sqrt{\dfrac{H_1 - H_2^{(1)}}{s_{12}}}, \quad q_{24}^{(1)} = \sqrt{\dfrac{H_2^{(1)} - H_4}{s_{24}}}, \quad q_{13}^{(1)} = \sqrt{\dfrac{H_1 - H_3^{(1)}}{s_{13}}}, \quad q_{34}^{(1)} = \sqrt{\dfrac{H_3^{(1)} - H_4}{s_{34}}}$$

重复第（4）步计算，判断节点的水流连续性，直至达到计算精度要求。

3. 最大闭合差的环校正法时，选择最大闭合差的环或大环。本题中，3 个闭合差方向相同的环的闭合差之和为 2.0m，比最大闭合差的环的值小。因此，不可选择某个大环进行平差。

若选择平差的重点环进行平差，可选择闭合差绝对值最大的基环，即闭合差 3.0m 所在的环。

4.（1）$Z_2-Z_3=2.0m>1.2m$，$Z_2-Z_4=3.0m>1.5m$，所以，管网的控制点为节点2。

（2）各点水压标高与服务水头如表。

节点	地面标高	节点水压	服务水头
1	62	85	23
2	63	83	20
3	61	81.8	20.8
4	60	81.5	21.5

5. 某环状管网平差计算过程见表4-17。

表 4-17 平差计算习题表

管 段	流量/（L/s）	水头损失/m
1-2	31.0	3.13
1-3	-4.0	-0.34
2-4	6.0	0.51
3-4	-20.0	-2.05

（1）闭合差为1.25m。

（2）校正流量应为 $\Delta q = -\dfrac{\Delta h}{1.852 \sum \left| s_{ij} q_{ij}^{0.852} \right|} = -1.81 L/s$。

6. $q_{1-2}^{(1)}=100-2=98$，$q_{2-3}^{(1)}=20+3=23$，$q_{1-4}^{(1)}=140+2=142$，$q_{2-5}^{(1)}=70-2-3=65$，$q_{3-6}^{(1)}=10+3=13$，$q_{4-5}^{(1)}=40+2=42$，$q_{5-6}^{(1)}=30-3=27$。

第5章

1. 略。

2. 略。

3. 由暴雨强度的定义和公式计算可得当5min中最大降雨量为13mm时：

$$i = \frac{H}{t} = \frac{13mm}{5min} = 2.6mm/min$$

$$q = 167i = 167 \times 2.6mm/min = 434.2 L/(s \cdot 10^4 m^2)$$

计算结果如下表所示：

最大降雨量/mm	降雨历时/min	$i=H/t/$（mm/min）	$q=167i/[L/(s \cdot 10^4 m^2)]$
13	5	2.60	434.20
20.7	10	2.07	345.69
27.2	15	1.81	302.83
33.5	20	1.68	279.73
43.9	30	1.46	244.38
45.8	45	1.02	169.97
46.7	60	0.78	129.98
47.3	90	0.53	87.77
47.7	120	0.40	66.38

4. 径流系数 $\Psi = \dfrac{\sum F_i \psi_i}{\sum F} = 0.537$（加权平均）

北京地区的暴雨强度公式为：$q = \dfrac{2001\ (1+0.811\lg P)}{(t+8)^{0.711}}$

当 $P=5a$ 时，$q_5 = \dfrac{2001\ (1+0.811\lg 5)}{(20+8)^{0.711}} = 293.33$

当 $P=2a$ 时，$q_2 = \dfrac{2001\ (1+0.811\lg 2)}{(20+8)^{0.711}} = 187.23$

当 $P=1a$ 时，$q_1 = \dfrac{2001\ (1+0.811\lg 1)}{(20+8)^{0.711}} = 187.21$

当 $P=0.5a$ 时，$q_{0.5} = \dfrac{2001\ (1+0.811\lg 0.5)}{(20+8)^{0.711}} = 141.50$

设计降雨量为 $Q = \Psi q F$，计算结果如下表所示：

设计重现期	暴雨强度 q	设计降雨量 $Q/$(L/s)
5a	293.33	3465.4
2a	187.23	2211.94
1a	187.21	2211.70
0.5a	141.50	1671.68

5. 各管段的汇水面积计算如下表所示：

设计管段编号	本段汇水面积/(10^4m^2)	转输汇水面积/(10^4m^2)	总汇水面积/(10^4m^2)
1-2	2.3	0	2.3
2-3	2.1	2.3	4.4
4-3	2.42	0	2.42
3-5	2.2	6.82	9.02

各管段雨水设计流量计算如下表所示：$t_1 = 10\text{min}$；$\Psi = 0.6$；$Q = \Psi q F$

设计管段编号	管长 L /m	汇水面积 /(10^4m^2)	流速 /(m/min)	管内雨水流行时间 /min		集水时间 /min	暴雨强度 /(mm/min)	设计流量 Q /(L/s)
				$t_2 = \sum \dfrac{L}{v}$	$\dfrac{L}{v}$	$t = t_1 + t_2$		
1-2	120	2.3	60	0	2	10	1.5	2
2-3	130	4.4	72	2	1.8	12	1.4	3.6
4-3	200	2.4	51	0	3.9	10	1.5	2.1
3-5	200	9.0	72	3.9	2.8	13.9	1.3	7.1

参考文献

[1] 刘遂庆. 给水排水管网系统 [M]. 4版. 北京：中国建筑工业出版社，2021.

[2] 张智. 排水工程：上册 [M]. 5版. 北京：中国建筑工业出版社，2015.

[3] 严煦世，高乃云. 给水工程 [M]. 5版. 北京：中国建筑工业出版社，2020.

[4] 蒋柱武，黄天寅. 给水排水管道工程 [M]. 上海：同济大学出版社，2011.

[5] 张朝升，方茜. 小城镇给水排水管网设计与计算 [M]. 北京：中国建筑工业出版社，2008.

[6] 张玉先. 全国勘察设计注册公用设备工程师给水排水专业执业资格考试教材：第1册 给水工程 [M]. 北京：中国建筑工业出版社，2019.

[7] 龙腾锐，何强. 全国勘察设计注册公用设备工程师给水排水专业执业资格考试教材：第2册 排水工程 [M]. 北京：中国建筑工业出版社，2019.

[8] 中华人民共和国住房和城乡建设部. 室内给水设计标准：GB 50013—2018 [S]. 北京：中国计划出版社，2019.

[9] 中华人民共和国住房和城乡建设部. 室外排水设计标准：GB 50014—2021 [S]. 北京：中国计划出版社，2021.

[10] 中华人民共和国住房和城乡建设部. 消防给水及消火栓系统技术规范：GB 50974—2014 [S]. 北京：中国计划出版社，2014.

[11] 中华人民共和国住房和城乡建设部. 城市给水工程规划规范：GB 50282—2016 [S]. 北京：中国建筑工业出版社，2017.

[12] 中华人民共和国住房和城乡建设部. 城市工程管线综合规划规范：GB 50289—2016 [S]. 北京：中国建筑工业出版社，2016.

[13] 中华人民共和国住房和城乡建设部. 城市综合管廊工程技术规范：GB 50838—2015 [S]. 北京：中国计划出版社，2015.

[14] 中华人民共和国建设部. 城市居民生活用水量标准：GB/T 50331—2002 [S]. 北京：中国建筑工业出版社，2002.

[15] 中华人民共和国建设部. 给水排水工程管道结构设计规范：GB 50332—2002 [S]. 北京：中国建筑工业出版社，2002.

[16] 中华人民共和国住房和城乡建设部. 给水排水管道工程施工及验收规范：GB 50268—2008 [S]. 北京：中国建筑工业出版社，2008.

[17] 中华人民共和国住房和城乡建设部. 建筑给水排水设计标准：GB 50015—2019 [S]. 北京：中国计划出版社，2019.

[18] 中华人民共和国住房和城乡建设部. 建筑设计防火规范（2018年版）：GB 50016—2014 [S]. 北京：中国计划出版社，2018.

[19] 中国国家标准化管理委员会. 污水排入城镇下水道水质标准：GB/T 31962—2015 [S]. 北京：中国计划出版社，2015.

[20] 中华人民共和国建设部. 城镇污水再生利用式程设计规范：GB 50335—2016 [S]. 北京：中国建筑工业出版社，2017.

[21] 国家市场监督管理总局. 管道元件 公称尺寸的定义和选用：GB/T 1047—2019 [S]. 北京：中国标准出版社，2019.

[22] 国家市场监督管理总局. 水及燃气用球墨铸铁管、管件和附件：GB/T 13295—2019 [S]. 北京：中

国标准出版社，2019.

[23] 中华人民共和国国家质量监督检验检疫总局. 污水用球墨铸铁管、管件和附件：GB/T 26081—2010 [S]. 北京：中国标准出版社，2011.

[24] 中华人民共和国住房和城乡建设部. 城镇排水管渠与泵站运行、维护及安全技术规程：CJJ 68— 2016 [S]. 北京：中国建筑工业出版社，2016.

[25] 中华人民共和国住房和城乡建设部. 城镇排水管道维护安全技术规程：CJJ 6—2009 [S]. 北京：中国建筑工业出版社，2010.

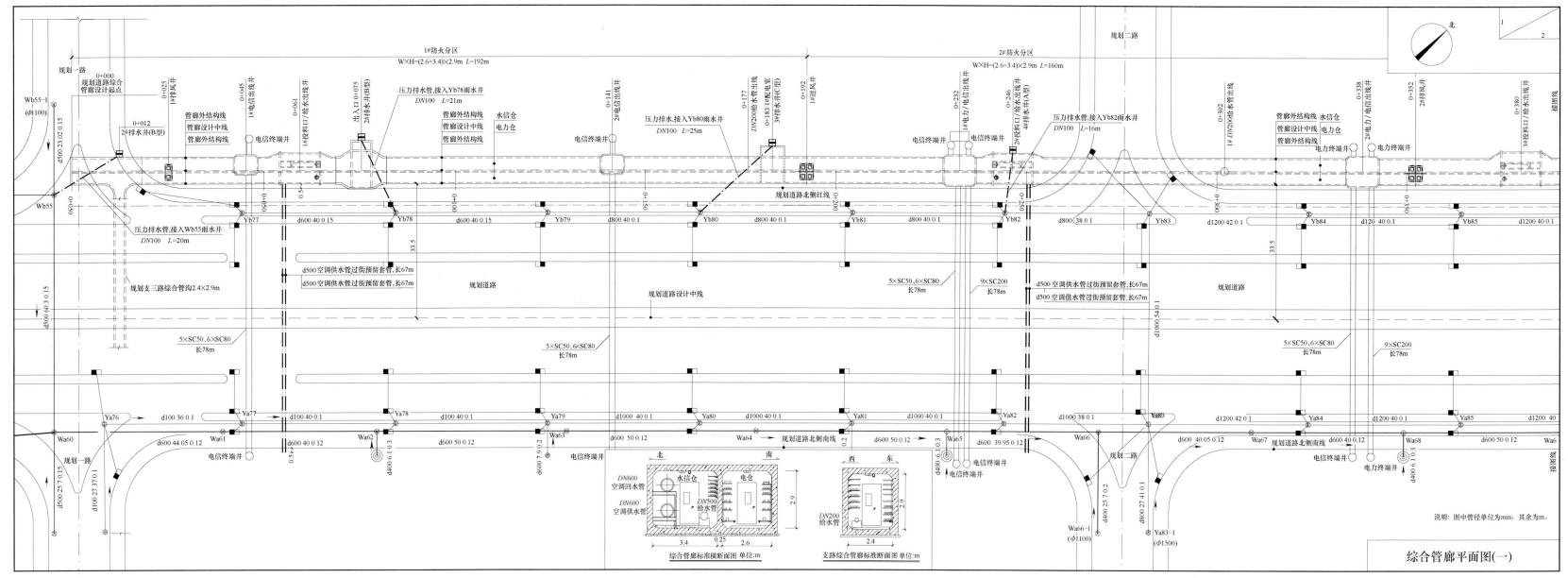

综合管廊平面图(一)

图　E-1

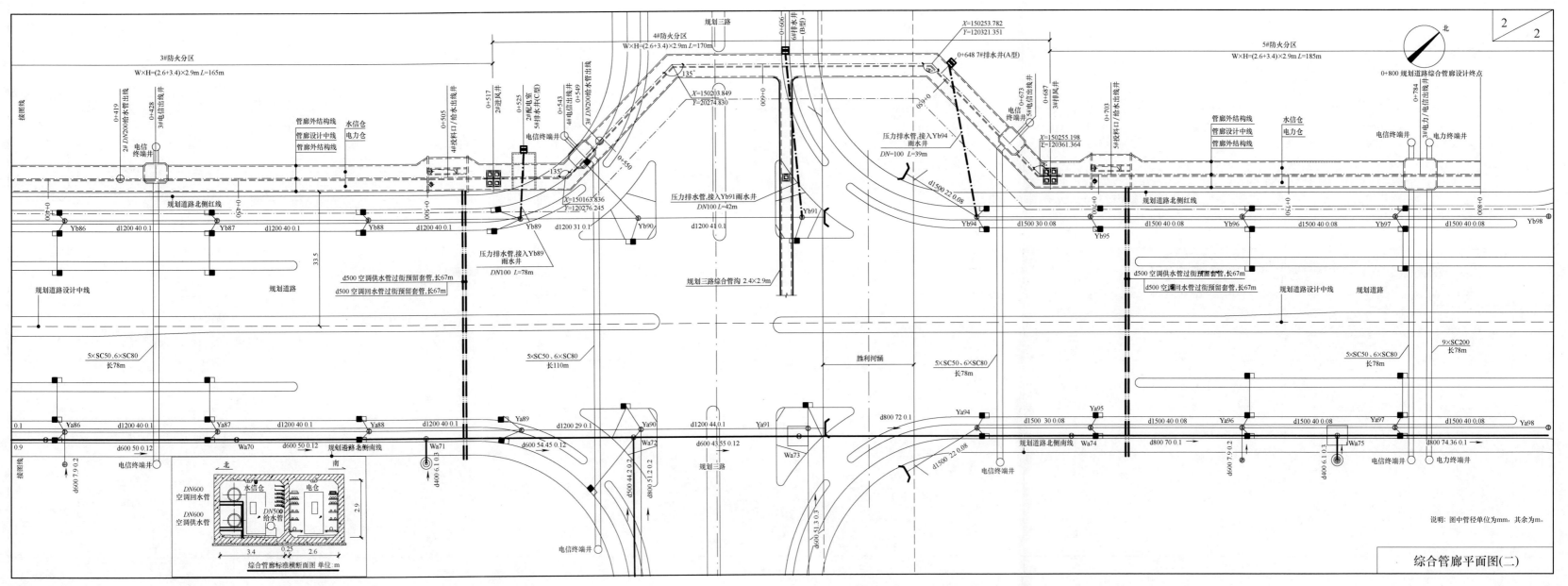

综合管廊平面图(二)

图 E-2